21世纪全国本科院校土木建筑类创新型应用人才培养规划教材

建筑构造原理与设计（上册）

主　编　陈玲玲
副主编　梁晓慧　凌　鸿
　　　　王式太　魏　勇

内 容 简 介

本书依据国家最新建筑设计规范、建筑设计资料集以及通用建筑图集编写而成，主要讲述建筑主要部位的构造原理与设计方法。本书共分 8 章，主要内容包括概论，墙体，楼地层及阳台雨篷，楼梯、坡道及电梯、自动扶梯，屋顶，地基与基础，变形缝，门窗。为了使学生能够综合运用所学的专业理论知识，解决实际工程问题，本书各章设置知识目标、导入案例及习题，以帮助学生将知识转化为应用能力。

本书内容涉及面广、知识新、图文并茂、应用性突出，可作为普通高等院校建筑学、城市规划、室内设计等专业的教材，也可作为建筑设计、房地产开发、建筑工程及相关工程技术人员的参考用书，还可作为注册建筑师考试复习参考书。

图书在版编目(CIP)数据

建筑构造原理与设计. 上册/陈玲玲主编. —北京：北京大学出版社，2013.8
(21 世纪全国本科院校土木建筑类创新型应用人才培养规划教材)
ISBN 978-7-301-22954-5

Ⅰ. ①建… Ⅱ. ①陈… Ⅲ. ①民用建筑—建筑构造—高等学校—教材 Ⅳ. ①TU22

中国版本图书馆 CIP 数据核字(2013)第 179686 号

书　　　　名：	建筑构造原理与设计(上册)
著作责任者：	陈玲玲　主编
策 划 编 辑：	卢　东　吴　迪
责 任 编 辑：	卢　东
标 准 书 号：	ISBN 978-7-301-22954-5/TU·0352
出 版 发 行：	北京大学出版社
地　　　　址：	北京市海淀区成府路 205 号　100871
网　　　　址：	http://www.pup.cn　新浪官方微博：@北京大学出版社
电 子 信 箱：	pup_6@163.com
电　　　　话：	邮购部 62752015　发行部 62750672　编辑部 62750667　出版部 62754962
印 刷 者：	北京虎彩文化传播有限公司
经 销 者：	新华书店
	787 毫米×1092 毫米　16 开本　18 印张　414 千字
	2013 年 8 月第 1 版　2020 年 3 月第 2 次印刷
定　　　　价：	42.00 元

未经许可，不得以任何方式复制或抄袭本书之部分或全部内容。
版权所有，侵权必究
举报电话：010-62752024　电子信箱：fd@pup.pku.edu.cn

前　言

　　本书为适应普通高等院校应用型人才培养而编写。本书重点介绍了民用建筑各部分构造的基本原理及设计方法，结合现行最新国家规范、标准，对建筑构造知识的运用进行了较为全面和系统的阐述，同时在内容上精心组合，突出新材料和新技术的应用，使学生能够熟悉和掌握建筑构造的设计原理和应用前景。本书语言简练、图文并茂，并增加了课后习题，使学生对所学内容得以尽快巩固。

　　建筑构造是一门综合性、实践性很强的课程。学生不仅要很好地掌握理论知识，而且要懂得实践与应用。本书共8章，主要内容包括：第1章概论；第2章墙体；第3章楼地层及阳台雨篷；第4章楼梯、坡道及电梯、自动扶梯；第5章屋顶；第6章地基与基础；第7章变形缝；第8章门窗。本书加强了实践性的教学内容，主要体现在各章节的思考题和设计题，可以加强与巩固学习成果，培养学生的综合应用能力。本书内容全面、图文并茂、应用性突出，可作为高校建筑学、城市规划、工程管理、环境艺术、室内设计等专业建筑构造课程教材，也可作为建筑设计、房地产开发、建筑工程及相关工程技术人员学习参考书，还可作为注册建筑师考试复习参考书。

　　参与本书编写的人员为：广西科技大学鹿山学院的陈玲玲，广西科技大学的梁晓慧和凌鸿，桂林理工大学博文管理学院的王式太，河南城建学院的魏勇。具体编写分工如下。

　　第1章　　梁晓慧
　　第2章　　陈玲玲
　　第3章　　陈玲玲，凌鸿
　　第4章　　陈玲玲，魏勇
　　第5章　　陈玲玲，凌鸿
　　第6章　　梁晓慧
　　第7章　　梁晓慧
　　第8章　　陈玲玲，王式太

　　在编写本书的过程中参考和引用了一些文献和著作，在此向相关作者表示诚挚的谢意！

　　由于编者水平有限，书中难免会有疏漏和不当之处，敬请广大专家和读者批评指正。

编者
2013年4月

目 录

第1章 概论 ………………………… 1
  1.1 概述 …………………………… 1
  1.2 建筑物的组成 ………………… 2
  1.3 建筑的分类 …………………… 4
    1.3.1 按建筑物的使用功能
          分类 ……………………… 4
    1.3.2 按建筑物的高度分类 … 5
    1.3.3 按建筑的规模和
          数量分类 ………………… 6
    1.3.4 按建筑结构的材料分类 …… 6
    1.3.5 按建筑结构的承载方式
          分类 ……………………… 7
  1.4 建筑构造的影响因素和
     设计原则 ……………………… 7
    1.4.1 建筑构造的影响因素 …… 7
    1.4.2 建筑构造的设计原则 …… 9
  1.5 建筑的等级 …………………… 10
    1.5.1 建筑物的设计使用
          年限 ……………………… 10
    1.5.2 建筑物的耐火等级 …… 10
    1.5.3 建筑物的工程等级 …… 14
  1.6 建筑模数协调统一标准 …… 15
    1.6.1 建筑模数和模数制 …… 15
    1.6.2 定位轴线 ……………… 18
    1.6.3 建筑构件的尺寸 ……… 20
  1.7 建筑构造的学习方法 ………… 21
  本章小结 …………………………… 22
  习题 ………………………………… 22

第2章 墙体 ………………………… 24
  2.1 概述 …………………………… 25
  2.2 墙体的类型 …………………… 25
  2.3 墙体的功能与设计要求 …… 29
    2.3.1 墙体的功能 …………… 29
    2.3.2 墙体的设计要求 ……… 30
  2.4 砌体墙 ………………………… 41
    2.4.1 常用块材 ……………… 41
    2.4.2 砖墙的组砌方式 ……… 44
    2.4.3 墙体砌筑厚度与尺寸 … 46
    2.4.4 砖墙的细部构造 ……… 47
  2.5 隔墙 …………………………… 58
    2.5.1 砌筑隔墙 ……………… 59
    2.5.2 骨架隔墙 ……………… 61
    2.5.3 板材隔墙 ……………… 65
  2.6 墙面面层装修构造 …………… 69
    2.6.1 抹灰类 ………………… 69
    2.6.2 贴面类 ………………… 72
    2.6.3 涂料类 ………………… 77
    2.6.4 裱糊类 ………………… 80
  本章小结 …………………………… 83
  习题 ………………………………… 84

第3章 楼地层及阳台雨篷 ……… 88
  3.1 概述 …………………………… 89
  3.2 楼板的类型 …………………… 89
  3.3 楼地层的功能与设计要求 … 90
    3.3.1 楼地层的功能 ………… 90
    3.3.2 楼地层的设计要求 …… 90
  3.4 楼板层构造 …………………… 91
    3.4.1 楼板层的构造组成 …… 91
    3.4.2 钢筋混凝土楼板构造 … 92
  3.5 地坪层构造 …………………… 101
    3.5.1 地坪层基本组成及
          各自作用 ………………… 102
    3.5.2 防止地面返潮构造 …… 102
  3.6 楼地层面层与顶棚装修构造 … 103
    3.6.1 楼地面构造 …………… 103

3.6.2　楼地面防潮、防水和
　　　　　隔声构造 …………… 108
　　3.6.3　顶棚装修构造 ………… 111
3.7　阳台及雨篷 …………………… 113
　　3.7.1　阳台 ………………… 113
　　3.7.2　雨篷 ………………… 117
本章小结 ……………………………… 118
习题 …………………………………… 119

第4章　楼梯、坡道及电梯、自动扶梯 …………………………… 121

4.1　概述 …………………………… 122
4.2　楼梯的构件组成与类型 ……… 122
　　4.2.1　楼梯的构件组成 ……… 122
　　4.2.2　楼梯的类型 …………… 123
4.3　楼梯的功能和设计要求 ……… 126
　　4.3.1　楼梯的功能 …………… 126
　　4.3.2　楼梯的设计要求 ……… 127
4.4　楼梯的布局与尺度 …………… 128
　　4.4.1　楼梯的布局 …………… 128
　　4.4.2　楼梯的尺度 …………… 128
4.5　钢筋混凝土楼梯构造 ………… 136
　　4.5.1　现浇钢筋混凝土楼梯 … 136
　　4.5.2　预制装配式钢筋混凝土
　　　　　楼梯 ………………… 138
4.6　楼梯的细部构造 ……………… 143
　　4.6.1　踏步面层及防滑处理 … 144
　　4.6.2　栏杆和扶手构造 ……… 145
　　4.6.3　楼梯的基础 …………… 150
　　4.6.4　无障碍楼梯和台阶 …… 150
4.7　台阶与坡道 …………………… 152
　　4.7.1　台阶的构造 …………… 152
　　4.7.2　坡道的构造 …………… 153
4.8　电梯与自动扶梯 ……………… 156
　　4.8.1　电梯 …………………… 157
　　4.8.2　自动扶梯 ……………… 163
本章小结 ……………………………… 165
习题 …………………………………… 167

第5章　屋顶 ……………………… 170

5.1　概述 …………………………… 171

5.2　屋顶的类型 …………………… 171
5.3　屋顶的功能与设计要求 ……… 173
5.4　平屋顶构造 …………………… 174
　　5.4.1　构造层次 ……………… 174
　　5.4.2　防水构造 ……………… 175
　　5.4.3　屋顶排水构造 ………… 187
　　5.4.4　保温隔热构造 ………… 192
5.5　坡屋顶构造 …………………… 199
　　5.5.1　坡屋顶的组成 ………… 199
　　5.5.2　承重结构 ……………… 200
　　5.5.3　坡屋面构造 …………… 200
本章小结 ……………………………… 204
习题 …………………………………… 205

第6章　地基与基础 ……………… 209

6.1　概述 …………………………… 209
6.2　概念与设计要求 ……………… 210
　　6.2.1　概念 …………………… 210
　　6.2.2　地基、基础及其与荷载的
　　　　　关系 ………………… 210
　　6.2.3　地基、基础的设计
　　　　　要求 ………………… 211
6.3　地基 …………………………… 212
6.4　基础 …………………………… 215
　　6.4.1　基础的类型 …………… 215
　　6.4.2　基础的埋置深度 ……… 215
　　6.4.3　影响基础埋深的因素 … 216
　　6.4.4　基础的分类与构造 …… 218
6.5　防止建筑物不均匀沉降
　　的措施 ………………………… 225
本章小结 ……………………………… 226
习题 …………………………………… 227

第7章　变形缝 …………………… 229

7.1　概述 …………………………… 229
7.2　变形缝的功能和设计要求 …… 230
7.3　变形缝的类型与设置原则 …… 231
　　7.3.1　伸缩缝 ………………… 231
　　7.3.2　沉降缝 ………………… 232
　　7.3.3　防震缝 ………………… 233

7.4　墙体变形缝 ·················· 234
　　　　7.4.1　墙体伸缩缝 ············ 234
　　　　7.4.2　墙体沉降缝 ············ 236
　　　　7.4.3　墙体防震缝 ············ 237
　　7.5　楼地面变形缝 ················ 239
　　7.6　屋面变形缝 ·················· 241
　　7.7　基础变形缝 ·················· 242
　　7.8　不设变形缝对抗变形 ········ 243
　　本章小结 ····························· 244
　　习题 ································· 245

第8章　门窗 ························· 247

　　8.1　概述 ··························· 247
　　8.2　门窗的类型与尺度 ·········· 248
　　　　8.2.1　门窗的类型 ············ 248
　　　　8.2.2　门窗尺度 ··············· 254
　　8.3　门窗的功能与设计要求 ···· 255
　　　　8.3.1　交通与疏散 ············ 255
　　　　8.3.2　采光与通风 ············ 256
　　　　8.3.3　围护与密封 ············ 257
　　　　8.3.4　节能与经济 ············ 257
　　　　8.3.5　立面美观 ··············· 257
　　8.4　门窗的一般构造 ············· 258
　　　　8.4.1　门的构造 ··············· 258
　　　　8.4.2　窗的构造 ··············· 260
　　8.5　几种典型门窗的构造 ······· 261
　　　　8.5.1　平开木门构造 ········· 261
　　　　8.5.2　钢门窗 ·················· 265
　　　　8.5.3　铝合金门窗 ············ 268
　　　　8.5.4　彩板门窗 ··············· 270
　　　　8.5.5　塑料门窗 ··············· 270
　　8.6　遮阳 ··························· 272
　　　　8.6.1　遮阳的类型 ············ 273
　　　　8.6.2　水平遮阳的构造 ······ 274
　　本章小结 ····························· 275
　　习题 ································· 275

参考文献 ································ 277

第1章 概 论

知识目标

- 了解和掌握学习建筑构造的目的。
- 熟悉和掌握建筑物的组成、分类、分级。
- 了解和掌握影响建筑构造的因素和设计原则。
- 熟悉和掌握建筑模数协调统一标准。

导入案例

萨夫迪努力探索了古代城市的架构和东方的装置，包括游行路线的设计、主要公共建筑、与其他部分的都市纹理关系、建筑的构架、建筑的构造等结合。其设计的蒙特卡罗国际博览会的设计生境馆是一座预铸式混凝土住屋集合体，由3个独立的成套房间单位群集组成，这些房间单位排列成类似沿着锯齿形框架堆成的不规则方块机体。他在渥太华的国际画廊提出有关的课题，在以色列最高法院、多伦多芭蕾歌剧院、以及渥太华市政厅等的设计都体现了建筑构造和设计的融合。这些建筑都被想象成一个城市的骨干，它们的公共设施形成扩展和重要符号节点。

(a) 设计生境馆　　(b) 渥太华市政厅

萨夫迪的建筑作品及构造

1.1 概　述

建筑构造是研究建筑物的构成、各组成部分的组合原理和方法的学科，是建筑设计不可分割的一部分。建筑构造课程的主要任务是根据建筑物的基本功能、技术经济和艺术造型要求，提供合理的构造方案，作为建筑设计的依据，在建筑方案和建筑初步设计的基础上，通过建筑构造设计，形成完整的建筑设计。

房屋构造的合理性，取决于是否能够抵抗自然侵袭，是否满足各种不同使用要求，是否符合力学原理，选用材料、构件是否合理，施工上是否方便，对建筑艺术上是否有提高。因此，建筑构造原理就是综合多方面的技术知识，根据多种客观因素，以选材、选型、工艺、安装为依据，研究在各种使用条件下，如何满足材料、制品，各种构配件及其细部构造的合理性，以及能更有效地满足建筑的使用功能，达到适用、牢固、经济、美观的效果。而构造方法则是在理论指导下，进一步研究如何运用各种材料，有机地组合各种构配件，并提出解决各构配件之间相互连接的方法和这些构配件在使用过程中的各种防范措施。

学习建筑构造的目的，在于建筑设计时能综合各种因素，正确地选用建筑材料，提出符合坚固、经济、合理的最佳构造方案，从而提高建筑物抵御自然界各种影响的能力，保证建筑物的使用质量，延长建筑物的使用年限。

1.2 建筑物的组成

一座建筑物由很多部分构成，而这些构成部分在建筑工程上被称为构件或配件。构件和配件都是由建筑材料制成的独立部件，其三个方向有规定的尺度。构件是组成结构的单个物体，如柱、梁、屋面板、基础等；配件如门、窗、栏杆、扶手等。建筑物的基本功能主要有两个，即承载功能和围护功能。建筑物要承受作用在它上面的各种荷载，包括建筑物的全部自重、人和家具设备等使用荷载、雪荷载、风荷载、地震作用等，这是建筑物的承载功能；为了给在建筑物中从事各种生产、生活活动的人们提供一个舒适、方便、安全的空间环境，减少或避免各种自然气候条件和各种人为因素的不利影响，建筑物还应具有良好的保温、隔热、防水、防潮、隔声、防火的功能，这就是建筑物的围护功能。

针对建筑物的承载和围护两大基本功能，建筑物的系统组成也就相应地形成了建筑承载系统和建筑围护系统两大组成部分。建筑承载系统是由基础、结构墙体、柱、楼板结构层、屋顶结构层、楼梯结构构件等组成的一个空间整体结构，用以承受作用在建筑物上的全部荷载，满足承载功能；建筑围护系统则主要通过各种非结构的构造做法，建筑物的内、外装修以及门窗等的设置等，形成一个有机的整体，用以承受各种自然气候条件和各种人为因素的作用，满足保温、隔热、防水、防潮、隔声、防火等围护功能。

一般而言，建筑归纳为基础、墙（或柱）、楼板层、地坪、楼梯、屋顶和门窗等几大部分，它们在不同的部位发挥着各自的作用，如图1.1所示。

1）基础

基础是建筑物最下部的承重构件，其作用是承受建筑物的全部荷载，并将这些荷载传给地基。因此，基础必须具有足够的强度，并能抵御地下各种有害因素的侵蚀。

2）墙（或柱）

墙（或柱）是建筑物的承重构件和围护构件。作为承重构件的外墙，其作用是抵御自然界各种因素对室内的侵袭；内墙主要起分隔空间及保证环境舒适的作用。框架或排架结构的建筑物中，柱起承重作用，墙仅起围护作用。因此，要求墙体具有足够的强度、稳定性、保温、隔热、防水、防火、耐久及经济等性能。

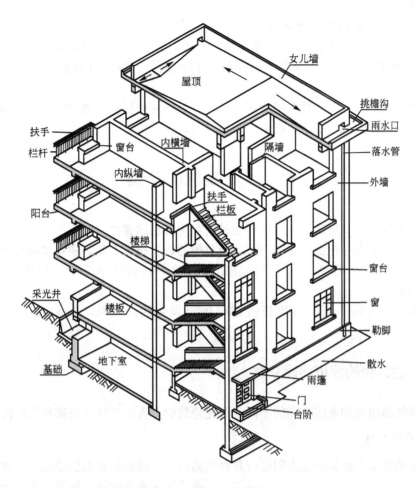

图1.1 建筑的构造组成

3）楼板层和地坪

楼板是水平方向的承重构件，按房间层高将整幢建筑物沿水平方向分为若干层。楼板层承受家具、设备和人体荷载以及本身的自重，并将这些荷载传给墙或柱，同时对墙体起着水平支撑的作用，因此，要求楼板层应具有足够的抗弯强度、刚度和隔声、防潮、防水的性能。

地坪是底层房间与地基土层相接的构件，起承受底层房间荷载的作用。要求地坪具有耐磨、防潮、防水、防尘和保温的性能。

4）楼梯

楼梯是2层及2层以上建筑的垂直交通设施，供人们上下楼层和紧急疏散之用，因此，要求楼梯具有足够的通行能力，并且防滑、防火，能保证安全使用。

5）屋顶

屋顶是建筑物顶部的围护构件和承重构件，抵抗风、雨、雪霜、冰雹等的侵袭和太阳辐射热的影响，又承受风雪荷载及施工、检修等屋顶荷载，并将这些荷载传给墙或柱，因此，屋顶应具有足够的强度、刚度及防水、保温、隔热等性能。

6）门窗

门窗均属非承重构件，也称为配件。门主要供人们出入内外交通和分隔房间之用，窗主要起通风、采光、分隔、眺望等作用。位于外墙上的门窗又是围护构件的一部分，要满足热工及防水的要求。某些有特殊要求房间的门、窗应具有保温、隔声、防火等性能。

一座建筑物除上述六大基本组成部分以外，对不同使用功能的建筑物，还有许多特有的构件和配件，如阳台、散水、坡道、管道井等。

1.3 建筑的分类

我们经常所说的"建筑"往往是指建筑物和构筑物的通称。

建筑物是为了满足社会的需要，利用所掌握的物质技术手段，在科学规律和美学法则的支配下，通过空间的限定、组织而创造的人为的社会生活环境，如住宅、办公楼、教室、公园等。

构筑物是指人们一般不直接在内进行生产和生活的建筑，如水塔、烟囱、堤坝、桥梁等。

1.3.1 按建筑物的使用功能分类

按建筑物的用途和使用功能的不同，可把建筑物分为生产性建筑和非生产性建筑。

1. 生产性建筑

生产性建筑指的是为满足人们进行各种产品的生产活动而建造的建筑物，主要包括工业建筑和农业建筑，如图1.2所示。

1）工业建筑

工业建筑指为工业生产服务的生产车间以及为生产服务、满足生产工艺过程所需要的建筑类型，包括生产用建筑及辅助生产、动力、运输、仓储用建筑。

2）农业建筑

农业建筑指可进行农（牧）业生产和加工，供人们进行农牧业的种植、养殖、储存等用途的建筑，如温室、粮仓、畜禽饲养场、水产品养殖场、农副业产品加工厂、农机修理厂（站）等。

图1.2 某工业厂房

2. 非生产性建筑

非生产性建筑又称民用建筑，指供人们工作、学习、生活、居住用的建筑物，主要包括居住建筑和公共建筑。

1) 居住建筑

居住建筑是供人们生活起居用的建筑物，如住宅、宿舍、公寓等，如图 1.3 所示。

(a) 某多层住宅

(b) 某学校学生宿舍

图 1.3　居住建筑

2) 公共建筑

公共建筑是供人们进行社会活动的建筑物，如图 1.4 所示。按性质不同又可分为 15 类，包括文教建筑、托幼建筑、医疗卫生建筑、观演性建筑、体育建筑、展览建筑、旅馆建筑、商业建筑、电信及广播电视建筑、交通建筑、行政办公建筑、金融建筑、饮食建筑、园林建筑和纪念性建筑。

(a) 某学校教学楼

(b) 某城市体育馆

图 1.4　公共建筑

1.3.2　按建筑物的高度分类

根据建筑物高度的不同，可把建筑物分为低层建筑、高层建筑等。有时当某一类型建筑物的层高变化不大时，为了更方便直观，也按层数对建筑物进行分类，根据建筑类型的不同，可按高度(或层数)分类。

1) 居住建筑

1～3 层为低层建筑；4～6 层为多层建筑；7～9 层为中高层建筑；10 层及 10 层以上

为高层建筑。

2）公共建筑

1层为单层建筑；2层和2层以上按建筑物高度分为：小于或等于24m为多层建筑，大于24m为高层建筑。

3）居住建筑与公共建筑

当建筑物高度超过100m时，均为超高层建筑。

4）工业建筑（厂房）

工业建筑（厂房）一般分为单层厂房、多层厂房、高层厂房及混合层数的厂房。其分类方法与公共建筑相同。

1.3.3　按建筑的规模和数量分类

1）大量性建筑

大量性建筑指建筑规模不大，但修建数量多，与人们生活密切相关的、分布面广的建筑，如住宅、中小学教学楼、医院、中小型影剧院、中小型工厂等。

2）大型性建筑

大型性建筑指规模大、耗资多的建筑，如大型体育馆、大型剧院、航空港（或站）、博览馆、大型工厂等。与大量性建筑相比，其修建数量是很有限的，但这类建筑在一个国家或一个地区具有代表性，对城市面貌的影响也较大。

建筑物跨度大于30m的大型性建筑称为大跨度建筑。大跨建筑常见的结构型式有拱结构、桁架结构及网架、薄壳、折板、悬索等空间结构型式。

1.3.4　按建筑结构的材料分类

建筑物要承受各种各样的荷载作用，建筑物中起承载作用的系统均称为结构。建筑结构常采用的材料有砖、石、木材、钢筋混凝土、钢材等。各种结构材料的物理性能和力学性能不尽相同，根据建筑结构各个部位的受力特征的不同，在结构材料的选择上就要有所侧重，常见的类型有以下几种。

1）混合结构建筑

混合结构建筑指采用两种或两种以上材料做承重结构的建筑。例如，由砖墙、木楼板构成的砖木结构建筑；由砖墙、钢筋混凝土楼板构成的砖混结构建筑；由钢屋架和混凝土（或柱）构成的钢混结构建筑。其中砖混结构在大量性民用建筑中应用最广泛。

2）钢筋混凝土结构建筑

钢筋混凝土结构建筑指以钢筋混凝土做承重结构的建筑，如框架结构、剪力墙结构、框剪结构、筒体结构等。这种结构的特点是：整个结构系统的全部构件（基础、柱、墙、楼板结构层、屋顶结构层、楼梯构件等）均采用钢筋混凝土材料。由于钢筋混凝土结构的承载能力及结构整体性均高于砌体结构，具有坚固耐久、防火和可塑性强等优点，因此比混合结构能建造更高的建筑物，应用较为广泛。

3）钢结构建筑

钢结构建筑是指以型钢等钢材作为房屋承重骨架的建筑。钢结构力学性能好，便于制作和安装，工期短，结构自重轻，适宜超高层和大跨度建筑中采用。随着我国高层、大跨度建筑的发展，采用钢结构的趋势正在增长。

4) 钢—钢筋混凝土结构建筑

钢筋混凝土结构相对混合结构的优势，在超高层建筑和大跨度建筑中会逐渐减弱，这时，采用结构优势更明显的钢材来制作超高层建筑中的结构骨架或大跨度建筑中的屋顶结构，就形成了钢—钢筋混凝土结构，其造价一般要高于钢筋混凝土结构。

5) 木结构建筑

木结构建筑是指以木材做房屋承重骨架的建筑。其自重轻、易于建造和拆卸，但损耗森林资源，且防火性、耐腐性有待提高。

6) 砖(或石)结构建筑

砖(或石)结构建筑指以砖或石材做承重墙柱和楼板的建筑。这种结构便于就地取材，能节约钢材、水泥和降低造价，但抗害性能差，自重大。

1.3.5 按建筑结构的承载方式分类

根据建筑物使用功能的不同，建筑物的室内空间就会有完全不同的空间特征，例如，居住建筑可用墙体分隔成不大的使用空间；大型商业建筑则靠规则排列的柱子支承起宽敞的购物空间；而体育馆、影剧院建筑中，高大宽敞的观众大厅中间则不允许出现柱子等。这些完全迥异的室内空间特征就需要不同承载方式的结构才能得以实现，建筑结构的承载方式主要有以下几种。

1) 墙承载结构

墙承载结构适合建造居住建筑、普通办公楼、教学楼、托幼建筑等。

2) 柱承载结构

框架结构、排架结构、刚架结构等都属于柱承载结构。柱承载结构适合建造各类大型公共建筑，如大型商场、旅馆建筑、展览建筑、交通建筑、生活服务建筑以及车间、厂房、库房等工业建筑。

3) 特殊类型结构

特殊类型结构主要是指不宜归入前两种类型的结构，如落地拱形结构、屋顶与墙体合为一体的金字塔式结构等，又如各种类型的大跨度空间结构等。

1.4 建筑构造的影响因素和设计原则

1.4.1 建筑构造的影响因素

建筑物处于自然环境和人为环境之中，受到各种自然因素和人为因素的作用(图1.5)。为了提高建筑物的使用质量和耐久年限，在建筑构造设计时，必须充分考虑各种因素的影响，尽量利用其有利因素，减轻或避免不利因素的影响，提高建筑物对外界环境各种影响的抵御能力，并根据各种因素的影响程度，采取相应的、合理的构造方案和措施。影响建筑构造的因素很多，归纳起来主要有以下几个方面。

图 1.5　自然环境与人为环境对建筑的影响

1) 各种荷载作用的影响

建筑物要承受各种荷载作用的影响，一般把荷载分为永久荷载(也称恒载，如建筑物自重等)和可变荷载(也称活载，如人、家具、设备、风、雪的荷载等)。另外，根据荷载的作用方向，又可分为竖向荷载(所有由地球引力而发生的荷载)和水平荷载(如风荷载和地震作用等)。荷载的大小和作用方式是建筑结构设计的主要依据，也是结构选型的重要基础。它决定着建筑结构的型式，构件的材料、形状和尺寸，而构件的选择、形状和尺寸与建筑构造设计有着密切的关系，是建筑构造设计的重要依据。在外荷载中，风力的影响不可忽视，风力往往是高层建筑水平荷载的主要因素，特别是在沿海地区影响更大。此外，地震力是目前自然界中对建筑物影响最大也最严重的一种因素。

2) 自然环境因素的影响

建筑物处于不同的地理环境，各地的自然条件也有很大的差异。太阳的辐射热，自然界的风、雨、雪、霜、地下水等构成了影响建筑物的多种因素。在进行构造设计时，应针对建筑物所受影响的性质与程度，对各有关构配件及部位采取必要的防范措施，如防潮、防水、保温、隔热、设伸缩缝、设隔气层等，以防患于未然。

在建筑构造设计时，也应充分利用自然环境的有利因素。例如，利用自然风通风降温、利用太阳辐射改善室内热环境等。

3) 各种人为因素的影响

人们在生产和生活活动中，往往遇到火灾、爆炸、机械振动、化学腐蚀、噪声等人为因素的影响，因此，在进行建筑构造设计时，必须针对这些影响因素，采取相应的防火、防爆、防振、防腐、隔声等构造措施，以防止建筑物遭受不应有的损失，保证建筑物的正常使用。

4) 建筑技术条件的影响

由于建筑材料技术的日新月异，建筑结构技术的不断发展，建筑施工技术的不断进步，建筑构造技术也不断翻新、丰富多彩。例如，悬索、薄壳、网架等空间结构建筑，点式玻璃幕墙，彩色铝合金等新材料的吊顶，采光天窗中庭等现代建筑设施大量涌现。因此，建筑构造没有一成不变的模式，在构造设计中要以构造原理为基础，在利用原有的、标准的、典型的建筑构造的同时，不断发展或创造新的构造方案。

5) 经济条件的影响

随着建筑技术的不断发展和人们生活水平的日益提高，人们对建筑的使用要求也越来越高，建筑标准的变化使得建筑的质量标准、建筑造价等也出现较大差别，对建筑构造的要求也将随着经济条件的改变而发生不断地变化。

1.4.2 建筑构造的设计原则

建筑构造的影响因素非常多，而这些影响因素涉及的学科也非常多，这给建筑构造设计的合理、经济和完美带来了很大的难度。设计者必须全面深入地了解和掌握影响建筑构造的各种因素，掌握建筑构造的原理和方法，才能做出最优化的构造方案和设计。在建筑构造设计的过程中，应注意以下设计原则。

1) 满足建筑的基本功能要求

建筑构造设计的目的，就是要满足各类建筑物的承载和围护两大基本功能要求，以满足人们从事各种活动的需要。建筑构造的原理是不变的，因为原理是以科学和自然规律做基础的。但是，建筑构造的具体做法却是丰富多彩、千变万化的，这是由于每一个具体的建筑物，它的使用功能和性质用途不同、所处的地理位置和环境条件不同，甚至民族传统和历史文化的差异，都会带来具体建筑构造做法上的不同。例如，北方寒冷地区的建筑物要考虑的重点是保温的问题和雪荷载的影响，而南方炎热地区的建筑物则更多地关心隔热的问题和通风降温的要求。因此，就会出现这样的情况，在此地是一个合理的构造做法，照搬到另一地方就可能完全不适用了。

2) 有利于结构和建筑方面的安全

在建筑构造设计时，除了根据建筑物承受荷载的情况来选择结构体系和确定构件的材料、形状和尺寸，以保证结构承载系统的坚固安全之外，还必须通过合理的构造设计，来满足建筑物室内外各部位的装修以及门窗、栏杆扶手等一些建筑配件的坚固安全的要求，以确保建筑物在使用过程中的可靠和安全。

3) 技术先进

在进行建筑构造设计时，应大力改进传统的建筑方式，从材料、结构、施工等方面引入先进技术，并注意因地制宜。

4) 适应建筑工业化的需要

为了提高建设速度，改善劳动条件，在保证建筑施工质量的前提下降低物耗和造价，提高建筑工业化的水平。在建筑构造设计时，应大力推广先进的建筑技术，选用各种新型建筑材料，采用先进合理的施工工艺，尽量采用标准设计和定型构配件，为构配件的生产工厂化、现场施工机械化创造有利条件。

5) 讲求建筑经济的综合效益

在建筑构造设计中，应该注意和讲求经济效益，既要注意降低建筑造价，减少材料的能源消耗，又要有利于降低经济运行、维修和管理的费用，考虑其综合能效。在建筑材料的选择上，还应注意因地制宜、就地取材，采用有利于节约能源和环境保护的再生材料等，节省有限的自然资源。各种构造设计，均要注重整体建筑物的经济、社会和环境的三个效益,即综合效益,同时还必须保证工程质量,不能单纯追求效益而偷工减料,降低质量标准,应做到合理降低造价。

6) 美观大方

建筑物的形象除了取决于建筑设计中的体型组合和立面处理外,一些建筑细部的构造设计对整体美观也有很大影响。建筑构造设计是建筑方案和建筑初步设计的继续和深入,因此,建筑构造设计还应该考虑建筑物的整体以及各个细部的造型、尺度、质感、色彩等艺术和美观的问题。如有考虑不当,往往会影响建筑物的整体设计效果。因此,建筑构造设计是事关整个建筑设计成败的一个非常重要的环节,应事先周密考虑。

1.5 建筑的等级

不同用途、不同规模的建筑物,其重要性程度以及发生问题可能会出现的影响面和严重程度也就不同。考虑到经济性、安全性等诸多因素,有必要对建筑物进行分类和分级并确定相应的标准。例如,当建筑物的用途、高度和层数不同时,建筑物就会采用不同的结构体系和不同的结构材料建造,建筑物的抗震构造措施也会有明显的不同;建筑物的耐火等级不同时,就会相应地采用不同燃烧性能和耐火极限的建筑材料,其构造方法也就会有所差异;建筑物的类型、耐久年限和耐火等级等,都直接影响和决定着建筑构造方式,建筑的等级是建筑设计从方案构思直至构造设计整个过程中非常重要的设计依据。

1.5.1 建筑物的设计使用年限

《民用建筑设计通则》(GB 50352—2005)中规定:根据建筑物的使用性质、规模和重要程度,以主体结构确定的建筑设计使用年限分为四级,作为基建投资和建筑设计的重要依据,见表1-1。

表1-1 设计使用年限分类

类别	设计使用年限	示例
1	5	临时性建筑
2	25	易于替换结构构件的建筑
3	50	普通建筑和构筑物
4	100	纪念性建筑和特别重要的建筑

1.5.2 建筑物的耐火等级

建筑物的耐火等级取决于它的主要构件(如墙、柱、梁、楼板、屋顶等)的耐火极限和燃烧性能。

1. 耐火极限

所谓耐火极限，是指在标准的耐火试验条件下，建筑构件、配件或结构从受到火的作用时起，到失去稳定性、完整性或隔热性时为止的这段时间，用小时表示。只要以下三个条件中任一个条件出现，就可以确定达到其耐火极限。

1) 失去支持能力

失去支持能力指构件在受到火焰或高温作用下，由于构件材质性能的变化，使承载能力和刚度降低，承受不了原设计的荷载而破坏。例如，受火作用后的钢筋混凝土梁失去支承能力，钢柱失稳破坏；非承重构件自身解体或垮塌等，均属失去支持能力。

2) 完整性被破坏

完整性被破坏指薄壁分隔构件在火中高温作用下，发生爆裂或局部塌落，形成穿透裂缝或孔洞，火焰穿过构件，使其背面可燃物燃烧起火。例如，受火作用后的板条抹灰墙，内部可燃板条先行自燃一定时间后，背火面的抹灰层龟裂脱落，引起燃烧起火；预应力钢筋混凝土楼板的钢筋失去预应力，发生炸裂，出现孔洞，使火苗蹿到上层房间。在实际事例中这类火灾相当多。

3) 失去隔火作用

失去隔火作用指具有分隔作用的构件，背火面任一点的温度达到220℃时，构件失去隔火作用。例如，一些燃点较低的可燃物(纤维系列的棉花、纸张、化纤品等)烤焦后以致起火。

2. 燃烧性能

按构件在空气中受到火烧或高温作用时的不同反应，构件的燃烧性能分为三类，即非燃烧体(也称不燃烧体)、难燃烧体、燃烧体。

1) 非燃烧体

非燃烧体是指用非燃烧材料做成的建筑构件。非燃烧材料是指在空气中受到火烧或高温作用时不起火、不微燃、不炭化的材料，如金属材料和无机矿物材料等，包括砖、石材、混凝土、钢材等。

2) 难燃烧体

难燃烧体是指用难燃烧材料做成的建筑构件或用可燃烧材料做成而用非燃烧材料做保护层的建筑构件。难燃烧材料是指在空气中受到火烧或高温作用时难起火、难燃烧、难碳化，当火源移走后燃烧或微燃立即停止的材料，如沥青混凝土、水泥刨花板、经过防火处理的木材等。

3) 燃烧体

燃烧体是指用可燃烧材料做成的建筑构件。燃烧材料是指在空气中受到火烧或高温作用时立即起火或燃烧，且火源移走后仍继续燃烧或微燃的材料，如木材。

3. 耐火等级

耐火等级是衡量建筑物耐火程度的标准，它由组成建筑物构件的燃烧性能和耐火极限的最低值所决定。划分建筑物耐火等级的目的在于根据建筑物的不同用途提出不同的耐火等级要求，做到既有利于安全，又有利于节约基本建设投资。耐火等级的确定，主要取决于建筑物的重要性和其在使用中的火灾危险性，以及由建筑物的规模(主要指建筑物的层数)导致的一旦发生火灾时人员疏散及扑救火灾的难易程度上的差别。现行《建筑设计防火规范》(GB 50016—2006)将建筑物的耐火等级划分为四级,见表1-2,一级的耐火性能最好,四级最差。性质重要或规模宏大或具有代表性的建筑,通常按一、二级耐火等级进行设计,大量性或一般的建筑按二、三级的耐火等级设计,很次要的或临时建筑按四级耐火等级设计。

表1-2 建筑物构件的耐火等级　　　　　　　　　　　单位:h

构件名称		耐火等级			
		一级	二级	三级	四级
墙	防火墙	不燃烧体 3.00	不燃烧体 3.00	不燃烧体 3.00	不燃烧体 3.00
	承重墙	不燃烧体 3.00	不燃烧体 2.50	不燃烧体 2.00	难燃烧体 0.50
	非承重外墙	不燃烧体 1.00	不燃烧体 1.00	不燃烧体 0.50	燃烧体
	楼梯间的墙、电梯井的墙、住宅单元之间的墙、住宅分户墙	不燃烧体 2.00	不燃烧体 2.00	不燃烧体 1.50	难燃烧体 0.50
	疏散走道两侧的隔墙	不燃烧体 1.00	不燃烧体 1.00	不燃烧体 0.50	难燃烧体 0.25
	房间隔墙	不燃烧体 0.75	不燃烧体 0.50	难燃烧体 0.50	难燃烧体 0.25
柱		不燃烧体 3.00	不燃烧体 2.50	不燃烧体 2.00	难燃烧体 0.50
梁		不燃烧体 2.00	不燃烧体 1.50	不燃烧体 1.00	难燃烧体 0.50
楼板		不燃烧体 1.50	不燃烧体 1.00	不燃烧体 0.50	燃烧体
屋顶承重构件		不燃烧体 1.50	不燃烧体 1.00	燃烧体	燃烧体
疏散楼梯		不燃烧体 1.50	不燃烧体 1.00	不燃烧体 0.50	燃烧体
吊顶(包括吊顶搁栅)		不燃烧体 0.25	难燃烧体 0.25	难燃烧体 0.15	燃烧体

注:1—除本规范另有规定外,以木柱承重且以不燃烧材料作为墙体的建筑物,其耐火等级应按四级确定。
　　2—二级耐火等级建筑的吊顶采用不燃烧体时,其耐火极限不限。
　　3—在二级耐火等级的建筑中,面积不超过100m² 的房间隔墙,如执行本表的规定确有困难时,可采用耐火极限不低于0.3h的不燃烧体。
　　4—一、二级耐火等级建筑疏散走道两侧的隔墙,按本表规定执行确有困难时,可采用0.75h不燃烧体。
　　5—住宅建筑构件的耐火极限和燃烧性能可按现行国家标准《住宅建筑规范》(GB 50368—2005)的规定执行。

当建筑物的耐火等级确定之后,其构件的燃烧性能和耐火极限就应满足下列规定。
(1) 9层及9层以下的居住建筑(包括底层设置商业服务网点的住宅)和建筑高度不超

过24m的其他公共建筑以及建筑高度超过24m的单层公共建筑等，不应低于表1-2的规定。按现行《建筑设计防火规范》，还应根据其耐火等级、最多允许层数和防火分区最大允许建筑面积等对民用建筑进行分类，见表1-3。

表1-3　民用建筑的耐火等级、最多允许层数和防火分区最大允许建筑面积

耐火等级	最多允许层数	防火分区的最大允许建筑面积/m²	备注
一、二级	按规范规定	2500	1. 体育馆、剧院的观众厅以及展览建筑的展厅，其防火分区最大允许建筑面积可适当放宽 2. 托儿所、幼儿园的儿童用房和儿童游乐厅等儿童活动场所不应超过3层或设置在4层及4层以上楼层或地下、半地下建筑(室)内
三级	5层	1200	1. 托儿所、幼儿园的儿童用房和儿童游乐厅等儿童活动场所、老年人建筑和医院、疗养院的住院部分不应超过2层或设置在3层及3层以上楼层或地下、半地下建筑(室)内 2. 商店、学校、电影院、剧院、礼堂、食堂、菜市场不应超过2层或设置在3层及3层以上楼层
四级	2层	600	学校、食堂、菜市场、托儿所、幼儿园、老年人建筑、医院等不应设置在2层
地下、半地下建筑(室)		500	

注：建筑内设置自动灭火系统时，该防火分区的最大允许建筑面积可按本表的规定增加1.0倍。局部设置时，增加面积可按该局部面积的1.0倍计算。

(2) 10层及10层以上的居住建筑(包括首层设置商业服务网点的住宅)和建筑高度超过24m的公共建筑等，按照现行《高层民用建筑设计防火规范（2005年版）》(GB 50045—1995)，不应低于表1-4的规定。应根据其使用性质、火灾危险性、疏散和扑救难度等进行分类，并应符合表1-5的规定。

表1-4　建筑构件的燃烧性能和耐火极限　　　　　　　　　　单位：h

构件名称		燃烧性能和耐火极限 耐火等级	
		一级	二级
墙	防火墙	不燃烧体3.00	不燃烧体3.00
	承重墙、楼梯间的墙、电梯井的墙、住宅单元之间的墙、住宅分户墙	不燃烧体2.00	不燃烧体2.00
	非承重外墙、疏散走道两侧的隔墙	不燃烧体1.00	不燃烧体1.00
	房间隔墙	不燃烧体0.75	不燃烧体0.50
柱		不燃烧体3.00	不燃烧体2.50

(续)

构件名称 燃烧性能和耐火极限	耐火等级	
	一级	二级
梁	不燃烧体 2.00	不燃烧体 1.50
楼板、疏散楼梯、屋顶承重构件	不燃烧体 1.50	不燃烧体 1.00
吊顶	不燃烧体 0.25	不燃烧体 0.25

表1-5 建筑分类

名称	一类	二类
居住建筑	高级住宅 19层及19层以上的住宅	10~18层的住宅
公共建筑	1. 医院 2. 高级旅馆 3. 建筑高度超过50m或24m以上部分的任一楼层的建筑面积超过1000m² 的商业楼、展览楼、综合楼、电信楼、财贸金融楼 4. 建筑高度超过50m或24m以上部分的任一楼层的建筑面积超过1500m² 的商住楼 5. 中央级和省级(含计划单列市)广播电视楼 6. 网局级和省级(含计划单列市)电力调度楼 7. 省级(含计划单列市)邮政楼、防灾指挥调度楼 8. 藏书超过100万册的图书馆、书库 9. 重要的办公楼、科研楼、档案楼 10. 建筑高度超过50m的教学楼和普通的旅馆、办公楼、科研楼、档案楼等	1. 除一层建筑以外的商业楼、展览楼、综合楼、电信楼、财贸金融楼、商住楼、图书馆、书库 2. 省级以下的邮政楼、防灾指挥调度楼、广播电视楼、电力调度楼 3. 建筑高度不超过50m的教学楼和普通的旅馆、办公楼、科研楼、档案楼等

1.5.3 建筑物的工程等级

建筑物的工程等级是以其复杂程度、投资等为依据，共分四级，见表1-6。

表1-6 民用建筑工程设计等级分类表

类型	工程等级 特征	特级	一级	二级	三级
一般公共建筑	单体建筑面积	8万m²以上	2万m²以上至8万m²	5000m²以上至2万m²	5000m²以下
	立项投资	2亿元以上	4千万元以上至2亿元	1千万元以上至4千万元	1千万元以下
	建筑高度	100m以上	50m以上至100m	24m以上至50m	24m以下(其中砌体建筑不得超过抗震规范高度限值要求)

(续)

类型 \ 特征 \ 工程等级		特级	一级	二级	三级
住宅、宿舍	层数		20层以上	12层以上至20层	12层及以下（其中砌体建筑不得超过抗震规范高度限值要求）
住宅小区、工厂、生活区	总建筑面积		10万 m² 以上	10万 m² 及以上	
地下工程	地下空间（总建筑面积）	5万 m² 以上	1万 m² 以上至5万 m²	1万 m² 以下	
	附建式人防（防护等级）		四级及以上	五级及以下	
特殊公共建筑	超限高层建筑抗震要求	抗震设防区特殊超限高层建筑	抗震设防区建筑高度100m以下的一般规模高层建筑		
	技术复杂，有声、光、热、振动、视线等特殊要求	技术特别复杂	技术比较复杂		
	重要性	国家级经济、文化、历史、涉外等重点工程项目	省级经济、文化、历史、涉外等重点工程项目		

1.6 建筑模数协调统一标准

1.6.1 建筑模数和模数制

为了使在建筑设计、构配件生产以及建筑施工等方面做到尺寸协调，从而提高建筑工业化的水平，使不同材料、不同形式和不同制造方法的建筑构配件、组合件符合模数并具有较大的通用性和互换性，以降低造价并提高建筑设计和建造的速度、质量和效率，建筑设计应采用国家规定的建筑模数协调的规范和标准进行，在建筑业中必须共同遵守《建筑模数协调统一标准》（GB 2—1986）。

建筑模数是指选定的尺寸单位，作为尺度协调中的增值单位，也是建筑设计、建筑施工、建筑材料与制品、建筑设备、建筑组合件等各部门进行尺度协调的基础，其目的是使构配件安装吻合，并有互换性。

1. 基本模数

基本模数的数值规定为100mm，表示符号为M，即1M＝100mm，整个建筑物或其中一部分以及建筑组合件的模数化尺寸均应是基本模数的倍数。

2. 导出模数

导出模数分为扩大模数和分模数，其基数应符合下列规定。

1）扩大模数

扩大模数指基本模数的整倍数。扩大模数的基数应符合下列规定。

（1）水平扩大模数为3M、6M、12M、15M、30M、60M，其相应的尺寸分别为300mm、600mm、1200mm、1500mm、3000mm、6000mm。

（2）竖向扩大模数的基数为3M、6M两个，其相应的尺寸为300mm、600mm。

2）分模数

分模数指整数除基本模数的数值。分模数的基数为M/10、M/5、M/2，其相应的尺寸为10mm、20mm、50mm。

3. 模数数列

模数数列指由基本模数、扩大模数、分模数为基础扩展成的一系列尺寸见表1-7。模数数列在各类型建筑的应用中，其尺寸的统一与协调应减少尺寸的范围，但又应使尺寸的叠加和分割有较大的灵活性。模数数列的幅度及适用范围如下。

（1）水平基本模数的数列幅度为(1～20)M。主要适用于门窗洞口和构配件断面尺寸。

（2）竖向基本模数的数列幅度为(1～36)M。主要适用于建筑物的层高、门窗洞口、构配件等尺寸。

（3）水平扩大模数数列的幅度：3M为(3～75)M；6M为(6～96)M；12M为(12～120)M；15M为(15～120)M；30M为(30～360)M；60M为(60～360)M，必要时幅度不限。主要适用于建筑物的开间或柱距、进深或跨度、构配件尺寸和门窗洞口尺寸。

（4）竖向扩大模数数列的幅度不受限制。主要适用于建筑物的高度、层高、门窗洞口尺寸。

（5）分模数数列的幅度：M/10为(1/10～2)M，M/5为(1/5～4)M；M/2为(1/2～10)M。主要适用于缝隙、构造节点、构配件断面尺寸。

表1-7 模数数列 单位：mm

基本模数	扩大模数							分模数		
1M	3M	6M	12M	15M	30M	60M		1/10M	1/5M	1/2M
100	300	600	1200	1500	3000	6000		10	20	50
100	300							10		
200	600	600						20	20	
300	900							30		
400	1200	1200	1200					40	40	
500	1500			1500				50		50

(续)

基本模数	扩大模数						分模数		
600	1800	1800					60	60	
700	2100						70		
800	2400	2400	2400				80	80	
900	2700						90		
1000	3000	3000		3000	3000		100	100	100
1100	3300						110		
1200	3600	3600	3600				120	120	
1300	3900						130		
1400	4200	4200					140	140	
1500	4500			4500			150		150
1600	4800	4800	4800				160	160	
1700	5100						170		
1800	5400	5400					180	180	
1900	5700						190		
2000	6000	6000	6000	6000	6000	6000	200	200	
2100	6300						220		
2200	6600	6600					240		
2300	6900								250
2400	7200	7200	7200				260		
2500	7500			7500			280		
2600		7800					300	300	
2700		8400	8400				320		
2800		9000			9000				
2900		9600	9600				340		
3000							360		
3100			10500				380		
3200			12000	12000	12000	12000	400	400	
3300					15000				450
3400					18000	18000			500
3500					21000				550

(续)

基本模数	扩大模数					分模数	
3600					24000	24000	600
					27000		650
					30000	30000	700
					33000		750
					36000	36000	800
							850
							900
							950
							1000

1.6.2 定位轴线

定位轴线是确定房屋主要结构构件位置和标志尺寸的基准线，是施工放线和安装设备的依据。为了实现建筑工业化，尽量减少预制构件的类型，就应当合理地选择定位轴线。确定建筑平面定位轴线的原则是：在满足建筑使用功能要求的前提下，统一与简化结构、构件的尺寸和节点构造，减少构件类型和规格，扩大预制构件的通用互换性，提高施工装配化程度。

定位轴线的具体位置，因房屋结构体系的不同而有所差别，定位轴线之间的距离即标志尺寸应符合模数制的要求。在模数化空间网格中，确定主要结构位置的定位线为定位轴线，其他网格线为定位线，用于确定模数化构件的尺寸，如图1.6所示。

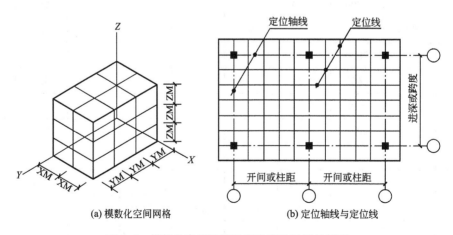

(a) 模数化空间网格 (b) 定位轴线与定位线

图1.6 模数化空间网格示意及定位轴线的标定

1) 墙承重结构定位轴线的标定

墙承重结构的定位轴线按下列情况标定，如图1.7所示。

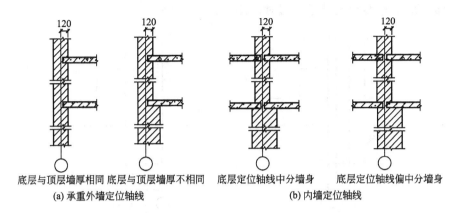

(a) 承重外墙定位轴线　　　　　　　　(b) 内墙定位轴线

图 1.7　墙承重结构定位轴线的标定（单位：mm）

（1）承重外墙的定位轴线，一般自建筑物顶层墙身距墙内缘半砖或半砖的倍数处通过，也可自顶层墙厚度的 1/2 处通过。

（2）非承重墙的定位轴线，除可按承重外墙布置外，也可与顶层非承重外墙内缘重合。

（3）内墙不论承重与否，定位轴线一般均自顶层墙身中心线处通过。

（4）对楼梯间和中走廊两侧墙体，当墙体上下厚度不一致时，为保证楼梯及走廊在底层应有的宽度，定位轴线也可自顶层楼梯或走廊一侧墙半砖处通过。

2) 框架结构中间柱的定位轴线的标定

框架结构中间柱的定位轴线一般与顶层柱中心线重合。边柱定位轴线除可同中柱轴线标注外，为了减少外墙挂板规格，也可沿边柱表面即外墙内缘处通过。

3) 变形缝处的定位轴线的标定

（1）变形缝处两侧均为墙体。其定位轴线的标定：①两侧墙体均为承重墙，如图 1.8(a) 所示；②两侧墙体均为非承重墙，如图 1.8(b) 所示。

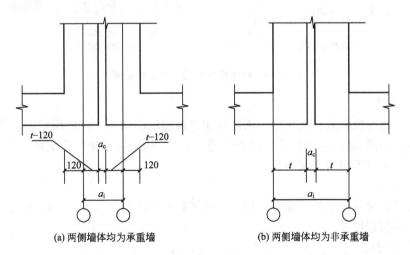

(a) 两侧墙体均为承重墙　　　　　　　　(b) 两侧墙体均为非承重墙

图 1.8　两侧均为墙体定位轴线的标定（单位：mm）

（2）变形缝处一侧为墙体，另一侧为墙垛。其定位轴线的标定：①墙体是承重墙时，如图1.9(a)所示。②墙体是非承重墙时,如图1.9(b)所示。

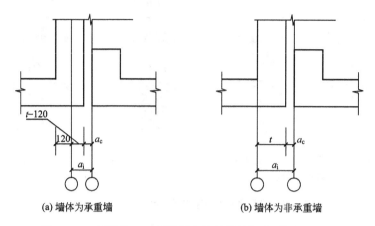

图1.9 一侧墙体、一侧墙垛定位轴线的标定(单位:mm)

1.6.3 建筑构件的尺寸

在建筑设计和建筑模数协调中,涉及一些尺寸概念,为保证构件与轴线尺寸协调,使设计、构件预制、施工安装各阶段既能协调配合,又能独立工作,还应正确处理标志尺寸、构造尺寸和实际尺寸之间的关系,如图1.10所示。

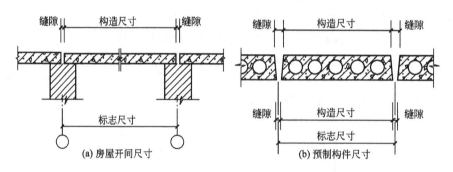

图1.10 构造尺寸与标志尺寸的关系

1) 标志尺寸

标志尺寸符合模数数列的规定,用以标注建筑物定位轴面、定位面或定位轴线、定位线之间的垂直距离(如开间或柱距、进深或跨度、层高等)以及建筑构配件、建筑组合件、建筑制品、有关设备界限之间的尺寸。

2) 构造尺寸

构造尺寸即建筑构配件、建筑组合件、建筑制品等的设计尺寸,一般情况下,标志尺寸减去缝隙为构造尺寸。

3) 实际尺寸

实际尺寸即建筑构配件、建筑组合件、建筑制品等生产制作后的实有尺寸,实际尺寸与构造尺寸之间的差数应符合建筑公差的规定。

4）技术尺寸

技术尺寸是建筑功能、工艺技术和结构条件在经济上处于最优状态下所允许采用的最小尺寸数值（通常是指建筑构配件的截面或厚度）。

1.7 建筑构造的学习方法

本书着重阐述了民用建筑设计与构造的基本原理及应用知识，反映了我国建筑方面的新技术、新成就，并吸取了国外建筑设计及构造方面的一些有益经验，有利于培养学生建筑设计及建筑构造设计的基本技能、空间想象能力、构思能力及图形表达能力，进一步完善学生进行建筑师及工程师的基本技能训练。

建筑构造课程具有实践性强和综合性强的特点，内容庞杂、涉及面广。在内容上，是对土木建筑工程实践的活动和经验的高度总结和概括，并且涉及建筑材料、建筑物理、建筑力学、建筑结构、建筑施工以及建筑经济等方面的知识。学习建筑构造，就要抓住以上这些特点，从提高逻辑思维能力、空间想象能力、构思能力、绘图能力及图形表达能力、自学能力、口头表达能力着手，理解和掌握建筑构造的原理，理论联系实际，多观察，勤思考，多接触工程实际，了解和熟悉相关课程的更多内容，以使建筑构造课程的学习取得事半功倍的效果。

本书的学习方法建议如下。

1. 节点构造讲解

1）目标

授课与学生的主动学习、调研相结合，培养能够发现、研究和解决建筑构造设计程序的计划组织、信息收集、综合演绎的应用型能力。

2）方法

分组（3～4人）进行课下预习和调研总结，利用上课10min时间向其他同学讲解，教师进行点评。可以选择校园内构造实例1～2例，或与相关章节的构造要点相关的名作实例1～2例，绘草图或采用计算机三维建模的方式详细说明构造做法及发现的问题及改进建议。内容可按照建筑构造主体墙体、楼地层、墙体、楼梯、屋面、门窗等进行选择。

2. 走访工地

1）目标

通过直观的现场调研了解建筑构造的设计和建造过程，使学生能够对建造过程、方法、结果以及材料、造价、工艺和品质等方面有更多的了解和关注。

2）方法

分组（5～6人）调研一个正在施工或刚竣工的建筑工地（公共建筑或家庭装修），利用设计图纸、与工人交流、建材调研等方法，用照片、草图及笔记等形式记录调研结果，形成调研报告向其他同学进行演绎。调研报告包括工地概况和设计要求（或图纸）、主要建筑材料的特性及价格、某个节点的连接方式、施工过程和注意事项、施工顺序与周期、发现的问题及改进措施等。

本 章 小 结

建筑物的组成	• 构件、配件、构配件 • 建筑承载系统和建筑围护系统 • 基础、墙、楼板层、地坪、楼梯、屋顶和门窗等
建筑的分类	• 按建筑物的使用功能：生产性建筑（工业建筑、农业建筑）；非生产性建筑（居住建筑、公共建筑） • 按建筑物的高度（或层数）：非高层、高层、超高层 • 按建筑的规模和数量：大量性建筑、大型性建筑 • 按建筑结构的材料：混合结构建筑、钢筋混凝土结构建筑、钢结构建筑、钢—钢筋混凝土结构建筑、木结构建筑、砖（或石）结构建筑 • 按建筑结构的承载方式：墙承载结构、柱承载结构、特殊类型结构
建筑构造的影响因素和设计原则	• 建筑构造的影响因素：各种荷载作用、自然环境因素、各种人为因素、建筑技术条件、经济条件 • 建筑构造设计原则：满足建筑的基本功能要求、有利于结构和建筑方面的安全、技术先进、适应建筑工业化的需要、讲求建筑经济的综合效益；美观大方
建筑的等级	• 建筑物的设计使用年限：四级 • 建筑物的耐火等级：四级；一级的耐火性能最好，四级最差 • 建筑物的工程等级：四级
建筑模数协调统一标准	• 建筑模数和模数制：基本模数、导出模数（扩大模数、分模数）；模数数列 • 定位轴线：确定房屋主要结构构件位置和标志尺寸的基准线，是施工放线和安装设备的依据 • 建筑构件的尺寸：标志尺寸、构造尺寸、实际尺寸、技术尺寸
建筑构造的学习方法	• 理解和掌握建筑构造的原理，理论联系实际，多观察，勤思考，多接触工程实际

习 题

一、思考题

1. 建筑构造是研究什么内容的学科？这门学科有什么特点？
2. 建筑物的分类方式有哪些？
3. 建筑物的基本功能和系统组成有哪些？
4. 建筑构造的影响因素和设计原则有哪些？
5. 建筑物的设计使用年限是如何确定和划分的？
6. 建筑物的耐火等级是如何确定和划分的？
7. 什么是建筑构件的耐火极限？它是如何定义的？

8. 实行建筑模数协调统一标准的意义何在？基本模数、扩大模数、分模数的含义和适用范围是什么？

9. 熟悉和掌握标志尺寸、构造尺寸等四种尺寸的概念。

二、选择题

1. 我国建筑设计规范规定，公共建筑总高度超过（　　）时为高层建筑。
   A. 20m　　　　B. 24m　　　　C. 27m　　　　D. 30m
2. 建筑物的设计使用年限为3级时为（　　）年，适用于一般性建筑。
   A. 15　　　　B. 25　　　　C. 50　　　　D. 80
3. 以下为非燃烧体的建筑材料为（　　）。
   A. 石膏板　　B. 砖石　　　C. 木板　　　D. 胶合板
4. 民用建筑包括居住建筑和公共建筑，其中（　　）属于居住建筑。
   A. 托儿所　　B. 宾馆　　　C. 公寓　　　D. 疗养院
5. 建筑物的耐火等级分为（　　）级。
   A. 2　　　　B. 3　　　　C. 4　　　　D. 5
6. 《建筑模数协调统一标准》规定的基本模数是（　　）。
   A. 300mm　　B. 100mm　　C. 10mm　　　D. 5mm
7. 建筑物的耐火极限的单位是（　　）。
   A. kg　　　　B. h　　　　C. m　　　　D. db
8. 建筑物的构造组成由（　　）组成。
   A. 6大部分　　B. 5大部分　　C. 7大部分　　D. 4大部分

三、判断题

1. 建筑构造是一门专门研究建筑物各组成部分的构造原理与构造方法的学科。（　　）
2. 某单层体育馆，建筑高度26m，属高层建筑。（　　）
3. 地表影响是影响建筑构造的主要环境因素。（　　）
4. 10～18层的住宅为二类高层住宅。（　　）
5. 民用建筑工程设计等级为一级、二级、三级、四级。（　　）

第 2 章
墙 体

知识目标

- 熟悉和掌握墙体的类型、墙体的常用材料及构造施工方式。
- 熟悉和掌握墙体的功能和设计要求。
- 熟悉和掌握砌体墙的主要材料和特性、尺寸、组砌要求、组砌方式等。
- 熟悉和掌握砖墙的细部构造：包括砖墙各部分尺度（墙厚、洞口及墙垛尺寸）、圈梁、门窗洞口过梁、门窗洞口构造、墙身防潮层、墙脚与勒脚构造、散水与明沟构造等。
- 熟悉和掌握常用隔墙的类型、材料与构造处理要点。
- 熟悉和掌握墙面装修的作用、常用材料、做法及其分类。
- 熟悉和掌握墙面抹灰类、贴面类、涂料类及裱糊类的材料与构造做法。

导入案例

混凝土是安藤最喜爱使用的材料之一（与金属材料和玻璃组合在一起）。然而，他的建筑结构的品质并不完全取决于混凝土混合搅拌本身，同时还取决于混凝土的浇捣成型和经常性的保养工作（如在其表面喷涂硅树脂防尘等）。

在我们看到的安藤作品中，他所精心设计、理性驾驭的混凝土壁体也许是最突出的感受。即使是普通住宅也是如此。从早期的住吉的长屋、大西邸、伊东邸、北山公寓到后来的公共建筑，如水的教堂、姬路儿童博物馆、飞鸟历史博物馆等，都能清楚地看到安藤对于混凝土材料，特别是混凝土壁体的嗜好，领悟到这种材料运用背后所表达的文化内涵和场所意义。

安藤的混凝土壁体

2.1 概述

建筑的本意,即为"筑土构木,以为宫室"的意思。体现了古代建筑的两个基本要素:版筑的土墙与木构的屋顶。如果说"遮蔽"源于抵御日晒和雨雪的水平围合物屋顶,则"围护"源于抵御动物侵袭的垂直围合物墙体。墙体的围合产生了空间和领域,是保障建筑性能和满足人居环境要求的基础。

墙体是建筑物的重要组成构件,占建筑物总重量的 30%~45%,总造价的 30%~65%。其主要起到围护和分隔空间的作用,保障所围合空间的保温、隔热、防火、隔声等建筑性能。承重墙体系中墙体还具有承载的功能,保证建筑物的坚固与安全。此外,墙体还应具有资源的经济性和加工的技术经济性,以便于施工和维护,满足工业化生产的要求。同时,墙体作为视觉和触觉的主要感知物,与屋顶等其他建筑构件一起共同塑造建筑的基本形态,如图 2.1 所示。

图 2.1 墙体的各种形态

近年来,随着墙体材料的改革和绿色建筑理念的普及,新型墙体材料和构造做法也不断涌现。在工程设计中,应合理地选择墙体材料、结构方案及构造做法,以改善建筑室内热环境,降低建筑造价,起到节能、环保、利废的效果。

2.2 墙体的类型

建筑物的墙体因其所在位置、受力情况、材料组成以及施工方法不同,一般有以下几种分类方式。

1. 按墙所处的位置、方向及与墙体的关系分类

1) 位置

按所处的位置可以分为外墙和内墙,如图 2.2(a)所示。外墙位于房屋四周,也称为外

围护墙；内墙位于房屋内部，主要起分隔内部空间的作用，也被称为隔墙。在建筑室内起界定作用而又不完全隔断(视线和空间仍能流动)的墙状物被称为隔断，根据其材料可以分为木制隔断、家具隔断、混凝土花格和金属花隔断等。

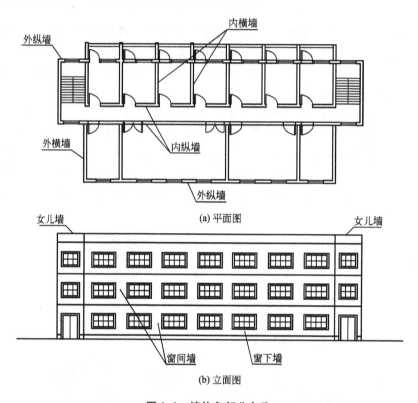

图2.2 墙体各部分名称

2) 方向

按布置方向可以分为纵墙和横墙，如图2.2(a)所示。纵墙是沿建筑物长轴方向布置的墙，纵墙又可以分为内纵墙和外纵墙；横墙是沿建筑物短轴方向布置的墙，横墙也可以分为外横墙和内横墙，外横墙俗称山墙。注意横墙和纵墙的划分不是以图面的水平和垂直区分的。

3) 与墙体的关系

根据墙体与门窗的位置关系，平面上窗洞口之间的墙体可以称为窗间墙，立面上上下窗洞口之间的墙体可以称为窗下墙，如图2.2(b)所示。由于被墙体和楼板分隔的各个独立室内空间均需要采光通风，因此，在消防规定中对分隔成不同防火分区的窗间墙和窗下墙都有一定的要求，以防火势的蔓延。

2. 按受力情况分类

墙体按受力方式分为承重墙和非承重墙两种，如图2.3所示。

1) 承重墙

直接承受屋顶和楼板(梁)等构件传来的荷载的墙称承重墙。常用的承重材料有混凝土中小砌块、粉煤灰中型砌块、灰砂砖、粉煤灰砖、现浇钢筋混凝土及烧结多孔砖等。

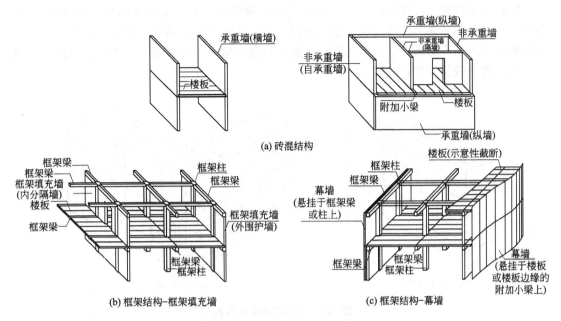

图 2.3 墙体按受力情况分类

2) 非承重墙

不承受外来荷载的墙体称非承重墙。非承重墙包括自承重墙、隔墙、填充墙和幕墙。自承重墙承受自身重力并将其传至基础；隔墙仅起分隔作用，其自重由楼板或梁承担；填充墙是框架结构中填充的墙体；幕墙是悬挂在建筑物外部的轻质墙体。常用的自承重砌块墙的材料有加气混凝土砌块、陶粒空心砌块、混凝土空心砌块、烧结空心砖、灰砂砖等。

3. 按材料及构造方式分类

按照墙体的材料和构造方式可以分为实体墙、空体墙和组合墙三种，如图 2.4 所示。

1) 实体墙

实体墙是由单一材料组成的实心墙，如普通粘土砖、钢筋混凝土砌块、石块等，实体墙承重效果较好。普通粘土砖是我国应用最早的传统墙体材料，由于材料需要占用大量农田，浪费资源，目前我国已经严格限制使用粘土实心砖墙，提倡使用节能型的烧结空心砖取而代之。

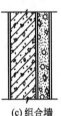

图 2.4 墙体的构造形式

2) 空体墙

空体墙是由单一材料组成的具有内部空腔的墙体，这种空腔既可以是由有孔洞的材料建造的，如空心砌块［图 2.5(a)］、空心砖、空心板材墙等。例如，烧结空心砖有两种形式，一种是在 240mm×115mm×90mm 的砖块中间增加了很多竖向孔洞，它既可以减轻重量，又增加了保温效果；另一种符合模数的烧结空心砖规格为 190mm×190mm×90mm。目前烧结空心砖主要用于多层的民用建筑和框架结构的内隔墙和外围护墙。我国南方一些地区制作烧结空心砖适当加入了粉煤灰和长江淤泥砂，取得了较好的保温效果。

空体墙的空腔又可以是由单一实心材料砌筑构成的空腔，如空斗砖墙，如图2.5(b)所示，一般使用普通粘土砖砌筑。它的砌筑方式分斗砖与眠砖两种。砖竖放叫斗砖，平放叫眠砖，如图2.6所示。空斗墙不宜在抗震设防地区使用，过去主要用于低层的住宅，现由于实心砖的限制生产，故较少使用。

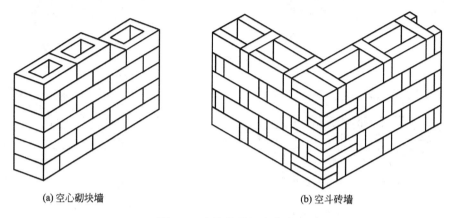

图2.5 空体墙的组砌方式

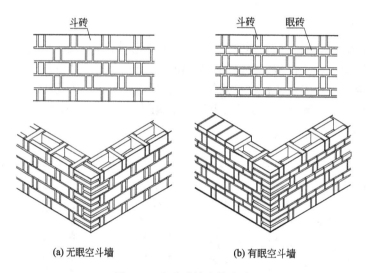

图2.6 空斗砖墙砌筑方式

3) 组合墙

组合墙(复合墙)是由两种以上的材料组合而成的复合墙体。这种墙体的主体结构大多为多孔砖墙或钢筋混凝土墙，在墙的内侧或外侧加贴轻质保温板。用于内侧的常用材料有充气石膏板、水泥聚苯板、纸面石膏聚苯复合板、纸面石膏岩棉复合板、挤压型聚苯乙烯泡沫板及内粉珍珠岩保温砂浆和各种保温浆料等。用于外侧的常用材料有聚苯颗粒的保温砂浆和其他保温砂浆，以及贴、挂挤压型聚苯乙烯泡沫板、水泥聚苯板等外加防碱网格布钢筋网和保温砂浆做法，如图2.7所示。在砌筑过程中，复合墙体的主体结构，采用烧结多孔砖时，其厚度为200mm或240mm，采用钢筋混凝土墙时，其厚度为200mm或250mm。保温板材的厚度需要经热工计算而定，一般为50~90mm，若作空气间层时，其厚度为20~50mm。除此之外，还有玻璃幕墙和加气混凝土砌块构成的复合墙体。复合墙体通过不同性能材料的组合达到最佳的建筑效果和经济、便捷的平衡，是一种广泛应用的基本构造方法。

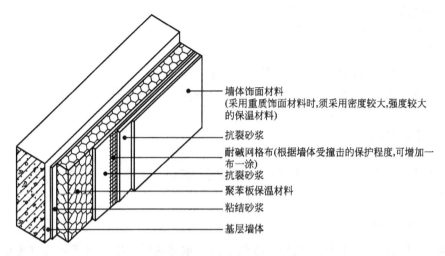

图 2.7 聚苯板保温墙体构造

4．按施工方法分类

墙体按施工方法可以分为块材墙（砌体墙）、板筑墙、板材墙（含骨架）三种。

1）块材墙

块材墙是用砂浆等胶结材料将砖、石等块材组砌而成的，如砖墙、石墙及各种砌块墙等。

2）板筑墙

板筑墙是在现场支立模板，在模板中灌浇凝固或层集压紧而成的整体化墙体，如现浇混凝土墙、夯土墙等。

3）板材墙

板材墙是预先制成墙板，在施工现场安装而成的墙，如预制混凝土大板墙、各种轻质条板内隔墙等。骨架墙可以看成是多种材料复合而成的构架板材，也可以看成是板材墙的一种形式。

2.3 墙体的功能与设计要求

2.3.1 墙体的功能

墙体在建筑物中的功能主要有以下几方面。

1）承重作用

承重墙体系中墙体一是承受建筑物屋顶、楼层、设备等活荷载及自身荷载，二是承受自然界风、地震荷载等。

2) 围护功能

抵御自然界风、雨、雪等的侵袭,防止太阳辐射和噪声的干扰等。

3) 分隔功能

把建筑物分隔成若干个小空间。

4) 装饰功能

装饰墙面,满足室内外装饰和使用功能要求。

除此之外,作为围护构件的墙体一般还具有保温、隔热、隔声、防火、防潮等功能。

2.3.2 墙体的设计要求

根据墙体的分类方法,墙体所处的位置不同,其功能要求也不相同,因此在设计时应满足下列要求。

1. 结构布置选择

墙体是多层砖混房屋的围护构件,也是主要的承重构件。墙体的布置必须考虑建筑和结构两方面的要求,既要满足建筑设计的房间布置、划分大小空间等使用要求,又要选择合理的墙体承重结构布置方案,使之安全承担作用在房屋上的各种荷载,坚固耐久,经济合理。

结构布置是指梁、板、墙、柱等结构构件在房屋中的总体布局。砖混结构建筑的结构布置方案,通常有横墙承重、纵墙承重、纵横墙承重、部分框架承重等方式,如图2.8所示。

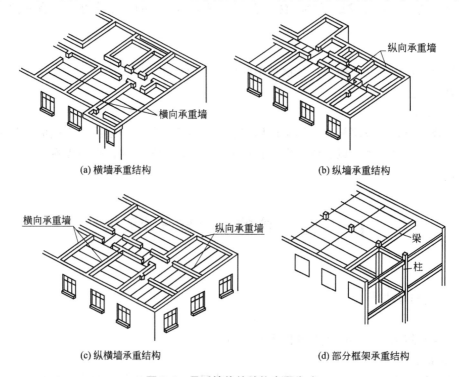

图2.8 承重墙体的结构布置方式

1) 横墙承重结构

凡以横墙起主要承重作用的结构称为横墙承重结构,如图 2.8(a)所示。此时楼板、屋顶上的荷载均由横墙承重。横墙间距即为楼板的跨度,其一般在 4.2m 以内比较经济。横墙承重结构主要适用于房间的使用面积不大,墙体位置比较固定的建筑,如住宅、宿舍、旅馆等。可按房屋的开间设置横墙,楼板的两端搁置在横墙上,横墙承受楼板等外来荷载,连同自身的重量传给基础。纵墙只起到纵向稳定和拉接以及自重的作用。横墙承重结构主要特点是建筑物的整体性好,横向刚度大,对抗风力、地震力和调整地基不均匀沉降有利。缺点是以横墙承重的建筑空间组合不够灵活,墙的结构面积较大,材料耗费较多;但对在纵墙上开门、窗限制较少。这种结构布置方式适用于房间开间尺寸不大的住宅、宿舍、旅馆和病房楼等。

2) 纵墙承重结构

凡以纵墙来承受楼板或屋面板荷载的结构称为纵墙承重结构,如图 2.8(b)所示。纵墙承重结构主要适用于房间的使用上要求有较大空间,墙体位置在同层或上下层之间可能有变化的建筑,如教学楼中的教室、阅览室、实验室等。纵墙承重通常把大梁或楼板搁置在内、外纵墙上,此时纵墙承受楼板自重及活荷载,连同自身的重量传给基础和地基。纵墙承重结构的特点是房间的空间较大,开间划分比较灵活,适用于较大空间的需要。缺点是在纵墙承重结构中,由于横墙数量少,刚度较差,而且在纵墙上设置的门、窗大小和位置将受到一定的限制。为了保证建筑空间的刚度和整体性的要求,结构上应当采取一些相应的措施。例如,应适当设置承重横墙,与楼板一起形成纵墙的侧向支撑,以保证房屋空间刚度及整体性能的要求。相对于横墙承重结构来说,纵墙承重结构楼板材料用量较多。

3) 纵横墙承重结构

凡以部分横向墙体和部分纵向墙体结构承受屋顶、楼层荷载的布置方式称为纵横墙承重结构或混合承重结构,如图 2.8(c)所示。此结构方案的优点是建筑组合灵活,空间刚度好,但墙体材料用量较多,适用于房间的开间、进深尺寸较大或平面复杂的建筑,如教学楼、医院、实验楼、点式住宅和幼儿园等。

4) 部分框架承重结构

凡建筑物内部采用框架承重,而外墙采用墙体承重,或下部采用框架而上部采用墙体承重的结构称为部分框架结构,如图 2.8(d)所示。当建筑物需要大空间时,如商店、综合楼等,采用内部框架承重,四周为墙承重,楼板自重及活荷载传给梁、柱或墙。房屋的总刚度主要由框架保证,因此水泥及钢材用量较多。

2. 强度和稳定性

墙体的结构要求主要表现在强度和稳定性两个方面。

1) 强度

墙体的强度是指它的承载力,即墙体承受荷载的能力。在多层砖混结构中,墙除承受自重外,还要承受屋顶和楼板的荷载,并将其竖向荷载传至基础和地基。在地震区,还要考虑在发生地震时墙体所引起的水平力作用的影响。所以设计墙体时,要根据荷载及所用材料的性能和情况,通过计算确定墙体的厚度和所具备的承载能力。影响墙体强度的因素很多,主要是与所采用的材料、材料强度等级、截面面积以及施工技术有密切的关系。

受压构件承载力可按下式计算：

$$N \leqslant \phi f A$$

式中　N——荷载设计产生的轴向力；
　　　ϕ——高厚比 β 和轴向力的偏心距 e 对受压构件承载力的影响系数；
　　　f——砌体抗压强度设计值；
　　　A——截面面积，对各类墙体均按毛面积计算。

通过上式可以看出，提高受压构件的承载力的方法有两种。

（1）加大截面面积或加大墙厚。这种方法虽然可取，但不一定经常采用。工程实践表明 240mm 厚的砖墙可以保证 20m 高建筑物（相当于住宅 6 层）的承载要求。

（2）提高墙体抗压强度的设计值。这种方法主要采用同一墙体厚度，在不同部位通过改变砖和砂浆强度等级来达到承载要求。

2）稳定性

墙体的稳定性与墙的高度、长度、厚度等有很大的关系，因此，解决好墙体的高厚比、长厚比是保证其稳定的重要措施。砖墙的稳定性一般采用验算高厚比的方法进行。其公式为：

$$\beta = H_0/h \leqslant \mu_1 \mu_2 [\beta]$$

式中　H_0——墙、柱的计算高度(m)；
　　　h——墙厚或矩形柱与 H_0 相对应的边长(m)；
　　　μ_1——自承重墙允许高厚比的修正系数；
　　　μ_2——有门窗洞口墙允许高厚比的修正系数；
　　　$[\beta]$——墙、柱的允许高厚比，按表 2-1 查取。

表 2-1　墙、柱的允许高厚比 $[\beta]$ 值

砂浆强度等级	墙	柱
M2.5	22	15
M5	24	16
≥M7.5	26	17

注：1—毛石墙、柱允许高厚比应按表中数值降低 20%。
　　2—组合砖砌体构件的允许高厚比，可按表中数值提高 20%，但不得大于 28。
　　3—验算施工阶段砂浆还未硬化的新砌砌体高厚比时，允许高厚比对墙取 14，对柱取 11。

从表 2-1 中可以看出，砂浆强度等级越高，则墙、柱的允许高厚比值越大。当墙体高度、长度确定后，通常可通过增加墙体厚度，增设壁柱、墙垛、圈梁等方法来解决其稳定性。

3. 保温与隔热

墙体的保温因素主要表现在墙体阻止热量传出的能力和防止墙体表面和内部产生凝结水的能力两大方面，在建筑物理学上属于建筑热工设计部分。

1）热工分区

建筑的外围护结构（屋顶、外墙等）需要有良好的热稳定性，使室内环境在室外环境的变化中保持相对的稳定，减少制冷和采暖的能耗。不论是在夏季炎热气候条件下的隔热，

还是在冬季寒冷气候条件下的保温，外围护结构均需要较大的热阻。根据建筑热工设计分区的不同，对建筑保温与隔热的要求也不同，我国主要划分为5个区域。

(1) 严寒地区。累年最冷月平均温度低于－10℃的地区，如黑龙江和内蒙古自治区的大部分地区。这些地区应加强建筑物的防寒措施，不考虑夏季防热。

(2) 寒冷地区。累年最冷月平均温度高于－10℃、小于或等于0℃的地区，如东北地区的吉林、辽宁；华北地区的山西、河北、北京、天津及内蒙古自治区的部分地区。这些地区应以满足冬季保温设计要求为主，适当兼顾夏季防热。

(3) 夏热冬冷地区。最冷月平均温度为0～10℃，最热月平均温度为25～30℃。如陕西、安徽、江苏南部、广西、广东、福建北部地区。这些地区必须满足夏季防热要求，适当兼顾冬季保温。

(4) 夏热冬暖地区。最冷月平均温度高于10℃，最热月平均温度为25～29℃。如广东、广西、福建南部地区和海南。这些地区必须充分满足夏季防热要求，一般不考虑冬季保温。

(5) 温和地区。最冷月平均温度为0～13℃，最热月平均温度为18～23℃，如云南全省和四川、贵州的部分地区。这些地区应考虑冬季保温，一般不考虑夏季防热。

2) 建筑物保温设计要求

(1) 建筑物宜设在避风、向阳地段，尽量争取主要房间有较多的日照。

(2) 建筑物的外表面积与其包围的体积之比(体形系数)应尽可能地小，平、立面不宜出现过多的凹凸面。

(3) 室温要求相近的房间应集中布置。

(4) 严寒地区居住建筑不应设开敞式楼梯间，公共建筑主入口处应设置转门、热风幕等避风设施。寒冷地区居住建筑和公共建筑宜设置门斗。

(5) 严寒和寒冷地区北向窗户的面积应予以控制，其他朝向的窗户面积不宜过大。应尽量减少窗户的缝隙长度，并加强窗户的密闭性。

(6) 严寒和寒冷地区的外墙和屋顶应进行保温验算，保证不低于所在地区所要求的总热阻值。

(7) 热桥部分(主要传热渠道)，通过保温验算，并作适当的保温处理。

(8) 当有散热器、管道、壁龛等嵌入外墙时，该处外墙的传热阻应大于或等于建筑物所在地区要求的最小传热阻。

(9) 围护结构中的热桥部位应进行保温验算，并应采取保温措施。

(10) 严寒地区居住建筑的底层地面，在其周边一定范围内应采取保温措施。

(11) 围护结构的构造设计应考虑防潮要求。

3) 夏季防热设计要求

(1) 建筑物的夏季防热应采取环境绿化、自然通风、建筑遮阳和围护结构隔热等综合性措施。

(2) 建筑物的总体布置，单体的平、剖面设计和门窗的设置，应有利于自然通风，并尽量避免主要使用房间受东西日照。

(3) 建筑外墙可选用热阻大、重量大的材料，如砖墙、土墙等，减少外墙内表面的温度波动；也可以在外墙表面选用光滑、平整、浅色的材料，以增加对太阳的反射能力。

(4) 南向房间可利用上层阳台、凹廊、外廊等达到遮阳目的。东西向房间可适当采用固定式或活动式遮阳设施。

(5) 屋顶东、西外墙的内表面温度应通过验算，保证满足隔热设计标准要求。

(6) 为防止潮霉季节地面泛潮，底层地面应采用架空做法，地面面层应选用微孔吸声材料。

4) 采暖建筑的外墙应有足够的保温能力

寒冷地区冬季室内温度高于室外，热量从高温一侧向低温一侧传递。如图2.9所示是外墙冬季的传热过程。为了减少热损失，可以从以下几个方面采取措施。

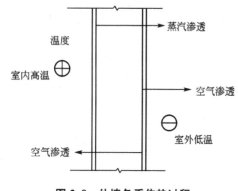

图2.9 外墙冬季传热过程

(1) 提高围护结构的保温能力，减少热损失。

一般有三种做法：增加墙体厚度以提高热阻；选用空隙率高的轻质材料以利用空气隔热；采用多种材料的组合以满足墙体的综合建筑性能要求。

① 一般材料的厚度增大，热阻也随之增大，使热的传导过程延迟，从而达到保温和隔热的作用。例如，在窑洞等素土、夯土建筑中，土壤作为天然的保温隔热材料，在厚度大时能有效地维持室内的相对稳定的热环境，达到冬暖夏凉的效果。但墙体加厚会挤占室内空间，增加结构荷载并消耗建材。

② 空隙率高、自重轻的材料由于内部含有热的不良导体——空气，因此，导热系数小，保温隔热效果好。但是，这种材料的强度一般不高，不能承受较大的荷载，一般多用于框架填充墙，如加气混凝土砌块、陶粒混凝土砌块等。

③ 采用导热系数低的保温隔热材料与围护承重墙体的组合构造，分别满足建筑保温隔热和围护、承重的功能。根据保温层与承重结构的位置关系确定，常用的构造方式有外墙内保温、外墙外保温、夹芯墙体(中间)保温等，如图2.10所示。常用的保温材料有岩棉、玻璃纤维棉、EPS(模塑聚苯乙烯泡沫塑料)、XPS(挤塑聚苯乙烯泡沫塑料)、AU(聚氨酯硬性发泡材料)等。由于水与空气相反，其导热系数大，因此保温材料中的雨水或冷凝水会明显降低墙体的保温隔热效能，因此，岩棉和玻璃纤维棉等结构疏松、水分极易进入的保温材料需要做好防水、防汽构造。聚苯乙烯泡沫塑料、聚氨酯硬性发泡材料等，由于材料内能够形成大量封闭的空气泡，材料本身也具有很好的隔热性能和防水性能，目前

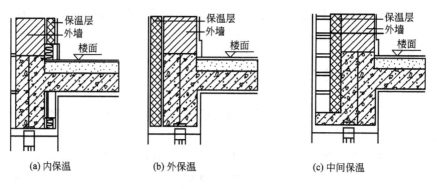

(a) 内保温　　　　(b) 外保温　　　　(c) 中间保温

图2.10 外墙保温层的设置方式

被广泛采用,因此,这类保温材料一般随密度的升高而使其保温性能提高,与一般多孔质轻的材料恰好相反。

由于是稳定传热,从保温效果考虑,较为理想的做法是将保温材料设置在靠围护结构的低温一侧(一般指室外一侧)为好。原因有以下三点。

(a) 保温材料设置在低温一侧,能充分发挥保温材料的作用。因为材料空隙多,导热系数小,单位时间内吸收或散失的热量小,保温效果显著。同时,将热容量大的结构材料放在高温一侧,对房间的热稳定性有利,因为材料蓄热系数越大,其表面温度波动越小。当供热不均匀,或室外气温变化较大时,可保证围护结构内表面的温度不致急剧下降,从而使室温也不致很快下降。

(b) 保温材料放在外侧,使墙或屋顶的结构构件受到保护,避免了构件在较大温差应力作用下缩短结构寿命的可能性。

(c) 保温层放在低温一侧,将减少保温材料内部产生水蒸气凝结的可能性。

不过保温材料放低温一侧,也有其不足之处。因为目前绝大多数保温材料不能防水,且耐久性差,保温材料靠室外一侧,就必须加保护层,对墙面需另加防水饰面,如图 2.11(a) 所示。同时,对间歇采暖的房间,如影剧院、体育馆等,由于属临时供热,而又要求室温很快上升到所需标准,其保温材料放在内侧反而是有利的。

夹芯墙体(中间)保温层要求对保护层既能够防水,又能防止室外各种因素的侵袭。一般设计时常采用半砖墙或其他板材结构来处理,夹芯层可以是保温材料,也可以是空气间层,如图 2.11(b)、(c)所示。空气间层的厚度一般以 40~50mm 为宜,作为起保温作用的空气夹层,要求空气夹层处于密闭状态,不允许在夹层两侧的结构层上开口、打洞。另外,为了提高空气层的保温能力,可利用强反射材料,粘贴在构件的内表面(或铺钉铝箔组合板),如图 2.12 所示,它们可以将散失出去的热量反射回来,从而达到保温目的。

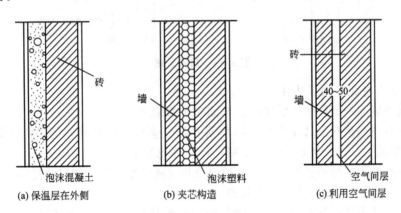

图 2.11 保温围护结构构造(单位:mm)

设置空气间层,利用空气的绝热性能和流动性等加强绝热效果。例如,呼吸式玻璃幕墙和被动式太阳房的设计中,外墙或屋顶被设计为一个集热/散热器,结合太阳能的利用,在外墙设置空气置换层,为墙体的综合保温与隔热提供了新的方式,如图 2.13 所示。其基本原理是采用具有一定厚度的空腔构造,利用空气间层的双层墙体复合构造和受人工调控的空气流动,利用空气的隔热保温效果和流动降温效果,改善墙体的热工性能。

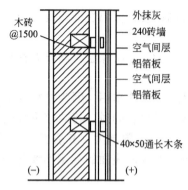
图 2.12 铝箔保温处理(单位：mm)

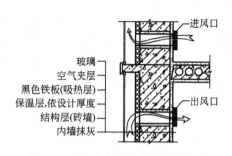
图 2.13 被动式太阳房集热墙构造

(2) 防止围护结构的热桥(冷桥)。

热桥又可称为冷桥，是热量传递的桥梁，即建筑围护结构中的一些部位传热系数比相邻部位大得多，在室内外温差的作用下，形成了热流相对密集、内表面温度较低(采暖季节)或较高(空调降温季节)的区域。这些部位成为了传热较多的桥梁，因此称为热桥或冷桥，如图 2.14 所示。由于结构上的需要，常在外墙中出现一些嵌入构件，如钢筋混凝土柱、梁、垫块、圈梁、过梁以及板材中的肋条等。在寒冷地区，热量很容易从这些部位传出去。因此这些部位的热损失比相同面积主体部位的热损失要多。

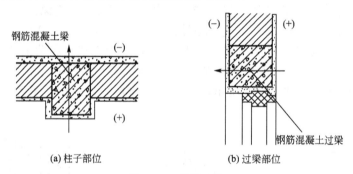

(a) 柱子部位　　　(b) 过梁部位

图 2.14 热桥示意

热桥的危害主要有以下几种。

① 降低外墙等外围护结构的热阻，增加建筑的能耗。

② 热桥在高温侧有凝结水产生，隔热层受潮气会降低隔热材料的隔热性能，并引起室内结露或结霜，沾染灰尘后变黑、发霉，影响环境健康。

③ 冷凝水或者冰霜的长期作用会导致建筑物结构受损，缩短建筑的使用寿命。

减少热桥影响的措施主要有以下几种。

① 使围护结构各部分的隔热层和隔气防潮层连接成整体，避免隔热层与外部空气直接接触。

② 尽量减少热桥的数量和面积，对不可避免的热桥，要用保温材料进行包裹。

③ 对形成热桥的构件、管道等，在其周围和沿长度方向作局部的隔热、隔气防潮处理，通过增大厚度扩大热阻，以使高温侧不致产生凝结水或冰霜。

如图 2.14 所示，在冷桥部位最容易产生凝聚水，为防止冷桥部位内表面出现结露，应采取局部保温措施。图 2.15(a)所示是寒冷地区外墙中钢筋混凝土过梁部位的保温处理，将过梁截面作成L形,并在外侧附加保温材料;对框架柱,当柱子位于外墙的内侧时,这时可以不必作保温处理,只有当柱的外表面与外墙平齐或突出外面时,才对柱外侧作保温处理,如图 2.15(b)所示。

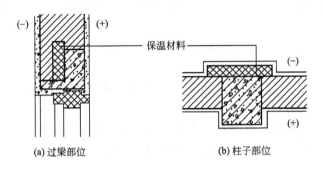

图 2.15 冷桥局部保温处理

(3) 防止围护结构的蒸气渗透。

空气有湿空气、干空气之分。湿空气中含水蒸气,空气温度越高,空气中水蒸气含量越大。空气中蒸气含量的多少,可以用水蒸气分压力来表示。冬季,室内温度比室外温度高,通常室内空气中蒸气含量高于室外,当围护结构两侧出现蒸气分压力时,则水蒸气分子从压力高的一侧通过围护结构向分压力低的一侧渗透扩散,这种现象被称为蒸气渗透。

蒸气渗透带来的危害主要有以下两方面。

① 由于围护结构内外两侧存在温度差,水蒸气通过围护结构渗透过程中遇到露点温度时,蒸气含量达到饱和度立即凝结,使室内表面装修发生脱皮、粉化甚至生霉。

② 当凝结水产生在围护结构的保温层内时,则会使保温材料内的空隙中充满水分。由于水的导热系数(约为 0.58W/m·K),远较空气的导热系数(约为 0.023W/m·K)高,致使保温材料失去保温能力,也影响了保温材料的使用寿命。

为防止在保温围护结构的内部产生凝结水,在构造设计时,常在围护结构的保温层靠高温一侧,即蒸气渗入的一侧设一道隔气层,如图 2.16 所示。这样,可以使水蒸气流在抵达低温表面之前,其水蒸气分压力已得到急剧下降,从而避免了内部凝结的产生。目前保温构造设计中应用最普遍隔蒸气层的常用材料有沥青、卷材、隔气涂料以及铝箔等防潮、防水材料。

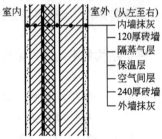

图 2.16 外墙隔气层的设置
(单位:mm)

4. 防水防潮要求

垂直墙体也会受到雨水侵蚀,尤其是在墙体顶部和开口处的水平面上,具有与屋顶相同的受水面,需要进行防水处理。另外,具有多层复合构造的外保温墙体、干挂板材墙体中,渗入墙体的雨水会在不同材料的间隙中流动并从门窗等部位流入室内。因此,外墙应采取的防水措施主要有以下几方面。

(1) 在墙体的顶端、门窗等墙面的开口处的上下设置必要的防水、披水构件,防止外部进入的雨水和内部的凝结水渗入室内，如在垂直墙面的水平顶部需要设置压顶、在窗台设置披水构造等。

(2) 外饰面材料或外表面涂装应采用憎水性材料，并对分格、设缝处进行勾缝、打胶等密封处理，防止雨水进入墙体。对于粘土砖等吸水率较高的材料，应在墙角设置勒脚等保护性构造。

(3) 为了保证板材开缝的立面阴影效果，则应在内部设置一层防水层，如铝合金导水板和防水层等。

(4) 由于墙面汇集的雨水会沿墙体冲刷地基，因此，在墙体的根部应设置散水、排水，防止冲刷地基的散水或水沟。

此外，在卫生间、厨房、实验室等有水的房间及地下室的墙应采取防水防潮措施。选择良好的防水材料以及恰当的构造做法，保证墙体的坚固耐久性。

5. 隔声要求

墙体的隔声要求包括隔除室外噪声和相邻房间噪声两个方面。为了使室内有安静的环境，保证人们的工作和生活不受噪声的干扰，要求建筑根据使用性质的不同进行不同标准的噪声控制。

1) 噪声的声源

按声音的传播规律分析，噪声主要有三种传播途径。

(1) 经由空气直接传播，即通过建筑物围护结构的缝隙和孔洞传播，如敞开的门窗、通风孔及门窗的缝隙等。

(2) 透过围护结构传播，即由空气传播的声音遇到密实的墙体后，在声波的作用下，墙体产生振动，使声音透过墙体而传至室内。

(3) 由于撞击或机械振动的直接作用，使围护结构或水平结构产生振动而发声。

前两种声音是在空气中传播的，为"空气传声"。第三种是振动直接撞击构件而发声，为"固体传声"，但最终仍是经空气传至接收者。对空气传声和固体传声的控制方法是有区别的。

围护结构的平均隔声量计算原理：

$$R_a = L - L_0$$

式中　R_a——围护结构的平均隔声量；

　　　L——室外噪声级(dB)；

　　　L_0——室内允许噪声级(dB)。

由此原理可知 R_a 越大，隔声效果越好。我国目前执行的隔声减噪设计标准等级见表 2-2～表 2-5。

2) 隔声构造措施

对墙体而言，隔声主要是隔离空气直接传播的噪声。根据其传播原理，只要墙体质量大、气密性好，隔声就好。因而设计围护结构墙体的措施主要有以下几种。

表 2-2　隔声减噪设计等级标准

特级	一级	二级	三级
特殊标准	较高标准	一般标准	最低标准

表 2-3 各种场所的噪声

噪声声源名称	至声源距离/m	噪声级/dB
安静的街道	10	60
汽车鸣喇叭	15	75
街道上鸣高音喇叭	10	85~90
工厂汽笛	20	105
锻压钢板	5	115
铆工车间	—	120
建筑物内高声谈话	5	70~75
室内若干人高声谈话	5	80
室内一般谈话	5	60~70
室内关门声	5	75
机车汽笛声	10~15	100~105

表 2-4 一般民用建筑房间的允许噪声级(昼间)

建筑类别	房间名称	允许噪声级(A声级,dB)			
		特级	一级	二级	三级
住宅	卧室、书房	—	≤40	≤45	≤50
	起居室	—	≤45	≤50	≤50
学校	有特殊安静要求的房间	≤40	—	—	—
	一般教室	—	—	≤50	—
	无特殊安静要求的房间	—	—	—	≤55
医院	病房、医务人员休息室	—	≤40	≤45	≤50
	门诊室	—	≤55	≤55	≤60
	手术室	—	≤45	≤45	≤50
	听力测听室	—	≤25	≤25	≤30
旅馆	客房	≤35	≤40	≤45	≤55
	会议室	≤40	≤45	≤50	≤50
	多用途大厅	≤40	≤45	≤50	—
	办公室	≤45	≤50	≤55	≤55
	餐厅、宴会厅	≤50	≤55	≤60	—

注:夜间室内允许噪声级的数值比昼间小10dB(A)。

表 2-5　围护结构(隔墙和楼板)空气声隔声标准 [计权隔声量(dB)]

建筑类别	部位	特级	一级	二级	三级
住宅	分户墙、楼板	—	≥50	≥45	≥40
学校	隔墙、楼板	—	≥50	≥45	≥40
医院	病房与病房之间		≥45	≥40	≥35
医院	病房与产生噪声的房间之间		≥50	≥50	≥45
医院	手术室与病房之间		≥50	≥45	≥40
医院	手术室与产生噪声的房间之间		≥50	≥50	≥45
医院	听力测听室围护结构	—	≥50	≥50	≥50
旅馆	客房与客房间隔墙	≥50	≥45	≥40	≥40
旅馆	客房与走廊间隔墙(含门)	≥40	≥40	≥35	≥30
旅馆	客房外墙(含窗)	≥40	≥35	≥25	≥20

（1）实体结构隔声。构件材料的体积质量越大，越密实，其隔声效果也就越好。双面抹灰的 1/4 砖墙，空气隔声量平均值为 32dB；双面抹灰的 1/2 砖墙，空气隔声量平均值为 45dB；双面抹灰的一砖墙，空气隔声量为 48dB。当然单纯依靠增加墙体厚度来提高隔声是不经济也不合理的。

（2）密缝处理。对墙体与门窗、通风管道等的缝隙进行密缝处理，能有效将声音传播进行隔离。

（3）隔声材料隔声。隔声材料是指玻璃棉毡、轻质纤维板等材料，一般放在靠近声源的一侧。其构造做法如图 2.17 所示。

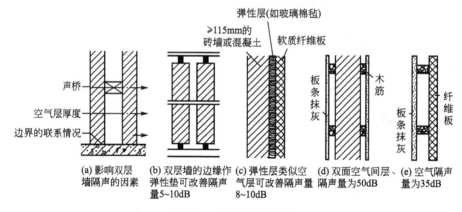

图 2.17　夹层隔声墙构造

（4）空气层隔声。由于空气或玻璃棉等多孔材料具有减振和吸声作用，从而提高了墙体的隔声能力，中间空气层的厚度以 80~100mm 为宜。

（5）建筑总平面隔声。将不怕噪声干扰的建筑靠近城市干道布置，对后排建筑可以起到隔声的作用。也可选用枝叶茂密四季常青的绿化带降低噪声。

6. 防火要求

墙体采用的保温材料多为易燃的高分子有机材料，因此需要通过掺水泥质材料或设置矿棉类不燃的防火带，以保证墙体不会在火灾时大面积蹿烧。为减少火灾的发生，并防止其蔓延、扩大，建筑设计时一要根据防火规范耐火等级设置，选择符合耐火等级要求和防火规范规定的耐火材料；二要将建筑分成若干个区段，在较大建筑中还应设置防火墙。

在幕墙等外挂式外墙构造中，上下楼层楼板与外墙的缝隙需要采用矿棉等防火材料进行封堵，防止火灾蔓延。外墙中设置的利用空气流动等加强绝热效果的双层幕墙、太阳集热墙等构造，在火灾时均会成为烟火蔓延的通道，因此，在设计中应与防火分区结合，进行有效的区隔。

7．建筑工业化要求

墙体在民用建筑中占有相当比例，其质量大、造价高、施工期长。因此，建筑工业化的改革关键就是墙体，手工操作改变为机械化施工，同时采用轻质、高强、易于加工和塑形、工序可逆的便捷施工方法，最终达到建筑性能、时间经济性和材料成本的最佳搭配。

2.4 砌体墙

砌体墙是用砂浆等胶结材料将砖石块材等组砌而成，至今在民用建筑中仍大量使用，主要原因是其自身优点很多，即生产方面取材容易，制造简便；功能方面有一定的保温、隔热、隔声、防火、防冻效果；承重方面有一定的承载能力；施工方面操作简单，不需大型设备。当然其也存在不少缺点：施工速度慢，劳动强度大；自重大，占地面积大，尤其是大量使用的粘土砖与农田争地。

2.4.1 常用块材

砌体墙主要包括各种砖以及砌块。

1．砖

砖的种类很多，按组成材料分有粘土砖、灰砂砖、页岩砖、煤矸石砖、水泥砖及各种工业废料砖，如粉煤灰砖、炉渣砖等；按生产形状分有实心砖、多孔砖、空心砖等；如图2.18所示。按制作工艺分有烧结和蒸压养护形成的砖。多孔砖的尺寸如图2.19所示。常用砖规格尺寸标准等见表2－6。

砖　　　　　　(a) 粘土砖　　　　　　(b) 水泥砖　　　　　　(c) 多孔

图2.18　各种类型的砖

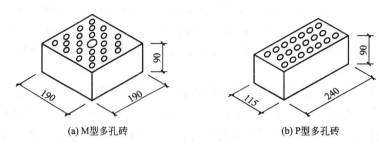

(a) M型多孔砖　　　　　(b) P型多孔砖

图 2.19　多孔砖的尺寸(单位：mm)

表 2-6　常用砖尺寸规格标准

分类	名称	规格(长×宽×厚)/mm	备注
实心砖	烧结普通砖	主砖规格：240×115×53	
		配砖规格：175×115×53	
	蒸压粉煤灰砖	240×115×53	
空心砖	蒸压灰砂砖	实心砖：240×115×53	只是目前生产的产品规格，没有相应的规定标准；孔洞率≥15%
		空心砖：240×115×(53、90、115、175)	
	烧结空心砖	290×190×(140)×90	孔洞率≥35%
		240×180×(175)×115	
多孔砖	烧结多孔砖	P型：240×115×90	孔洞率15%～30%；砖型、外形尺寸、孔型、孔洞尺寸详见国家建筑标准图集《多孔砖墙体建筑构造》[96(03)SJ 101]
		M型：190×190×90	

普通粘土砖全部规格统一，称为标准砖。其规格尺寸为240mm×115mm×53mm，每块标准砖重量约为25N。以10mm灰缝组合时，长宽厚之比为4∶2∶1。砌筑时以砖宽度加灰缝的倍数为模数，即115+10=125(mm)。与现行《建筑模数协调统一标准》模数制不协调，给设计和施工造成一定困难，因此，在使用中，应注意这一特征。

烧结普通砖、多孔砖的强度是根据标准试验方法测试的抗压强度，以强度等级来表示，单位为N/mm^2，强度等级有5级：MU30、MU25、MU20、MU15、MU10（MU30即抗压强度平均值≥$30.0N/mm^2$）。

烧结普通砖指各种烧结的实心砖，其制作的主要原材料可以是粘土、粉煤灰、煤矸石和页岩等，按功能有普通砖和装饰砖之分。粘土砖具有较高的强度和热工、防火、抗冻性能，但由于粘土材料占用农田，我国已经开始限制实心粘土砖的使用。

蒸压粉煤灰砖是以粉煤灰、石灰、石膏和细集料为原料，压制成型后经高压蒸气养护制成的实心砖。其强度高，性能稳定，但用于基础或易受冻融及干湿交替作用的部位时对强度等级要求较高。蒸压灰砂砖是以石灰和砂子为主要原料，成型后经蒸压养护而成，是一种比烧结砖质量大的承重砖，隔声能力和蓄热能力较好，有空心砖也有实心砖。蒸压粉煤灰砖和蒸压灰砂砖的实心砖都是替代实心粘土砖的产品之一，但都不得用于长期受热

（200℃以上），有流水冲刷，受急冷、急热和有酸碱介质侵蚀的建筑部位。

烧结空心砖和烧结多孔砖都是以粘土、页岩、煤矸石等为主要原料经焙烧而成。前者空洞率大于或等于35%，孔洞为水平孔。后者孔洞率在15%～30%之间，孔洞尺寸小而数量多。这两种砖主要适用于非承重墙体，但不应用于地面以下或防潮层以下的砌体。

2. 砌块

砌块是利用混凝土、工业废料（炉渣、粉煤灰等）或地方材料制成的人造块材，如图2.20所示，外形尺寸比砖大，具有设备简单、砌筑速度快的优点，符合建筑工业化发展中墙体改革的要求。

砌块按尺寸和质量的大小不同分为小型砌块、中型砌块和大型砌块。砌块系列中主规格的高度大于115mm而小于380mm的称为小型砌块，高度为380～980mm的称为中型砌块，高度大于980mm的称为大型砌块。使用中以中小型砌块居多。

砌块按外观形状可以分为实心砌块和空心砌块。空心砌块有单排方孔、单排圆孔和多排扁孔三种形式，如图2.21所示，其中多排扁孔对保温有利。按砌块在组砌中的位置与作用可以分为主砌块和各种辅助砌块。

图2.20 砌块　　　　　　图2.21 空心砌块的常见形式

根据材料的不同，常用的砌块有普通混凝土与装饰混凝土小型空心砌块、轻集料混凝土小型空心砌块、粉煤灰小型空心砌块、蒸压加气混凝土砌块和石膏砌块。吸水率较大的砌块不能用于长期浸水、经常受干湿交替或冻融循环的建筑部位。

用混凝土空心砌块砌筑的房屋，在建筑防潮层以下一般用实心砖砌筑。如果用空心砌块，则孔洞应用不低于C20的混凝土灌实。由于砌块体积比砖大，因而对灰缝要求更高。一般砌块用M5级砂浆砌筑，灰缝为15～20mm。

空心砌块墙在水平缝中布置钢筋网片并在孔洞中插入上下贯穿的钢筋后注入混凝土，可以制成配筋砌体，如图2.22所示。配筋砌体的受力考虑为砌块、砂浆和钢筋混凝土共同作用，其抗剪、抗弯的能力优于普通不配筋的砌体，因此能够用来建造12～18层的建筑。

3. 胶结材料

块材需要经胶结材料砌筑成墙体，使它传力均匀。同时胶结材料还起着嵌缝作用，能提高墙体的保温、隔热和隔声能力。砌体墙的胶结材料主要是砂浆。砌筑砂浆要求有一定的强度，因为砂浆本身密实性小于砖块，因此一般砂浆标号应大于砖块标号，以保证墙体的承载能力，同时还应具备适当的稠度和饱水性（即有良好的和易性），以便于施工。

常用砌筑砂浆有水泥砂浆、水泥石灰砂浆（混合砂浆）、石灰砂浆三种。比较砂浆性能

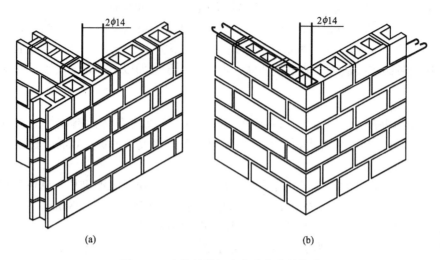

图 2.22 砌块墙的组砌方法和芯柱构造

的主要是强度、和易性、防潮性几个方面。水泥砂浆强度高、防潮性能好,由水泥、砂、加水拌和而成,属水硬性材料,可塑性及保水性较差,适用砌筑潮湿环境下的砌体,如地下室、基础等。水泥石灰砂浆由水泥、石灰膏、砂、加水拌和而成,既有较高的强度,也有较好的可塑性和保水性,因而广泛应用于地上砌体中。石灰砂浆由石灰膏、砂、加水拌和而成,由于石灰膏为塑性掺和料,因此其可塑性好,但强度较低,属气硬性材料,遇水强度就降低,适用于地面以上强度要求低的墙体。

砂浆的强度等级是用龄期为 28d 的 70.7mm×70.7mm×70.7mm 立方试块,以 N/mm^2 为单位的抗压强度来划分的,对烧结普通砖砂浆强度等级划分为 5 个等级:M15、M10、M7.5、M5、M2.5。

2.4.2 砖墙的组砌方式

组砌是指块材在砌体中的排列。组砌的关键是错缝搭接,使上下层块材的垂直缝交错,保证墙体的整体性,如图 2.23 所示。如果墙体表面或内部的垂直缝处于一条线上,即形成通缝,如图 2.24 所示,在荷载作用下,通缝会使墙体的强度和稳定性显著降低。

图 2.23 组砌时错缝搭接

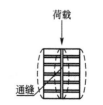

图 2.24 通缝示意图

1. 砖墙的组砌

在砖墙的组砌中,把砖的长方向垂直于墙面砌筑的砖叫丁砖,把砖的长度方向平行于墙面砌筑的砖叫顺砖。上下两皮砖之间的水平缝称为横缝,左右两块砖之间的缝成为竖缝,如图2.25所示。标准缝宽为10mm,可以在8~12mm间进行调节。要求丁砖和顺砖交替砌筑,灰浆饱满、横平竖直。普通粘土砖墙常用的组砌方式有以下几种,如图2.26所示。

2. 砌块墙的组砌

砌块在组砌中与砖墙不同的是,由于砌块规格较多、尺寸较大,为保证错缝以及砌体的整体性,应事先做排列设计,并在砌筑过程中采取加固措施。排列设计就是把不同规格的砌

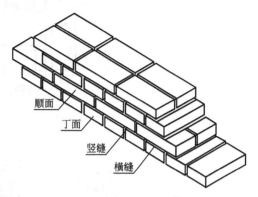

图2.25 砖墙组砌名称

块在墙体中的安放位置用平面图和立面图加以表示,如图2.27所示。砌块排列设计应满足以下要求:上下皮应错缝搭接,墙体交接处和转角处应使砌块彼此搭接,优先采用大规格砌块并使主砌块的总数量在70%以上,为减少砌块规格,允许使用极少量的砖来镶砌填缝,采用混凝土空心砌块时,上下皮砌块应孔对孔、肋对肋以保证有足够的接触面。

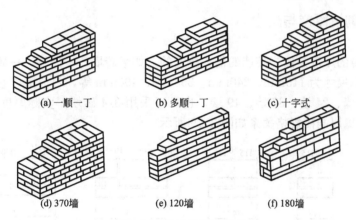

图2.26 砖墙的组砌方式

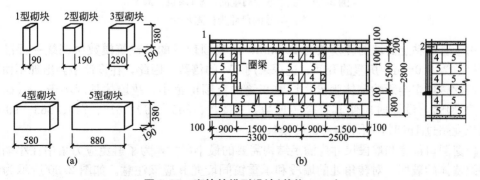

图2.27 砌块的排列设计(单位:mm)

当砌块墙组砌时出现通缝或错缝距离不足 90mm 时，应在水平缝通缝处加钢筋网片，使之拉结成整体，如图 2.28 所示。

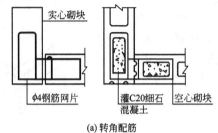

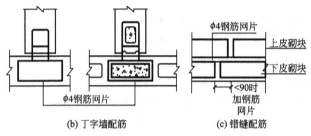

图 2.28　砌块墙通缝处理（单位：mm）

2.4.3　墙体砌筑厚度与尺寸

普通粘土砖的厚度是按半砖墙的倍数决定的，如半砖墙、一砖墙、一砖半墙、两砖墙等，相应的实际尺寸为 115mm、240mm、365mm、490mm 等，习惯上以它们的标志尺寸来称呼，如 12 墙、24 墙、37 墙、49 墙，也可以采用 3/4 砖墙，实际厚度为 178mm，通常称为 18 墙。墙厚与砖规格关系如图 2.29 所示。

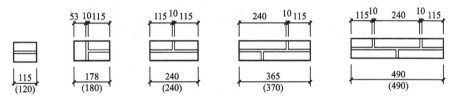

图 2.29　墙厚与砖规格的关系（单位：mm）

注：括号内尺寸为标志尺寸

由于普通粘土砖墙的砖模数为 125mm，而我国现行的《建筑模数协调统一标准》的基本模数为 100mm，房屋的开间、进深采用 3M 的倍数，因此，在设计中会出现不协调现象，而砍砖过多会影响砌体强度，调整灰缝的范围也很小，故墙体长度小于 1m（如窗间墙、门垛）时，设计时应使其符合砖模数，如 240、365、490、615、740、865、990 等。墙段长度超过 1m 时，可不再考虑砖模数。

门窗洞口位置和墙段尺寸应满足结构需要的最小尺寸，为了避免应力集中在小墙段上而导致墙体的破坏，对转角处的墙段和承重窗间墙尤其应该注意。如图 2.30 所示为多层房屋窗间墙宽度限值，可供设计时参考。

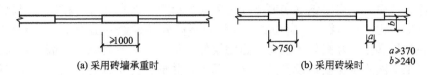

(a) 采用砖墙承重时　　　　　　(b) 采用砖垛时

图 2.30　多层房屋窗间墙宽度限值(单位：mm)

在抗震设防地区，砖墙的局部尺寸应符合现行《建筑抗震设计规范》，具体尺寸见表 2-7。

表 2-7　房屋局部尺寸限值　　　　　　　　　　　单位：mm

部位	6 度	7 度	8 度	9 度
承重窗间墙最小宽度	1000	1000	1200	1500
承重外墙尽端至门窗洞边的最小距离	1000	1000	1200	1500
非承重外墙尽端至门窗洞边的最小距离	1000	1000	1000	1000
内墙阳角至门窗洞边的最小距离	1000	1000	1500	2000
无锚固女儿墙(非出入口处)的最大高度	500	500	500	0

注：1—局部尺寸不足时，应采取局部加强措施弥补，且最小宽度不宜小于 1/4 层高和表列数据的 80%。
　　2—出入口处的女儿墙应有锚固。

2.4.4　砖墙的细部构造

砌体砖墙由多种构件组成，为保证墙体的耐久性，满足各构件的使用功能要求及墙体与其他构件的连接，应在相应的位置进行构造处理，这就是砖墙的细部构造。它们主要包括墙身加固及变形缝、门窗洞口、勒脚、排水沟、散水等，如图 2.31 所示。

1. 砖砌墙身加固措施

由于砌体墙系脆性材料，整体性不强，抗震能力较差。特别是在多地震地区，在地震力作用下，极易遭到破坏。因此，为了增强多层砌体建筑物的整体刚度，常采取以下措施。

1) 设置圈梁

圈梁是沿建筑物外墙四周及部分内横墙设置的连续封闭的梁，如图 2.32 所示。其目的是为了增强建筑的整体刚度及墙身的稳定性。圈梁可以减少因基础不均匀沉降或较大振动荷载对建筑物的不利影响及其所引起的墙身开裂。在抗震设防地区，利用圈梁加固墙身就显得更加必要了。

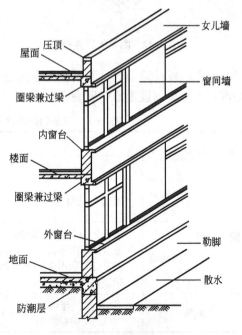

图 2.31　砖墙的细部构造

在砌体结构中,主要以钢筋混凝土作为圈梁的材料。住宅、办公楼等多层砌体结构民用房屋,且层数为3~4层时,应在底层和檐口标高处各设置一道圈梁。当层数超过4层时,除应在底层和檐口标高处各设置一道圈梁外,至少应在所有纵、横墙上隔层设置。圈梁的构造要求为圈梁宜连续地设在同一水平面上,并形成封闭状态;纵、横墙交接处的圈梁应可靠连接。刚弹性和弹性方案房屋,圈梁应与屋架、大梁等构件可靠连接;混凝土圈梁的宽度宜与墙厚相同,当墙厚不小于240mm时,其宽度不宜小于墙厚的2/3。圈梁高度不应小于120mm。纵向钢筋数量不应少于4根,直径不应小于10mm,绑扎接头的搭接长度按受拉钢筋考虑,箍筋间距不应大于300mm。在非抗震地区,当遇到门窗洞口致使圈梁不能闭合时,应在洞口上部增设相同截面的附加圈梁。附加圈梁与圈梁搭接长度不应小于$2H$,且不小于1000mm,如图2.33所示。

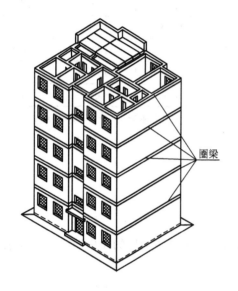

图 2.32 圈梁的设置位置

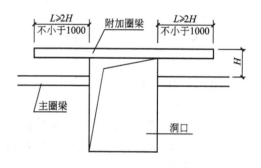

图 2.33 附加圈梁(单位:mm)

但在抗震设防地区,圈梁应完全闭合,不得被洞口所切断。有关多层砌体房屋现浇钢筋混凝土圈梁的设置原则见表2-8。

表2-8 多层砌体房屋现浇钢筋混凝土圈梁的设置原则

圈梁设置及配筋		设计烈度		
		6、7度	8度	9度
圈梁设置	外墙及内纵墙	屋盖处及每层楼盖处	屋盖处及每层楼盖处	屋盖处及每层楼盖处
	内横墙	屋盖处及每层楼盖处;屋盖处间距不应大于4.5m;楼盖处间距不应大于7.2m;构造柱对应部位	屋盖处及每层楼盖处;各层所有横墙,且间距不应大于4.5m;构造柱对应部位	屋盖处及每层楼盖处;各层所有横梁
配筋		4ϕ10 ϕ6@250	4ϕ12 ϕ6@200	4ϕ14 ϕ6@150

2) 设置构造柱

在抗震设防地区，为了增加建筑物的整体刚度和稳定性，在使用块材墙承重的墙体中，还需设置钢筋混凝土构造柱，使之与各层圈梁连接，形成空间骨架，加强墙体抗弯、抗剪能力，使墙体在破坏过程中具有一定的延伸性，减缓墙体的酥碎现象产生，是防止房屋倒塌的一种有效措施，如图 2.34 所示。

钢筋混凝土构造柱是从构造角度考虑设置的，一般设在建筑物的四角，内外墙交接处，楼梯间的四角以及某些较长的墙体中部，如图 2.35 所示。

图 2.34　钢筋混凝土构造柱

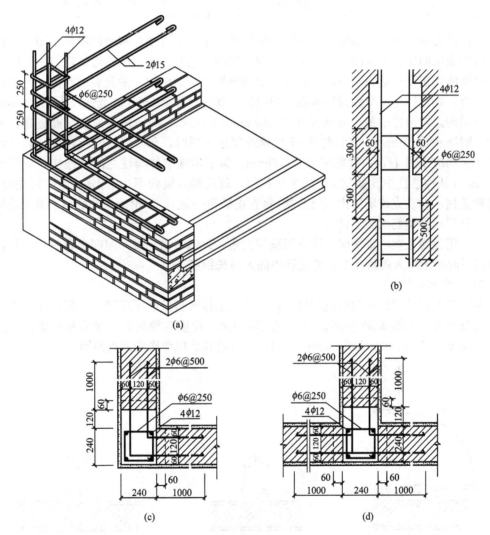

图 2.35　构造柱(单位：mm)

除此之外，根据房屋的层数和抗震设防烈度不同，构造柱的设置要求见表 2-9。

表 2-9　多层砌体房屋构造柱设置要求

房屋层数				设置的部位	
6度	7度	8度	9度		
4、5	3、4	2、3	—	楼、电梯间四角，楼梯斜梯段上下端对应的墙体处；外墙四角和对应转角；错层部位横墙与外纵墙交接处；大房间内外墙交接处；较大洞口两侧	隔12m或单元横墙与外纵墙交接处；楼梯间对应的另一侧内横墙与外纵墙交接处
6	5	4	2		隔开间横墙（轴线）与外墙交接处；山墙与内纵墙交接处
7	≥6	≥5	≥3		内墙（轴线）与外墙交接处；内墙局部较小墙垛处；内纵墙与横墙（轴线）交接处

构造柱必须与圈梁及墙体紧密连接，圈梁在水平方向将楼板和墙体箍紧，而构造柱则从竖向加强层间墙体的连接，与圈梁一起形成封闭的空间骨架，从而增加建筑物的整体刚度，提高墙体抗变形能力，使墙体由脆性变为延性较好的结构，做到裂而不倒。为了提高抗震能力，构造柱可不单独设置基础，但应伸入室外地面下 500mm 或锚入浅于 500mm 的基础圈梁内。构造柱的最小断面尺寸为 240mm×180mm。构造柱的最小配筋量是：主筋 4ϕ12，箍筋 ϕ6@250mm。当设防 6、7 度建筑超过 6 层时，和 8 度建筑超过 5 层和 9 度设防时，主筋应采用 4ϕ14，箍筋用 ϕ6@200mm。为了增强墙体与柱之间的连接，应沿墙高每 500mm 从构造柱中设置 2ϕ6 钢筋水平拉结，每边伸入墙内不少于 1m。施工时先砌墙，后浇构造柱，并在先砌墙体内预留凸岔（每五皮砖留一块），伸出墙面 60mm。随着墙体的上升而逐层现浇钢筋混凝土柱身。

当采用混凝土空心砌块时，应在房屋四大角，外墙转角、楼梯间四角设芯柱。芯柱用 C15 细石混凝土填入砌块孔中，并在孔中插入通长钢筋。

3）门垛和壁柱

在墙体上开设门洞一般应设门垛，特别是在墙体转折处或丁字墙处，用以保证墙身稳定和门框安装，如图 2.36 所示。门垛宽度同墙厚、长度与块材尺寸规格相对应。如砖墙的门垛长度一般为 120mm 或 240mm。门垛不宜过长，以免影响室内使用。

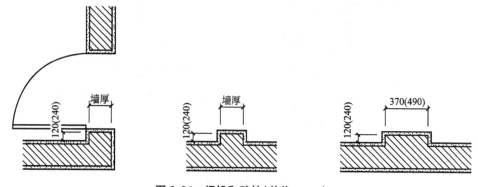

图 2.36　门垛和壁柱（单位：mm）

当墙体受到集中荷载或墙体过长时（如 240mm 厚、长超过 6m）应增设壁柱（又叫扶壁柱），使之和墙体共同承担荷载并稳定墙身。壁柱的尺寸应符合块材规格。例如，砖墙壁柱通常凸出墙面120mm或240mm、宽370mm或490mm。

2. 变形缝

由于温度变化、地基不均匀沉降和地震因素的影响，易使建筑物发生裂缝或破坏，故在设计时应事先将房屋划分成若干个独立的部分，使各部分能自由地变化。这种将建筑物垂直分开的预留缝称为变形缝。变形缝包括温度伸缩缝、沉降缝和防震缝三种。墙体变形缝具体设计要求及构造详见第7章。

3. 门窗洞口构造

1) 门、窗过梁

当墙体上开设门、窗洞孔时，为了支承门、窗洞孔上的墙体重量并把它传递到两侧的墙上，常在门、窗顶上设置梁，此梁称为过梁，如图2.37所示。过梁上无集中荷载时，一般承受接近于1/3洞口净宽高度墙体的荷载。过去常用的过梁有砖砌平拱、砖砌弧拱、钢筋砖过梁及钢筋混凝土过梁等。现砖砌平拱和弧拱的砌法已经很少采用了。

（1）钢筋砖过梁。这种过梁采用不低于M5的砂浆进行平砌。梁高5~7皮砖，且不小于门窗洞口宽度的1/4。底部砂浆层中放置的钢筋不应少于3根$\phi 6$，位置放在第一皮砖和第二皮砖之间，间距小于120mm。也可将钢筋直接放在第一皮砖下面的砂浆层内。同时要求钢筋伸入两端墙内不小于240mm，并加弯钩，砂浆层厚度不宜小于30mm。过梁的砌法同砌砖墙一样，较为方便，如图2.38所示。

图2.37 过梁

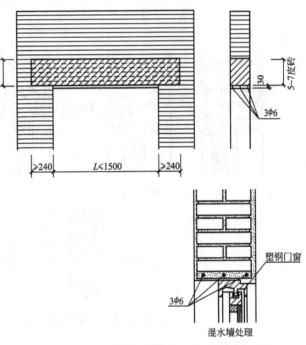

图2.38 钢筋砖过梁（单位：mm）

实践证明，钢筋砖过梁适用于跨度不大于1500mm、上面无集中荷载以及清水墙的洞孔上。这种过梁施工方便，整体性好。

（2）钢筋混凝土过梁。当建筑的门窗洞孔宽度较大或洞孔上出现集中荷载时，常采用钢筋混凝土过梁。钢筋混凝土过梁有现浇和预制两种。为加快施工进度，一般采用预制钢筋混凝土过梁。

钢筋混凝土过梁断面尺寸，主要根据跨度、上部荷载的大小计算确定。在砖墙砌筑中，过梁的高度应与砖的皮数相配合，以便于墙体连续砌筑，宽度应与墙厚相当。一般常见的梁高为 60mm、90mm、120mm、180mm、270mm 等。过梁两端搁入墙内的长度不小于 240mm，以保证过梁在墙上有足够的承载面积。钢筋混凝土过梁有矩形截面和 L 形截面等几种形式。矩形截面的过梁一般用于混水墙中，L 形截面的过梁可减少外露面积，多用于寒冷地区或清水外墙中，如图 2.39 所示。

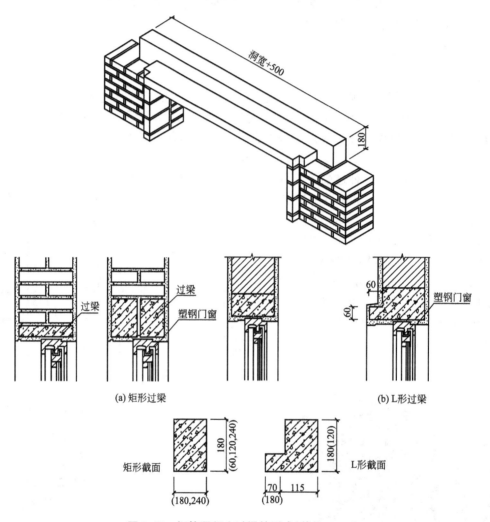

图 2.39 钢筋混凝土过梁的形式（单位：mm）

在立面中往往有不同形式的窗，过梁的形式应配合处理，如图 2.40 所示。如有窗套的窗，过梁截面则为 L 形，挑出 60mm。又如带窗楣，可按设计要求出挑，一般可挑出 300～500mm，如图 2.41 所示。

（3）砖拱过梁。根据洞口上部的形状可以分为平拱、弧拱、半圆拱过梁，如图 2.42 所示。其优点是钢筋、水泥用量少，缺点是施工速度慢。半圆拱在不产生侧向推力的情况下将上部荷载传递到两边，但占用空间大，窗的形式复杂；弧拱和平供可以看成是半圆拱的变形，因为有侧推力，所以要求上部荷载较小或有足够的墙体抵挡侧推力。平拱砖过梁主要用于非承重墙上的门窗，洞口宽度应小于 1200mm，有集中荷载的或半砖墙不宜使用，地震区禁用。平拱砖过梁的两端下部伸入墙内 20~30mm，中部的起拱高度约为跨度的 1/50。

图 2.40　不同形式的窗

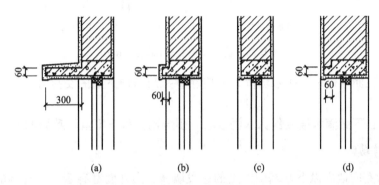

图 2.41　带窗套钢筋混凝土过梁形式（单位：mm）

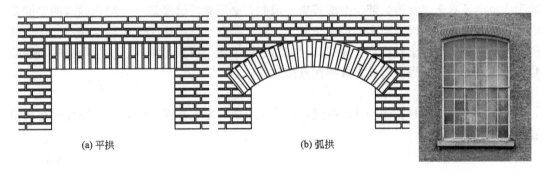

图 2.42　砖砌过梁形式

2) 窗台

为了避免沿窗面流下的雨水渗入室内，应考虑设置窗台。窗台须向外形成一定坡度，以利于排水。做法是采用砖或钢筋混凝土板挑出，坡度 1/10 左右，挑出外墙面约 60mm，如图 2.43 所示，再用水泥砂浆抹成斜面排水。窗台下抹滴水槽，避免雨水污染墙面。当窗框安装在墙的中间时，窗洞口内侧常做内窗台。内窗台可在装修时采用硬木板或天然石板制作。

窗台的构造要点如下。

(1) 悬挑窗台向外出挑 60mm，窗台长度最少每边应超过窗宽 120mm。

(2) 窗台表面应做抹灰或贴面处理。侧砌窗台可做水泥砂浆勾缝的清水窗台。

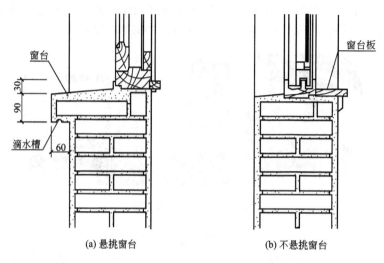

图 2.43 窗台构造处理(单位：mm)

(3) 窗台表面应做一定排水坡度，并应注意抹灰与窗下槛的交接处理，防止雨水向室内渗入。

(4) 挑窗台下做滴水槽或斜抹水泥砂浆，引导雨水垂直下落不致影响窗下墙面。

4. 墙脚与勒脚

墙脚是指室内地面以下、基础以上的这段墙体。内外墙都有墙脚，外墙的墙脚又称为勒脚。墙脚下部伸入地表，会受到土壤中水的侵蚀，而且顺墙而下的雨水或檐口部分飞落的雨水也会反溅上来对墙脚部位造成侵害。因此，必须做好墙脚防潮、增强勒脚的坚固及耐久性、排除房屋四周地面水。吸水率较大、对干湿交替作用敏感的砖和砌块不能用于墙脚部位，如加气混凝土砌块等。墙脚部分的防潮措施包括设置防潮层、注意勒脚的表层装修以及在室外地面贴近勒脚处设置明沟或散水等。

1) 墙脚防潮

墙脚防潮的方法是在墙脚铺设防潮层，防止土壤和地面水渗入砖墙体，防潮层正确设置位置如图 2.44 所示。

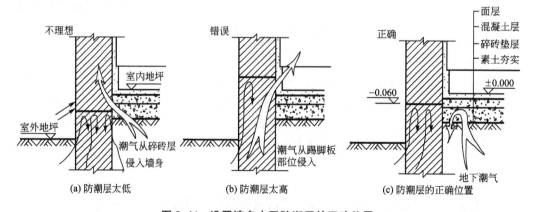

图 2.44 设置墙身水平防潮层的正确位置

防潮层的位置：当室内地面垫层为混凝土等密实材料时，防潮层的位置应设在垫层范围之内，低于室内地坪60mm处(工程上常设在相对标高－0.060的地方)，同时还应至少高于室外地面150mm，防止雨水溅湿墙面，如图2.45(a)所示；当室内地面垫层为透水材料时(如炉渣、碎石等)，水平防潮层的位置应平齐或高于室内地面60mm处，如图2.45(b)所示；当内墙两侧地面出现高差时，还应设垂直防潮层，如图2.45(c)所示。如果墙体中本来有地圈梁，可将其提高到防潮层的位置，兼作水平防潮层。

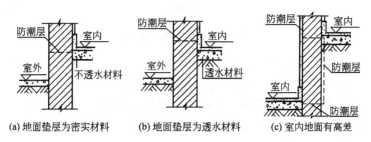

图 2.45　墙身防潮层的位置

水平防潮层选用材料有防水卷材(油毡)、防水砂浆和配筋细石混凝土，如图2.46所示。

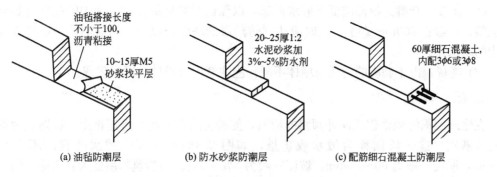

图 2.46　墙身水平防潮层的做法(单位：mm)

油毡在过去较长的时间内曾是水平防潮层最常用的材料，但铺设油毡降低了上下砖砌体之间的粘结力，对抗震不利，并且油毡寿命较短，又难以更换，因此目前应用越来越少。现在比较理想的防潮材料是选用配筋细石混凝土。当某些建筑的室内地坪存在高差或者室内地坪低于室外地坪时，除了要在不同高差的底层室内地坪的结构层附近分别做水平防潮层外，还应在它们之间的墙靠自然土的一侧(即迎向潮气的一侧)加做垂直防潮层。具体做法是用15厚1∶3水泥砂浆找平，上涂冷底子油一道、热沥青二道或涂建筑防水涂料，也可以用防水砂浆抹灰作为垂直防潮层。

2) 勒脚构造

勒脚是外墙的墙脚，它和内墙一样，受到土壤中水分的侵蚀，应做相同的防潮层，如图2.47所示。同时，它还受地表水、机械力等的影响，所以要求勒脚更加坚固耐久和防潮。勒脚一般采用抹灰、贴面和使用坚固不透水的材料，具体做法如下。

(1) 勒脚表面抹灰：采用8～15mm厚的1∶3水泥砂浆打底，12mm厚1∶2水泥白石子浆水刷石或斩假石饰面。

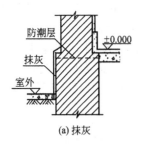 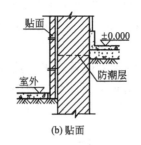 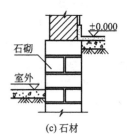

图 2.47 勒脚构造做法

(2) 勒脚贴面：采用天然或人工石材贴面，如花岗石、水磨石板、面砖等。勒脚贴面耐久性好，特别是饰面材料装饰性强，易于表现建筑效果。

(3) 坚固不透水材料：采用条石、混凝土等坚固耐久的材料做勒脚。这种方法充分发挥了不同材料的性能，施工简便，在木构建筑、砖砌体建筑中应用较广。

勒脚设计的构造要点如下。

(1) 材料：勒脚是保护外墙面的构造方法，因此仅适用于吸水率较高、非密致材料的外墙，同时保护用的材料需要致密、耐久、不透水，既防潮、防污，又可防止撞击破坏，如水泥砂浆、石材、面砖、混凝土等。

(2) 高度：勒脚的根部应低于散水根部，以保证对墙体的保护。勒脚的高度应足够防水上溅，一般在600mm以上，同时应达到防潮层的高度或以上，与防潮层一道形成在墙体中的阻水层。

(3) 美观：由于勒脚的材质与墙体不同，应注意配合设计意图的表现。

5. 散水与明沟

在建筑四周将地面作成向外倾斜的坡面，使勒脚附近地面水迅速排走，以防止地面雨水浸入基础。这一坡面称为散水或护坡，如图 2.48(a)所示。散水的宽度不应小于600mm，厚度一般为60～80mm，坡度一般为3%～5%。当建筑物屋面为自由落水时，散水坡的宽度可按屋顶檐口线放出 200～300mm 左右。为防止建筑沉陷及其他原因引起勒脚与散水交接处出现开裂，保护墙基不受雨水侵蚀，最好在此部位作为分格缝处理，分隔缝用弹性材料嵌缝，如沥青砂等，以防渗水及外墙下沉时将散水拉裂。整体散水面层为防止温度应力及散水材料干缩造成的裂缝，在长度方向每隔6～12m做一道伸缩缝并在缝中填沥青砂。

常用的散水面层材料有细石混凝土、卵石、块石、水泥砂浆胶结等。垫层一般在素土夯实上铺三合土或混凝土。

明沟是靠近勒脚下部设置的排水沟，如图 2.48(b)所示。砌筑材料一般用现浇混凝土，外抹水泥砂浆；或用砖砌筑，水泥砂浆抹面。沟宽一般为200mm 左右，沟底应有1%左右的纵坡，使雨水排向窨井。明沟易碰撞碎裂，因此，公共建筑及工业建筑均采用散水作有组织排水或散水与明沟相结合。

6. 烟道

在民用建筑中，为使厨房以及无窗的浴厕能够通风换气，需分别在墙壁中设置排烟道或者通风道。设计时如果几层共用一个烟道，容易相互串烟，污染严重。但如各层均设烟

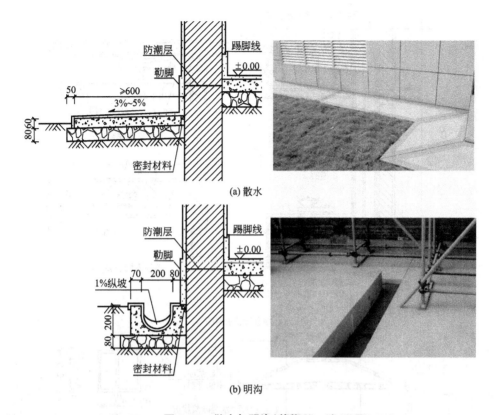

图 2.48 散水与明沟(单位：mm)

道却占去了很多使用面积，层数越多，所占面积越大，这种做法只能用于不超过 3 层的低层建筑。所以在设计中，宜采用子母式烟道，即所谓双烟道。它的原理是各层共用一个内径较大的主干烟道(母烟道)，每层仅设置一个内径较小的分支烟道(子烟道)。这样既不会相互串烟，又节省使用面积。

为了防止气流受挑檐、女儿墙或屋脊等突出物的阻挡而形成涡流影响排烟，出烟口应根据排烟情况选择高出屋面的具体尺寸。伸出高度应根据屋面形式、排出口周围遮挡物的高度、距离及积雪深度等原因来确定，但至少不应小于 600mm，顶层应有防倒灌措施。

垂直排烟系统由脱排油烟机、止逆阀、排烟道、屋顶风帽四部分组成。如图 2.49 所示烟道适用于多层建筑，高层建筑也可以采用，但需视实际需要采用具体排风措施。其构造与施工说明如下。

(1) 烟道采用 M2.5 级水泥砂浆，配以无碱玻璃纤维网格布，制成薄壁烟道，也可采用其他轻质高强材料。

(2) 止逆阀采用工程塑料注模成型。

(3) 风帽盖板采用 C20 细石混凝土捣制。

(4) 挡风板采用 6mm 厚 FC 板，也可选用其他材料。

(5) 采用排烟道作厕所排气时，应配自封闭式排气风扇。

(6) 住宅排烟道的一般长度 $L=2800$mm，也可根据实际要求增减。

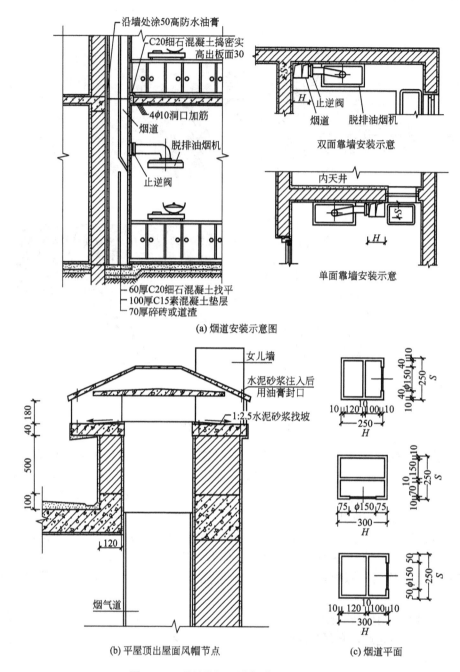

图 2.49 预制排烟、排气道（单位：mm）

2.5 隔 墙

隔墙在建筑中不承重，它可直接置于楼板或梁上。有的也可作为自承重墙。按材料和构造不同，隔墙可分为砌筑隔墙、骨架隔墙、板材隔墙等。隔墙起分隔房间的作用，选择和设计时按具体情况和建筑类型、装饰效果和经济可能性加以选择。设计时要注意以下几个方面的要求。

（1）隔墙要求厚度薄、自重轻。尽量少占用房间使用面积和减少楼面承重结构荷载。

（2）隔声性能要好，以避免相邻房间的互相干扰。并根据所处条件能达到防水和防火的要求。

（3）为了保证隔墙的稳定性，特别要注意隔墙与墙柱及楼板的拉接。

（4）考虑到室内房间的分隔，布局会随着使用要求的改变而改变，隔墙常设计成易于拆除而又不损坏主体结构的布置方式。

在大量性建筑中常用的隔墙，按其材料和构造方式的不同，可分为砌筑隔墙、骨架隔墙、板材隔墙等。

2.5.1 砌筑隔墙

砌筑隔墙是用普通砖、空心砖、加气混凝土等块材砌筑而成的，常用的有普通砖隔墙和砌块隔墙。目前框架结构中大量采用的框架填充墙，也是一种非承重块材墙，既作为外围护墙，也作为内隔墙使用。

1. 普通砖隔墙

用普通砖或多孔砖砌筑，隔墙的厚度为120mm，用普通砖砌隔墙不能顺多孔板铺砌，应与多孔板方向垂直。应满足隔声、防水、防火的要求。考虑到墙体的稳定性，在构造上应注意以下几点，如图 2.50 所示。

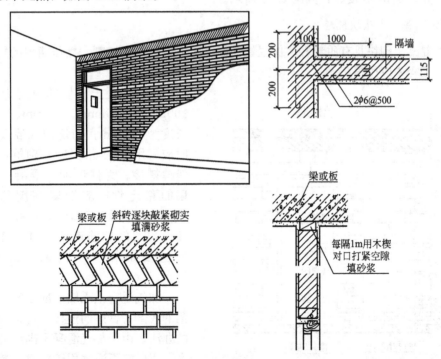

图 2.50 半砖隔墙与梁板相接（单位：mm）

(1) 120mm(半砖厚)隔墙砌筑用的砂浆强度等级应不低于 M2.5，砖的强度等级不低于 MU10。

(2) 为了使隔墙与墙柱进行很好的连接，在隔墙两端的墙柱须沿高度每隔 500mm 预埋 2φ6 拉结筋，伸入墙体长度为 1000mm。

(3) 隔墙砌到梁或底板时，应采用斜砌，或留出 30mm 空隙，每 1000mm 用木楔塞牢。

(4) 当隔墙净高大于 3000mm，或墙长大于 5000mm 时，需沿高度方向每隔 12～16 皮砖加设 1～2 根 φ6 的钢筋，并与墙柱拉结。

(5) 长度过长(超过 5000mm)则应加扶壁柱。

(6) 在门窗洞口处，应预埋带有木楔的混凝土块，或预埋铁件，以方便装门、窗框时打孔旋入固定用的螺栓。将砖墙与门框拉接牢固。

2. 多孔砖隔墙

多孔砖的尺寸为 190mm×190mm×90mm，用 M2.5 砂浆砌筑，墙厚为 90mm。每隔 600mm 高砌入 φ6 钢筋 1～2 根，并伸入端墙 100mm，以加强其稳定性。

3. 水泥炉渣空心砖隔墙

水泥炉渣空心砖是用水泥、炉渣经成型、蒸养而成。其规格有 390mm×115mm×190mm 及 390mm×90mm×190mm 等，表观密度为 1200kg/m³。

砌筑炉渣空心砖隔墙时，也要采取加强稳定性的措施，其方法与砖隔墙类似。在靠近墙柱的地方和门、窗洞口两侧，常采用粘土砖镶砌。为了防潮、防水，在靠近地面和楼板的部位应先砌筑 3～5 皮砖，如图 2.51 所示。

4. 加气混凝土砌块隔墙

加气混凝土砌块具有质量轻、保温性能好、吸声好、便于切割、操作简单的特性。目前在隔墙工程中应用很广。

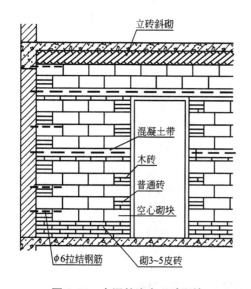

图 2.51 水泥炉渣空心砖隔墙

加气混凝土砌块的厚度为 75mm、100mm、125mm、150mm、200mm，长度为 500mm。砌筑加气混凝土砌块时应采用 1∶3 水泥砂浆砌筑，并考虑错缝搭接。为保证加气混凝土砌块隔墙的稳定性，应沿墙高度每 900～1000mm 设置配筋带 2φ6，并与墙体或柱内预留的拉筋连接。门、窗洞口上方也要加设 2φ6 钢筋，如图 2.52 所示。

加气混凝土隔墙上部必须与楼板或梁的底部有良好的连接，可采用加木楔的办法。由于加气混凝土砌块的吸湿性大，所以它不适宜用于浴室、厨房、厕所等处。

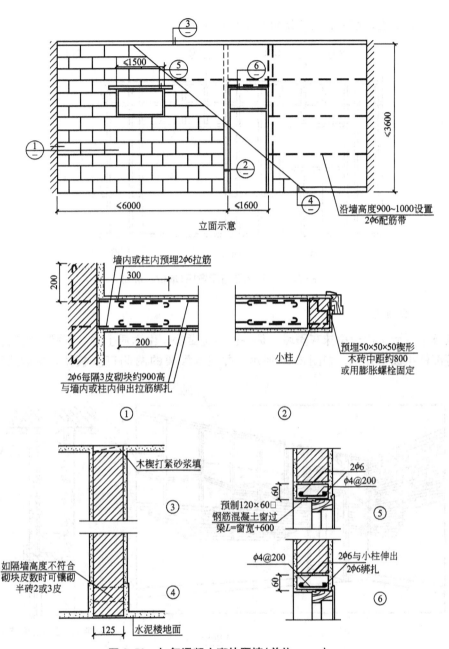

图 2.52 加气混凝土砌块隔墙(单位：mm)

2.5.2 骨架隔墙

骨架隔墙也称为龙骨隔墙，主要用木料或钢材构成骨架，再在两侧做面层。骨架分别由上槛、下槛、竖筋、横筋(又称横挡)、斜撑等组成，如图 2.53 所示。竖筋的间距取决于所用面层材料的规格，再用同样断面的材料在竖筋间沿高度方向，按板材规格而定设横挡，两端撑紧、钉牢，以增强稳定性。面层材料常用的有纤维板、纸面石膏板、胶合板、钙塑板、塑铝板、纤维水泥板等轻质薄板。面板和骨架的固定方法，可根据不同材料，采用钉子、膨胀螺栓、铆钉、自攻螺钉或金属夹子等。

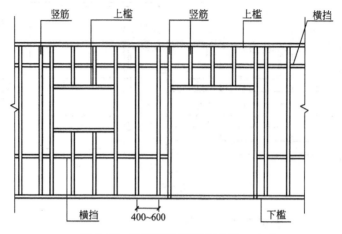

图 2.53　骨架隔墙示意图(单位：mm)

1. 灰板条隔墙

灰板条隔墙又称板条抹灰隔墙，是一种传统做法。由木质上槛、下槛、墙筋、斜撑或横挡等部件组成木骨架，如图 2.54 所示。并在木骨架的两侧钉灰板条，然后抹灰，形成

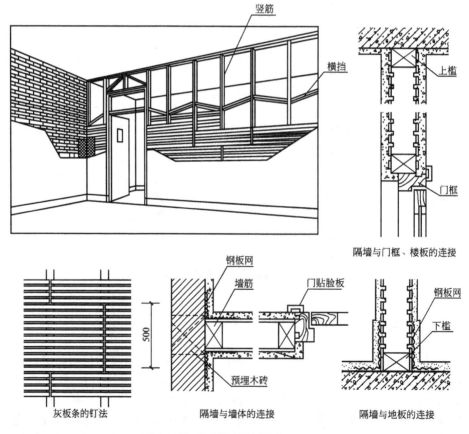

图 2.54　灰板条隔墙(单位：mm)

隔墙。其构造做法为先立边框墙筋，撑住上、下槛。在上、下槛中每隔 400mm 立墙筋。墙筋之间沿高度方向每隔 1~1.2m 左右设一道横挡或斜撑。上下槛和墙筋断面为 50mm×75mm 或 50mm×100mm。横挡的断面可略小些，两端撑紧，钉牢，以增强骨架的坚固性。板条的厚×宽×长为 6mm×30mm×1200mm。板条横钉在墙筋上，为了便于抹灰，保证拉接，板条之间应留有 7~9mm 的缝隙，使灰浆挤到板条缝的背面，咬住板条。钉板条时，通常一根板条，搭接三个墙筋间距。考虑到板条有湿胀干缩的特点，在接头处要留出 3~5mm 的伸缩余地。板条与墙筋的拼接，要求在墙筋上每隔 500mm 左右错开一挡墙筋，以免板条接缝集中在一条墙筋上。为了便于制作水泥踢脚和防潮要求，板条隔墙的下槛下边可加砌 2~3 皮砖。板条墙与丁头承重墙的抹灰接触处容易产生裂缝，可在交接处加钉钢丝网片，然后抹灰。

板条隔墙的门、窗框应固定在墙筋上。门框上须设置灰口或门头线（贴脸板），以防止灰皮脱落，影响美观。

板条墙由丁质轻、壁薄、拆除方便，可直接安装在钢筋混凝土空心楼板上，而不需要采取加强措施，灵活性大。以往应用较广，但从节约木材来看，应该少用或不用。

2. 钢丝（板）网抹灰隔墙

这种隔墙是在木质墙筋骨架上以钢丝网做抹灰基层构成的隔墙。其构造与灰板墙一样，不同处为板条外加钉一层钢丝网或钢板网，灰板条起衬托作用，间距可放宽。钢板网墙面一般系采用网孔为斜方形的拉花式钢板网，然后在钢板网上抹水泥砂浆或做其他面层。钢板网抹灰隔墙的强度、防火、防潮及隔声性能均高于灰板条抹灰隔墙，如图 2.55 所示。

3. 木龙骨纸面石膏板隔墙

木龙骨纸面石膏板隔墙由上槛、下槛、墙筋和横挡等部件组成，墙筋靠上、下槛固定。上下槛及墙筋断面为 50mm×75mm 或 50mm×100mm。墙筋之间沿高度方向每隔 1.2m 左右设一道横挡。墙筋间距为 450mm 或 600mm，用对锲挤牢。作为面层材料的纸面石膏板厚度为 12mm，宽度为 900~1200mm，长度为 2000~3000mm。取用长度一般为房间净高尺寸。施工中在龙骨上钉石膏板或用粘结剂安装石膏板，板缝处用 50mm 宽的玻璃纤维接缝带封贴，面层材料可根据需要再贴壁纸或装饰板等，如图 2.56 所示。

4. 轻钢龙骨石膏板隔墙

用轻钢龙骨做骨架、纸面石膏板做面板的隔墙叫轻钢龙骨石膏板隔墙。它具有刚度好，耐火、防水，质轻、灵活，便于拆装的特点。立筋时为了防潮，往往在楼地面上先砌 2 或 3 皮砖（视踢脚线高低），或在楼板垫层上浇注混凝土墙垫，然后用射钉将轻钢材料的上槛、下槛和边龙骨分别固定在梁板底墙垫上及两端墙柱上，再安装中间龙骨及横撑，用自攻螺钉安装面板。板缝处粘贴 50mm 宽的玻璃纤维带，上面再覆以涂料、墙纸及多种板材等其他装饰材料。轻钢龙骨是用镀锌钢带冲压而成，分为 C 型龙骨和 U 型龙骨两大类。C 型龙骨为覆面龙骨（竖龙骨），U 型龙骨为承载龙骨（上槛、下槛，沿顶、沿地）。根据对隔断强度、隔声等使用要求的不同，轻钢龙骨纸面石膏板隔墙又有单排龙骨和双排龙骨之分，以及单层石膏板和双层石膏板之分。这里仅以单排龙骨、单层纸面石膏板的隔断为例，如图 2.57 所示。轻钢龙骨石膏板隔墙施工方便，速度快，应用较广泛。为了提高隔墙的隔声能力，可采用在龙骨间填以岩棉、泡沫塑料等弹性材料的措施。

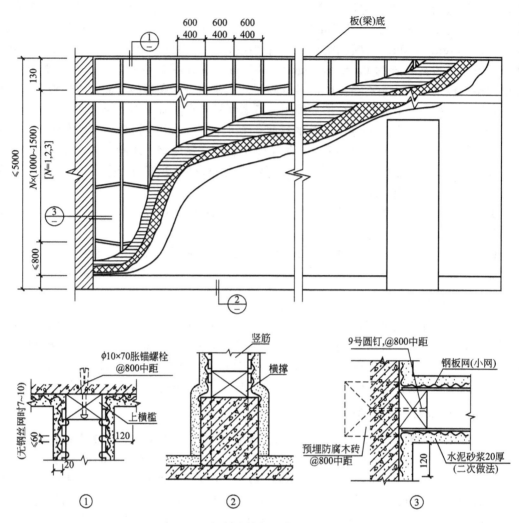

图 2.55　钢板网抹灰隔墙(单位：mm)

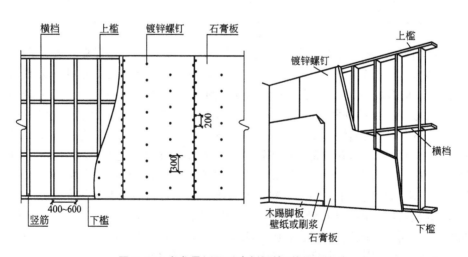

图 2.56　木龙骨纸面石膏板隔墙(单位：mm)

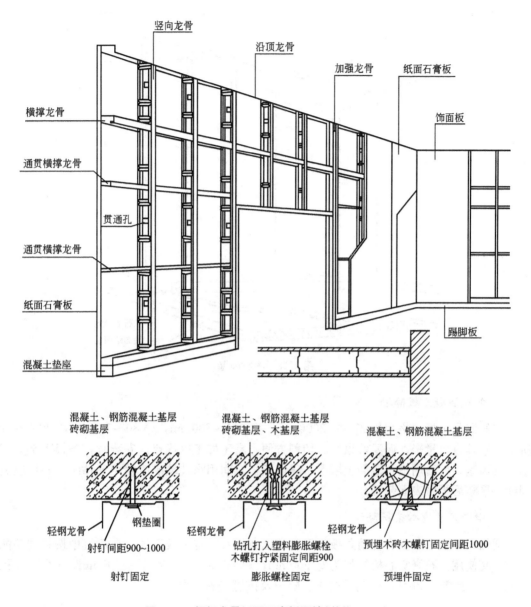

图 2.57 轻钢龙骨纸面石膏板隔墙(单位：mm)

2.5.3 板材隔墙

板材隔墙是指采用各种轻质材料制成的预制薄形板拼装而成的隔墙。板材隔墙的单板高度相当于房间的净高，板间靠粘结剂装配而成，如图 2.58 所示。常见的板材有石膏条板、加气混凝土板、碳化石灰板、钢丝网泡沫塑料水泥砂浆复合板(又名泰柏板)、水泥刨花板等。这类隔墙的工厂化生产程度较高，成品板材现场组装，施工速度较快，现场湿作业较少。

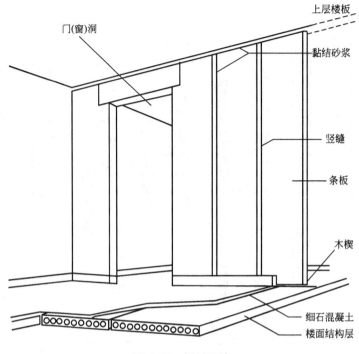

图 2.58 板材隔墙

1. 加气混凝土板隔墙

加气混凝土板规格为长 2700~3000mm，宽 600~800mm，厚 80~100mm，如图 2.59 所示。它具有质量轻、保温效果好、切割方便、易于加工等优点。安装时，条板下部先用小木楔顶紧，然后用细石混凝土堵严。隔墙条板之间用水玻璃矿渣粘结剂粘结，并用胶泥刮缝，平整后再做表面装修。

2. 增强石膏空心条板隔墙

增强石膏空心条板有普通条板、钢木窗框条板及防水条板三种，在建筑中按各种功能要求配套使用。石膏空心板规格为宽 600mm，厚 60mm，长 2400~3000mm，9 个孔，孔径 38mm，孔隙率 28%，能满足防火、隔声及抗撞击的能力。

3. 碳化石灰空心板隔墙

碳化石灰空心板是以磨细生石灰为主要原料，掺入 3%~4% 短玻璃纤维，加水搅拌，振动成型，利用石灰窑废气进行碳化，经干燥而成。其规格长为 2700~3000mm，宽为 500~800mm，厚为 90~100mm 左右。板的安装同加气混凝土条板隔墙。碳化石灰空心板隔墙可做成单层或双层，90mm 厚或 120mm 厚。用水玻璃矿渣粘结剂，安装以后用腻子刮平，表面粘贴塑料壁纸。碳化石灰空心板材料来源广泛，生产工艺简易，成本低廉，密度小，隔声效果好。

4. 钢丝网泡沫塑料水泥砂浆复合板隔墙

钢丝网泡沫塑料水泥砂浆复合墙板，是由低碳冷拔镀锌钢丝焊接成网片，再由两片相

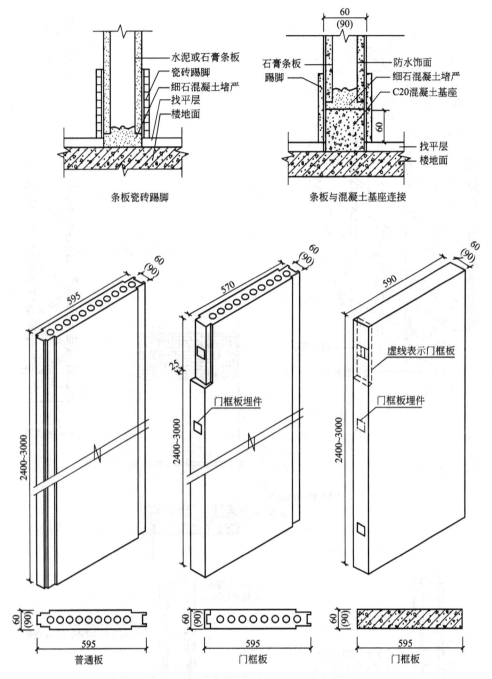

图 2.59　加气混凝土板隔墙(单位：mm)

距 50～60mm 的网片藉钢丝连接组成网笼构架，内填充阻燃的聚苯乙烯泡沫塑料芯层，构成泰柏板，经现场拼装后，再在面层抹水泥砂浆而成的轻质隔墙，如图 2.60 所示。

这种板的规格为 2440mm×1220mm×75mm～4000mm×1220mm×75mm(长×宽×厚)，抹灰后厚度为 100mm。它的优点是自重轻、整体性好。缺点是湿作业量较大。

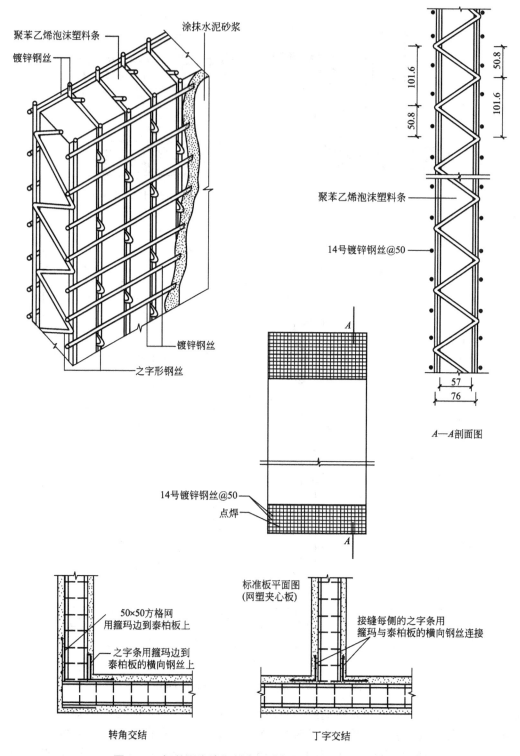

图 2.60 钢丝网泡沫塑料水泥砂浆复合墙板(单位：mm)

安装时，钢丝网泡沫塑料水泥砂浆复合墙板与顶板、底版采用固定夹连接，墙板之间采用克高夹连接。由于聚苯乙烯泡沫塑料在高温下会发挥出有毒气体，故在使用时中间走廊两侧墙体应慎重。

其他还有配筋细石混凝土薄板、配筋陶粒混凝土墙板和彩钢保温板等。

2.6 墙面面层装修构造

建筑物的主要装修部位有外墙面、内墙面、地面及顶棚等几个部分。各部分饰面种类很多，均附着于结构基层表面，起美观保护作用。在基层面上起美观保护作用的覆盖层为饰面层，饰面层包括构成饰面的各种构造层次，而通常把饰面面层最表面的材料作为饰面种类的名称。

墙面面层装修是建筑工程的一个重要环节。它对延长建筑的使用年限和提高建筑的整体艺术效果起着重要的作用。墙面装修的作用主要为两个方面：一是起保护作用，保护墙体不直接受到自然因素和人为因素的破坏，提高墙体的防潮、防风化、保温、隔热和耐污染的能力，增强了墙体的坚固性和耐久性；二是起装饰作用，使用建筑通过对墙面材料的色彩、质感、纹理、线型等的处理，丰富了建筑的造型，并对室内增加了光线反射，改善室内亮度，使室内变得更加温馨，富有一定的艺术魅力。

墙面装修因其位置不同有外墙面装修和内墙面装修两大类型，又因其饰面材料和做法不同，外墙面装修可分为抹灰类、贴面类和涂料类；内墙面装修则可分为抹灰类、贴面类、涂料类和裱糊类。

2.6.1 抹灰类

1. 抹灰构造层次

抹灰是我国传统的墙面做法，它是由水泥、石灰膏等胶结材料加入砂或石粉，再与水拌和成砂浆后，采用抹、刷、磨、斩、粘等不同的施工方法进行墙面装饰的一种工艺。这种做法的主要优点是材料来源广泛，施工操作简便，造价比较低廉。缺点是多数做法仍为手工操作，工效较低，年旧容易龟裂，同时表面粗糙、易积灰等。在工程中，除清水墙仅作墙面勾缝处理外，多数都要抹灰。墙面抹灰有一般抹灰和装饰抹灰之分。一般抹灰又分为普通抹灰、中级抹灰和高级抹灰三个级别。抹灰一般分为三层，即底层抹灰、中层抹灰、面层抹灰。外墙抹灰平均厚度为 20～25mm，内墙抹灰的平均厚度为 20mm。

为了保证抹灰的质量，使墙表面平整，粘结牢固，不开裂，不脱落，便于操作，并有利于节省材料，墙面抹灰均须分层构造，如图 2.61 所示。

1) 底层抹灰

底层抹灰主要起着与基层墙体粘牢和初步找平的作用，又叫刮糙。灰饼是为了保证抹灰的平整度和垂直度，提前做的抹灰圆点，到真正大面积抹灰时，以此为依据找平。冲筋就是按照打的灰饼将灰饼用较大标号的砂浆做成的控制墙面垂直、平整的"带"。底层所

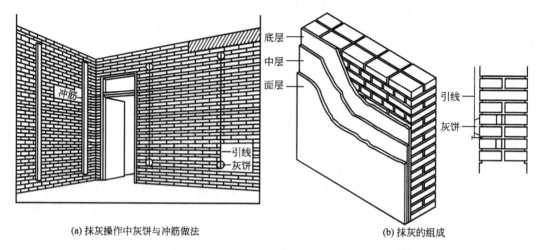

(a) 抹灰操作中灰饼与冲筋做法　　　　(b) 抹灰的组成

图 2.61　墙面抹灰

用的材料与基层墙体材料有一定的关系，不同的墙体其所用的底层材料也有所不同。

(1) 对砖墙基层，由于水泥和石灰均与砖有较好的粘结力，又可借助灰缝凹进砌体而加强灰浆的粘结效果，因此可用石灰砂浆、混合砂浆或水泥砂浆作底层抹灰。

(2) 对混凝土墙体基层，应采用水泥砂浆、混合砂浆或聚合物水泥砂浆作底层抹灰。

(3) 对硅酸盐块或加气混凝土块墙应采用混合砂浆或聚合物水泥砂浆作底层抹灰。

(4) 对灰板条墙(仅用于室内隔墙)，由于灰板条吸水膨胀，干燥后收缩，砂浆容易脱落。故在底层灰浆中应掺入适量的麻刀或玻璃纤维起增强作用，并在操作时将灰浆挤入基层的缝隙内，以加强拉结。

2) 中层抹灰

中层抹灰主要起进一步找平作用，弥补底层因灰浆干燥后收缩出现的裂缝。材料基本与底层相同。

3) 面层抹灰

面层抹灰是表面的装饰层，它要求表面平整，无裂痕。面层不包括在面层上的刷浆、喷浆或涂料。

2. 常用抹灰的种类及做法

1) 一般抹灰构造做法

一般外墙抹灰有混合砂浆抹灰、水泥砂浆抹灰等。内墙抹灰有纸筋(麻刀)石灰抹面、混合砂浆抹灰、水泥砂浆抹灰等。具体的构造做法见表 2-10。

2) 装饰抹灰构造做法

装饰抹灰按面层材料的不同可分为石碴类(水刷石、水磨石、干粘石、斩假石)，水泥、石灰类(拉条灰、拉毛灰、洒毛灰、假面砖、仿石)和聚合物水泥砂浆类(喷涂、滚涂、弹涂)等。石碴类饰面材料是装饰抹灰中使用较多的一类，它以水泥为胶结材料，以石碴为骨料做成水泥石碴浆作为抹灰面层，然后用水洗、斧剁、水磨等方法除去表面水泥浆皮，或者在水泥砂浆面上甩粘小粒径石渣，使饰面显露出石碴的颜色、质感，具有丰富的装饰效果，常用石碴类装饰抹灰构造层次见表 2-11。

表 2-10 常用一般抹灰做法及选用表

部位		底层		中层		面层		总厚度/mm
		砂浆种类	厚度/mm	砂浆种类	厚度/mm	砂浆种类	厚度/mm	
内墙面	砖墙	石灰砂浆 1:3	6	石灰砂浆 1:3	10	纸筋灰浆/普通级做法一遍;中级做法二遍;高级做法三遍,最后一遍用滤浆灰。高级做法厚度3.5	2.5	18.5
	砖墙	混合砂浆 1:1:6	6	混合砂浆 1:1:6	10		2.5	18.5
	砖墙(高级)	水泥砂浆 1:3	6	水泥砂浆 1:3	10		2.5	18.5
	砖墙(防潮)	混合砂浆 1:1:6	6	混合砂浆 1:1:6	10		2.5	18.5
	混凝土	水泥砂浆 1:3	6	水泥砂浆 1:2.5	10		2.5	18.5
	加气混凝土	混合砂浆 1:1:6	6	混合砂浆 1:1:6	10		2.5	18.5
		石灰砂浆 1:3	6	石灰砂浆 1:3	10		2.5	18.5
	钢丝网板条	水泥纸筋砂浆 1:3:4	6	水泥纸筋砂浆 1:3:4	10		2.5	20.5
外墙面	砖墙	水泥砂浆 1:3	6~8	水泥砂浆 1:3	8	水泥砂浆 1:2.5	10	24~26
	混凝土	混合砂浆 1:1:6	6~8	混合砂浆 1:1:6	8	水泥砂浆 1:2.5	10	24~26
		水泥砂浆 1:3	6~8	水泥砂浆 1:3	8	水泥砂浆 1:2.5	10	24~26
	加气混凝土	108溶胶液处理	—	5%108胶水泥刮腻子	—	混合砂浆 1:1:6	8~10	8~10
梁柱	混凝土梁柱	混合砂浆 1:1:4	6	混合砂浆 1:1:5	10	纸筋灰浆,三次罩面,第三次滤浆灰	3.5	19.5
	砖柱	混合砂浆 1:1:6	8	混合砂浆 1:1:4	10		3.5	21.5
阳台雨篷	平面	水泥砂浆 1:3	10			水泥砂浆 1:2	10	20
	顶面	水泥纸筋砂浆 1:3:4	5	水泥纸筋砂浆 1:2:4	5	纸筋灰浆	2.5	12.5
	侧面	水泥砂浆 1:3	5	水泥砂浆 1:2.5	6	水泥砂浆 1:2	10	21

(续)

部位		底层		中层		面层		总厚度/mm
		砂浆种类	厚度/mm	砂浆种类	厚度/mm	砂浆种类	厚度/mm	
其他	挑檐、腰线、窗套、窗台线、遮阳板	水泥砂浆 1:3	5	水泥砂浆 1:2.5	8	水泥砂浆 1:2	10	23

表 2-11 常用石碴类装饰抹灰做法及选用表

种类	做法说明	厚度/mm	适用范围	备注
水刷石	底：1:3 水泥砂浆 中：1:3 水泥砂浆 面：1:2 水泥白石子用水刷洗	7 5 10	砖石基层墙面	用中 8 厘石子，当用小 8 厘石子时比例为 1:1.5，厚度为 8
干粘石	底：1:3 水泥砂浆 中：1:1:1.5 水泥石灰砂浆 面：刮水泥浆，干粘石压平实	10 7 1	砖石基层墙面	石子粒径 3~5mm，做中层时按设计分格
斩假石	底：1:3 水泥砂浆 中：1:3 水泥砂浆 面：1:2 水泥白石子用斧垛	7 5 12	主要用于外墙局部加门套、勒脚等装修	

2.6.2 贴面类

贴面类主要指采用各种面砖、瓷砖、陶瓷锦砖，预制的水磨石饰面板、块以及各种人造石板和天然石板（如大理石、花岗石、青石板等）粘贴于墙面的一种饰面装修。这些材料内外墙均可用。有的材料其质感细腻，用于室内，如瓷砖、大理石等；而有的材料则因质感粗放而适用于外墙，如面砖、花岗石等。

贴面类墙面装修材料，经加工可做成大小不等的板块，用胶结材料镶贴或用铁件通过构造联结，贴附于墙上。贴面类墙面具有耐久性强、施工方便、质量高、易于清洗、装饰效果好、美观等优点，目前被广泛用于内外墙的装饰和潮湿房间的墙壁装修。

1. 面砖、锦砖、瓷砖

1）面砖

陶瓷面砖多数是用陶土为原料，制成坯块，压制成型后经焙烧而成。由于面砖不仅可以用于墙面装饰也可以用于地面，所以被人们称之为墙地砖。常见的面砖有釉面砖、无釉面砖、霹雳砖等。釉面砖的结构由两部分组成，即坯体和表面釉彩层。釉面砖除白色和彩色外，还有图案砖、印花砖以及各种装饰釉面砖等，主要用于高级建筑内外墙面以及厨房、卫生间的墙裙贴面。用釉面砖装饰建筑物内墙，可使建筑物具有独特的卫生、易清洗和清新美观的建筑效果。无釉面砖俗称外墙面砖，主要用于高级建筑外墙面装修。外墙面砖坚固耐用、色彩鲜艳、易清洗、防火、防水、耐磨、耐腐蚀、维修费用低。为了能与基层粘结牢固，面砖的背面常见制成一定的凹凸纹样，并有一定的吸水率。目前大多数墙面砖选用的材质类似陶质，吸水率为4%～8%。而正面为防止污染，则吸水率越低越好。面砖常用的有150mm×150mm、75mm×150mm、113mm×77mm、145mm×113mm、233mm×113mm、265mm×113mm等多种规格，厚度约为5～17mm（陶土无釉面砖较厚为13～17mm，瓷土釉面砖较薄为5～7mm厚）。

面砖安装前先将表面清洗干净，然后将面砖放入水中浸泡，贴前取出晾干或擦干。面砖安装时用1∶3水泥砂浆打底并划毛，后用1∶0.3∶3水泥石灰砂浆或用掺有108胶（水泥用量5%～10%）的1∶2.5水泥砂浆满刮于面砖背面，其厚度不小于10mm，然后将面砖贴于墙上，轻轻敲实，使其与底灰粘牢，如图2.62所示。一般面砖背面有凹凸纹路，更有利于面砖粘贴牢固。对贴于外墙的面砖常在面砖之间留出一定缝隙，以利湿气排除。而内墙面为便于擦洗和防水则要求安装紧密，不留缝隙。面砖如被污染，可用浓度为10%的盐酸洗刷，并用清水吸净。

2）锦砖

锦砖又分为陶瓷锦砖和玻璃锦砖。陶瓷锦砖又成为马赛克，如图2.63所示。它是以优质瓷土为原料，经加工烧制而成的锦砖称为陶瓷锦砖，色彩艳丽、装饰性强，多种颜色，厚度一般为4～5mm。规格有19mm×19mm、39mm×39mm的小方块或39mm×19mm的长方形以及25mm六角形等形状的瓷片。为了便于施工，简化操作程序，工厂生产时将小瓷片事先粘贴在一张尺寸为300～500mm见方的牛皮纸上，瓷片间隙有拼花和不拼花的，色彩较多，有几种色彩或单一色彩的，形式各异，可根据需求去挑选、搭配。陶瓷锦砖又分为挂釉和不挂釉两种。其具有防水、防潮、不吸水、易清洗的特点，与面砖相比，具有造价略低、面层薄、自重较轻的优点。

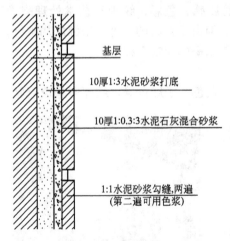

图2.62 外墙面粘贴面砖构造（单位：mm） 　　　　图2.63 锦砖

粘贴陶瓷锦砖的构造做法为：在墙体上抹10mm厚1∶3水泥砂浆打底，找平扫毛，在底层上根据墙体高度弹若干水平墨线，按设计要求与陶瓷锦砖的规格确定分格缝的宽度，然后用10厚1∶2水泥砂浆粘结层粘贴陶瓷锦砖。贴后12h左右要揭去护面纸，再用

1∶1水泥砂浆擦缝。如果是彩色锦砖，须用白水泥浆擦缝。完工后，锦砖表面如有污迹，应用浓度为10%的盐酸刷洗，并随即用清水洗净。

玻璃锦砖又称玻璃马赛克，是一种小规格的半透明玻璃质饰面材料。与陶瓷马赛克一样，生产时就将小玻璃瓷片贴在牛皮纸上。一般尺寸为20mm×20mm、30mm×30mm、40mm×40mm，厚4～6mm。玻璃锦砖质地坚硬，色调柔和、朴实、典雅、美观大方，性能稳定，具有耐热、耐寒、抗腐蚀、不龟裂、表面光滑的性质；此外还有不积尘，能雨天自洁，经久常新，容重轻，与水泥粘结性能好等特点；且背面带有槽纹，以利于砂浆粘结，因此便于施工。玻璃锦砖适用于宾馆、医院、办公楼、礼堂、住宅等建筑的内外墙装饰。

3) 瓷砖

瓷砖也是用优质陶土烧制而成的薄板状的内墙贴面材料。它表面挂釉，釉面有白色和其他各种颜色，也有各种花纹图案，规格有100mm×100mm、150mm×150mm，厚度为5～6mm，还有各种配套的边角制品。其质地坚硬、色彩柔和，具有吸水率低、表面光洁美观、易于清洗等特点，多用于厨房、卫生间、医院手术室等的墙裙、墙面和池槽面层，如图2.64所示。瓷砖的墙面构造做法，也采用10～15mm厚1∶3水泥砂浆打底；5mm厚1∶1水泥砂浆粘结层，或选用专用胶粘结剂铺贴。

图2.64 厨房瓷砖贴面

2. 天然石板、人造石板

用于墙面装修的天然石板常见的有花岗岩石板、大理石板和青石板等。材料的优点是强度高，结构致密，色彩丰富而不宜被污染，易清洗。其中大理石主要用于室内，花岗岩主要用于室外。墙面的装饰性主要通过石材的质感、色彩、纹理和艺术处理来表现。而且石材密实坚硬，耐久性、耐磨性等均比较好。但由于材料的品种、来源的局限性，加工复杂和价格昂贵，因而多用于建筑和装饰等级要求高的建筑工程中。

1) 类型

(1) 花岗岩石板。其有不同的色彩，如黑色、灰色、粉红色等，纹理多呈斑点状。其结构密实、强度和硬度极高，吸水率较小，抗冻性和耐磨性能均好，同时抗酸碱和抗风化能力较强，耐用期可达百年以上。外饰面装饰构造做法根据对石板表面加工的不同可分为磨光石、剁斧石和蘑菇石三种。对花岗石板的质量，要求棱角方正、光亮如镜、色感丰富，有华丽高贵的装饰效果，不应有色差、达到无裂纹、隐伤和缺角现象。花岗岩石板多用于宾馆、商场、银行等大型公共建筑的室内外墙面和柱面的装饰，如图2.65所示，也适用于地面、台阶、楼梯、水池等造型面的装修。

图2.65 花岗石墙面装修

(2) 大理石板。大理石又称云石，表面经磨光加工后，纹理清晰，色彩绚丽，有美丽的斑纹或条纹，色泽好，具有很好的装饰性。但由于大理石板比花岗岩石板质地软，而且不耐酸碱，所以除了少数几种（如汉白玉等）用在室外，大多数大理石均用于室内装饰等级要求较高的工程中，如墙裙和柱子装饰，地面、楼梯的踏步面以及用于高档卫生间、洗手间的台面等，如图2.66所示。大理石板饰面的品种很多，一般按大理石产地、颜色的特征以及其研磨抛光后所显现的花纹来命名，诸如杭灰、苏黑、云南大理、宜兴咖啡、东北绿等。

图 2.66　大理石墙面装修

大理石板和花岗石板的形状有正方形和长方形两种。常用的尺寸有 600mm×600mm、600mm×800mm、800mm×1000mm，一般厚度为 20～30mm。

(3) 人造石板。其具有天然石板的花纹和质感，表面光洁度较高，质量轻，强度高，耐酸碱，而且造价低，构造与天然石板相同。但人造石材的色泽和纹理不及天然石材自然柔和，但其花纹和色彩可根据设计意图进行加工。

预制水磨石板，常用的尺寸为 400mm×400mm 或 500mm×500mm。板厚在 20～25mm 之间。

人造大理石板，品种主要是聚酯型人造石板，花纹易设计，但不宜大面积用于室外装饰。由于受温差影响，色彩变化大，老化快，易变形，一般选用复合型的板材较好。人造大理石板的厚度一般为 8～20mm，常用于室内墙面、柱面、门套等部位的装修。

2) 石板的安装

石板墙面在施工前必须对饰面板在墙面和柱面上的分布进行排列设计，应将石板的接缝宽度包括在内，计算板块的排列，并按照安装顺序编号，按分块的大样详图加工订货及安装。

石板的安装构造有"湿贴"和"干挂"两种。由于石板尺寸大，质量重，仅靠砂浆粘贴是不安全的。因此，在构造上是先在墙面或柱子上设置钢丝网（钢筋 $\phi6\sim\phi9$mm），并且将钢筋网与墙上锚固件连接牢固，然后将石板用铜丝或镀锌钢丝绑扎在钢筋网上，如图2.67所示。钢筋的水平间距与石板高度尺寸一致。石板靠木楔校正，石膏作临时固定，最后在石板与墙或柱间灌注 1∶3 水泥砂浆或细石混凝土。饰面板材与结构墙间隔 30mm 左右厚作灌注缝，要分层灌注（将石膏敲掉，再继续安装上一层板）。另外，安装白色或浅灰色大理石饰面板时，灌注应用白水泥。

3. 清水砖墙

凡在墙体外表面不做任何外加饰面的墙体称为清水墙。反之，称为浑水墙。用砖砌筑清水墙在我国已有悠久的历史，如北京故宫等。

为防止灰缝不饱满而可能引起的空气渗透和雨水渗入，须对砖缝进行勾缝处理。一般用 1∶1 水泥砂浆勾缝。也可在砌墙时用砌筑砂浆勾缝，称为原浆勾缝。勾缝的形式有平缝、平凹缝、斜缝、弧形缝等，如图2.68所示。

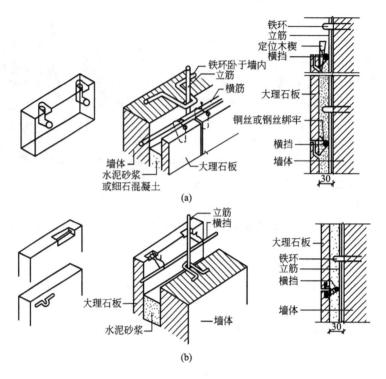

图 2.67 石材绑扎法

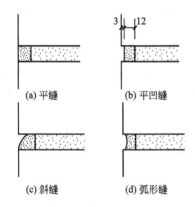

图 2.68 清水砖墙的勾缝形式
（单位：mm）

清水砖墙外观处理一般可从色彩、质感、立面变化取得多样化装饰效果。目前，清水砖墙材料多为红色，色彩较单调，但可以用刷透明色的办法改变色调。做法是用红、黄两种颜色如氧化铁红、氧化铁黄等配成偏红或偏黄的颜色，加上颜料重量5%的聚醋酸乙烯乳液，用水调成浆刷在砖面上。这种做法往往给人以面砖的错觉，若能和其他饰面相互配合、衬托，能取得较好的装饰效果。另外，清水砖墙砖缝多，其面积约占墙面的1/6，改变勾缝砂浆的颜色能有效地影响整个墙面色调的明暗度。如用白水泥勾白缝或水泥掺颜料勾成深色或其他颜色的缝。由于砖缝颜色突出，整个墙面质感效果也有一些变化。

要取得清水砖墙质感变化，还可在砖墙组砌上下工夫，如采用多顺一丁砌法以强调横线条；在结构受力允许条件下，改平砌为斗砌、立砌以改变砖的尺度感；或采用将个别砖成点、成条凸出墙面几厘米的拨砌方式，形成不同质感和线形。以上做法要求大面积墙面平整规矩，并须严格砌筑质量，虽多费些工，但能求得一定装饰效果。

大面积成片红砖墙要取得很好效果，仅采取上述措施是不够的，还须在立面处理上做一些变化。如一个墙面可以保留大部分清水墙面，局部做浑水（抹灰）能取得立面颜色和质感的变化。

4. 特殊部位的墙面装修

在内墙抹灰中，对易受到碰撞的部位如门厅、走道的墙面以及有防潮、防水要求的如厨房、浴厕的墙面，为保护墙身，做成高度 900mm 左右的护墙墙裙，如图 2.69 所示。在内墙阳角、门洞转角等处则做成护角，如图 2.70 所示。墙裙和护角高度 2000mm 左右。根据要求护角也可用其他材料如木材制作。

(a) 瓷砖墙裙　(b) 水磨石墙裙　(c) 木墙裙

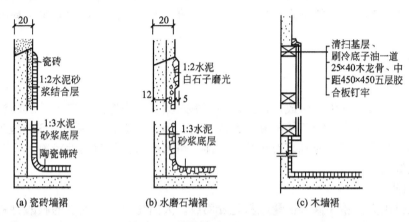

图 2.69　墙裙构造(单位：mm)

在医院、车站、机场等经常使用推车的走廊、大厅等部分，在墙裙和踢脚的高度设置防撞杆。医院、养老院的走廊等部位的防撞杆还兼作扶手，方便无障碍通行。防撞杆的构造做法与栏杆相同。

在内墙面和楼地面交界处，为了遮盖地面与墙面的接缝、保护墙身以及防止擦洗地面时弄脏墙面，做出踢脚，其材料与楼地面相同。常见做法有三种，即与墙面粉刷相平、凸出或凹进，如图 2.71 所示。踢脚线高 60～150mm。

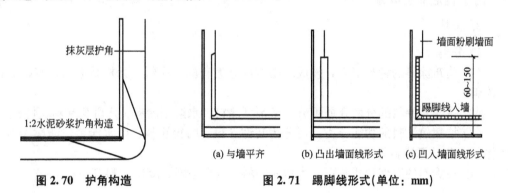

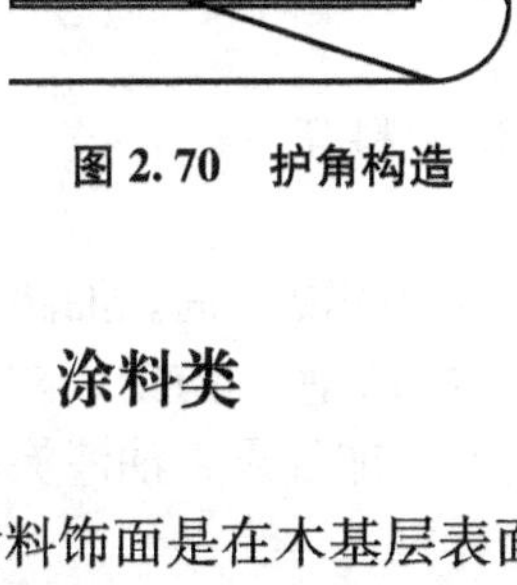

图 2.70　护角构造

(a) 与墙平齐　(b) 凸出墙面线形式　(c) 凹入墙面线形式

图 2.71　踢脚线形式(单位：mm)

2.6.3　涂料类

涂料饰面是在木基层表面或抹灰饰面的底灰、中灰及面灰上喷、刷涂料涂层的饰面装修。我国使用涂料作为建筑物的保护和装饰材料，具有悠久的历史，许多木结构古建筑物能保存至今，涂料起了重要的作用。早期涂料的主要原料是天然油脂和天然树脂，如亚麻仁油、桐油、松香和生漆等。随着石油化工和有机合成工业的发展，为涂料提供了新的原料来源，许多涂料不再使用油脂，主要使用合成树脂及其乳液、无机硅酸盐和硅溶胶。涂料饰面是靠一层很薄的涂层起保护和装饰作用，并根据需要可以配成各种色彩。通常将在其表面喷刷浆料或水性涂料的称为刷浆，若涂敷于建筑表面并能与其基层材料很好粘结，形成完整涂膜的则为涂料。涂料饰面由于涂层薄抗腐蚀能力差，有关资料表明，外用乳液涂料使用年限 4～7 年，厚质涂料(涂层厚 1～2mm)使用年限可达 10 年。涂料饰面施工简单，省工省料，工期短、效率高、自重轻、维修更新方便，故在饰面装修工程中得到较为广泛应用。

1. 刷浆

1) 石灰浆

石灰浆是用石灰膏化水而成，根据需要可掺入颜料。为增强灰浆与基层的粘结力，可在浆中掺入 107 胶或聚醋酸乙烯乳液，其掺入量 20%～30%。石灰浆涂料的施工要待墙面干燥后进行，喷或刷两遍即成。石灰浆耐久性、耐水性以及耐污染性较差，主要用于室内墙面、顶棚饰面。

2) 大白浆

大白浆是由大白粉并掺入适量胶料配置而成。大白粉为一定细度的碳酸钙粉末。常用胶料有 107 胶或聚醋酸乙烯乳液，其掺入量分别为 15% 和 8%～10%，以掺乳胶者居多。大白浆可掺入颜料而成色浆。大白浆覆盖力强，涂层细腻洁白，且货源充足，价格低，施工、维修方便，广泛应用于室内墙面及顶棚。

3) 可赛银浆

可赛银浆是由碳酸钙、滑石粉与酪素胶配制而成的粉末状材料。产品有白、杏黄、浅绿、天蓝、粉红等。使用时先用温水将粉末充分浸泡，使酪素胶充分溶解，再用水调制成需要浓度即可使用。可赛银浆质细、颜色均匀，其附着力以及耐磨、耐碱性均较好，主要用于室内墙面及顶棚。

2. 涂料

1) 分类

(1) 建筑涂料的种类很多，按成膜物质可分为有机系涂料、无机系涂料、有机无机复合涂料。

(2) 按建筑涂料的分散介质可分为溶剂型涂料、水溶型涂料、水乳型涂料(乳液型)。

(3) 按建筑涂料的功能分类，可分为装饰涂料、防火涂料、防水涂料、防腐涂料、防霉涂料、防结露涂料等。

(4) 按涂料的厚度和质感可分为薄质涂料、厚质涂料、复层涂料等。

2) 构造

(1) 油漆涂料。该涂料是由粘结剂、颜料、溶剂和催干剂组成的混合剂。油漆涂料能在材料表面干结成膜(漆膜)，使与外界空气、水分隔绝，从而达到防潮、防锈、防腐等保护作用。漆膜表面光洁、美观、光滑，改善了卫生条件，增强了装饰效果，油漆涂料又可分为调和漆、清漆、防锈漆等。

① 调和漆。油漆在出厂前已基本调制好，使用时不再加任何材料即能施工。调和漆有油性调和漆和磁性调和漆两种。油性调和漆附着力好，不易脱落、粉化、不龟裂、便于

涂刷。但干燥性差，漆膜软，适用于室内外各种木材、金属、砖石表面。磁性调和漆漆膜硬，光亮平滑，干燥性好，但抗气候变化能力差，易失光、龟裂，一般用于室内为宜。

② 清漆。其以树脂为主要成膜物质，分油基清漆和树脂清漆两类。常用的有酚醛清漆、虫胶清漆和醇酸清漆。清漆主要供调制红丹、腻子和其他漆料用，也可单独使用，如刷底漆（木材砌水泥表面）或涂刷简易门窗等。其优点是价廉，缺点是漆膜软、干燥慢、易发贴。

③ 防锈漆。其油性防锈漆和树脂防锈漆两类。油性防锈漆的优点是渗透性、润滑性、柔韧性和附着力均较好。例如，红丹防锈漆就是黑色金属优良防锈漆，但这种防锈漆干燥慢、漆膜软。树脂防锈漆是以各种树脂为主要成膜物质，如锌黄醇酸防锈漆对轻金属表面有较好防锈化能力。一般防锈漆只作打底用，另需罩面漆。

(2) 溶剂性涂料。其以高分子合成树脂为主要成膜物质，有机溶剂为稀释剂，加入一定量颜料、填料及辅料、经辊扎塑化，研磨搅拌溶解配制而成的一种挥发性涂料。如过氧乙烯外墙涂料、苯乙烯焦油外墙涂料、聚乙烯醇缩丁醛外墙涂料等。这类涂料一般有较好的硬度、光泽、耐久度、耐蚀性及耐老化性。但施工时有机溶剂挥发，污染环境，除个别品种外，在潮湿基层上施工易产生起皮、脱落。这类涂料主要用于外墙饰面。

(3) 乳液涂料。其以各种有机物单体经乳化聚合反应后生成的聚合物，它以非常细小的颗粒分散在水中，形成非均相的乳状液。将这种乳状液作为主要成膜物质配成的涂料称为乳液涂料。当填充为细小粉末，所得的涂料能形成类似油漆漆膜的平滑涂层，故习惯上称为"乳胶漆"。常用乳胶漆有乙—顺乳胶漆（由醋酸乙烯—顺丁烯二酸二丁酯共聚乳液配制成）、乙—丙乳胶漆、氯—醋—丙乳胶漆等。

乳液涂料以水为分散介质，无毒、不污染环境。由于涂膜多孔而透气，故可在初步干燥的（抹灰）基层上涂刷。涂膜干燥快，对加快施工进度缩短工期十分有利，另外，所涂饰面可以擦洗，易清洁，装饰效果好。乳液涂料施工需按所用涂料品种性能及要求（如基层平整、光洁、无裂纹等）进行，方能达到预期的效果。乳液涂料品种较多，属高级饰面材料，主要用于内外墙饰面。

(4) 水溶性涂料。其有聚乙烯醇水玻璃涂料、聚乙烯醇缩甲醛涂料等。聚乙醇涂料是以聚乙烯醇树脂为主要成膜物质。这类涂料的优点是不掉粉，造价不高，施工方便，有的还能经受湿布轻擦，主要用于内墙面装修。

(5) 硅酸盐无机涂料。其以碱性硅酸盐为基料，如硅酸钠、硅酸钾和胶体氧化硅即硅溶胶，外加硬化剂、颜料、填充料及助剂配制而成。目前，市面可见的如JH801无机建筑涂料，这种涂料具有良好的耐光、耐热、耐水及耐老化性能，耐污染性也好，且无毒，对空气无污染。涂料施工喷、刷均可，但以喷涂效果较好。

(6) 厚质涂料。其是在涂料中掺入类似云母粉、粗砂粒等粗填料配制成的涂料。和前述涂料比较，前者涂层薄，后者涂层厚，有较好的质感；前者施工以涂刷方式为主，后者则以喷涂和刮涂方式为主。常见厚质涂料有砂胶厚质涂料、聚乙烯醇缩甲醛水泥厚质涂料、乙—丙乳液厚质涂料等，这些涂料主要用于外墙饰面及地面。另外，还有聚氨酯、不饱和聚氨酯等为主料配制成的各种厚质涂料，主要用于地面，形成无缝涂布地面。

涂料是建筑饰面的重要材料之一，近年来的推广、使用，已取得较好的经济及装饰效果，今后它的应用将日趋广泛。但和国外先进国家相比，我们的涂料工业尚有一定差距，表现在品种不多，价格偏高，质量也有待进一步提高。

2.6.4 裱糊类

裱糊类是将墙纸、锦缎或者墙布等卷材类材料,通过胶粘剂附着在墙面上的一种装饰手法,属于档次较高的饰面,通常用于内墙面的装饰。

1. 壁纸饰面

壁纸又称墙纸,其色彩、质感多样,通过适当的工艺和设计,可取得仿天然材料的装饰效果,而且大多耐用、易清洗。

壁纸的种类很多,分类方式也多种多样,按其外观装饰效果分,有印花壁纸、压花壁纸、浮雕壁纸等;按其基层不同分,有全塑料基(使用较少)、纸基、布基、石棉纤维或玻璃纤维基等;按其施工方法分,有现场刷胶裱糊、背面预涂压敏直接铺贴等。

一般壁纸墙面的构造做法(以砖墙基层为例)如下。

(1) 抹底灰。在墙体上抹 13mm 厚 1∶0.3∶3 的水泥石灰膏砂浆打底扫毛。

(2) 找平层。抹 5mm 厚 1∶0.3∶2.5 的水泥石灰膏砂浆找平层。

(3) 刮腻子。批刮腻子 2~3 遍,并用砂纸磨平。

(4) 封闭底层。涂封闭乳液底涂料(封闭乳胶漆)一道。

(5) 防潮底漆。薄涂酚醛清漆与汽油为 1∶3 的防潮底漆一道(无防潮要求时此工序省略)。

(6) 刷胶。壁纸和抹灰表面应同时均匀刷胶,所用胶可按 108 胶、羧甲基纤维素(俗称化学浆糊)、水为 100∶6∶60(质量比)调配(过筛去碴)或采用成品壁纸胶。

(7) 裱贴壁纸。裱贴工艺有搭接法、拼缝法等,应特别注意搭接、拼缝和对花的处理。

壁纸在刷胶前应进行润纸处理,由于壁纸多数为纸基,遇水或胶水后,自由膨胀变形较大,因此在裱贴前,应预先进行胀水处理,即先将壁纸在水槽中浸泡 2~3min,取出后静置 15min,然后再刷胶裱糊。

对预涂胶壁纸,即壁纸背面已预先涂有一层水溶性的胶粘剂,胶粘剂通常为淀粉类物质。裱糊时,应先用水将背面胶粘剂溶解浸润,然后再将壁纸贴于墙上。

对无基层壁纸,是在印花膜背面涂好压敏胶,并附有一些可剥离的纸。裱糊时,将可剥玻璃纸剥去,随即将壁纸粘贴于墙上,施工极为简便。

2. 其他壁纸

其他壁纸包括无纺墙布、玻纤贴墙布、丝绒和锦缎等饰面。常见外墙面层(饰面)构造做法及内墙面层(饰面)构造做法见表 2-12 和表 2-13。

表 2-12 常见外墙面层(饰面)构造做法

名称	厚度/mm	构造
清水墙勾缝墙面(砖墙)		清水砖墙 1∶1 水泥砂浆勾凹缝
剁斧石墙面(砖墙)	22	1. 剁斧斩毛两遍成活 2. 10mm 厚 1∶2 水泥石子(米粒石内掺 30% 石屑)罩面擀平压实 3. 刷素水泥浆一道(内掺水重 5% 的建筑胶) 4. 12mm 厚 1∶3 水泥砂浆打底扫毛或划出纹道

(续)

名称	厚度/mm	构造
丙烯酸弹性高级涂料墙面 (砖墙) (三遍)	18	1. 双组分聚氨酯罩面涂料一遍 2. 丙烯酸弹性高级中层主涂料一遍 3. 封底涂料一遍 4. 6mm厚1:2.5水泥砂浆找平扫毛或划出纹道 5. 12mm厚1:3水泥砂浆打底扫毛或划出纹道
彩釉、仿石、瓷质、金属釉面砖墙面 (砖墙)	29~33	1. 1:1水泥(或白水泥掺色)砂浆(细砂)勾缝 2. 6~10mm厚彩釉面砖(仿石砖、瓷质外墙砖、金属釉面砖)在砖粘贴面涂抹5mm厚胶粘结剂 3. 6mm厚1:0.2:2.5水泥石灰膏砂浆刮平扫毛或划出纹道 4. 12mm厚1:3水泥砂浆打底扫毛或划出纹道
彩釉、仿石、瓷质、金属釉面砖墙面 (混凝土墙) (小型混凝土空心砌块)	27~31	1. 1:1水泥(或白水泥掺色)砂浆(细砂)勾缝 2. 6~10mm厚彩釉面砖(仿石砖、瓷质外墙砖、金属釉面砖)在砖粘贴面涂抹5mm厚胶粘结剂 3. 6mm厚1:0.2:2.5水泥石灰膏砂浆刮平扫毛或划出纹道 4. 10mm厚1:3水泥砂浆打底扫毛或划出纹道 5. 刷混凝土界面剂一道(随刷随抹底灰)或拉毛处理一道
挂贴花岗石墙面 (混凝土墙) (混凝土砌块墙) (带保温)	90~100	1. 稀水泥浆擦缝 2. 20~30mm厚花岗石石板,由板背预留穿孔(或沟槽)穿18号钢丝(或φ4不锈钢挂钩)与双向钢筋网固定,花岗石板与砖墙之间的20mm厚空隙层内用1:2.5水泥砂浆灌实 3. φ6双向钢筋网(中距按板材尺寸)与墙内预埋钢筋(伸出墙面50mm)电焊(或18号低碳镀锌钢丝绑扎) 4. 抹60mm厚复合硅酸盐聚苯颗粒,或喷60mm厚(发泡后厚度)发泡聚氨酯 5. 墙内预埋φ8钢筋,伸出墙面60mm,或预埋50mm×50mm×4mm钢板,双向中距700mm(采用预埋钢板时,由钢板上焊φ8钢筋与双向钢筋网固定)
干挂磨光花岗石板墙面 (带保温) (砖墙) (混凝土墙) (混凝土砌块墙)	160	1. 25mm厚磨光花岗石板,上下边钻销孔,长方形板横排时钻2孔,竖排时钻1孔,孔径5,安装时孔内先填云石胶,再插入φ4不锈钢销钉,固定于4mm厚钢板托件上,石板两侧开4mm宽、80mm高凹槽,填胶后,用3mm厚、50mm宽燕尾钢板均用φ5螺栓固定于竖向角钢龙骨上 2. L60×6竖向角钢龙骨根据石板大小调整角钢尺寸,中距为石板宽度+缝宽 3. 角钢龙骨距墙10mm,焊于墙内预埋伸出的角钢头上(或在墙内预埋钢板然后用角钢焊连竖向角钢龙骨)角钢龙骨与墙面之间50mm厚空隙内,用聚合物砂浆满贴50mm厚聚苯板,与连接件交接处用软质泡沫塑料塞严(或现抹50mm厚硅酸盐聚苯颗粒保温层)

表 2-13 常见内墙面层(饰面)构造做法

名称	厚度/mm	构造
乳胶漆墙面 (砖墙) 燃烧性能等级：B1级	14	1. 树脂乳液涂料二道饰面 2. 封底漆一道(干燥后再做面涂) 3. 5mm厚1:0.5:2.5水泥石灰膏砂浆找平 4. 9mm厚1:0.5:3水泥石灰膏砂浆打底擀平扫毛或划出纹道
贴壁纸(布)墙面 (砖墙)	16	1. 贴壁纸(布)面层 2. 2mm厚耐水腻子分遍找平 3. 5mm厚1:0.5:2.5水泥石灰膏砂浆找平 4. 9mm厚1:0.5:3水泥石灰膏砂浆打底扫毛或划出纹道
贴壁纸(布)墙面 (混凝土墙、小型混凝土空心砌块墙)	16	1. 贴壁纸(布)面层 2. 2mm厚耐水腻子分遍找平 3. 5mm厚1:0.5:2.5水泥石灰膏砂浆找平 4. 9mm厚1:0.5:3水泥石灰膏砂浆打底扫毛或划出纹道 5. 素水泥浆一道(内掺建筑胶)
釉面砖(陶瓷砖)墙面 (砖墙) 燃烧性能等级：A级	19	1. 白水泥擦缝(或1:1彩色水泥细砂砂浆勾缝) 2. 5mm厚釉面砖(粘贴前先将釉面砖漫水两小时以上) 3. 5mm厚1:2建筑胶水泥砂浆(或专用胶)粘贴层 4. 素水泥浆一道(用专用胶粘贴时无此道工序) 5. 9mm厚1:3水泥砂浆打底压实抹平
釉面砖(陶瓷砖)防水墙面 (砖墙) (适合于有防水要求的墙面) 燃烧性能等级：A级	20	1. 白水泥擦缝(或1:1彩色水泥细砂砂浆勾缝) 2. 5mm厚釉面砖(粘贴前先将釉面砖漫水两小时以上) 3. 4mm厚强力胶粉泥粘接层，揉挤压实 4. 1.5mm聚合物水泥基复合防水涂料防水层(或按工程设计) 5. 9mm厚1:3水泥砂浆打底压实抹平
花岗石板墙面(砖墙) (钢筋网灌浆粘贴) 燃烧性能等级：A级	70~80	1. 稀水泥浆擦(勾)缝 2. 20~30mm厚花岗石板面层，正、背面及四周边满涂防污剂，石板背面预留穿孔(或沟槽)，用18号钢丝(或φ4不锈钢挂钩)与钢筋网绑扎(或卡勾)牢固 灌50mm厚1:2.5水泥砂浆分层灌注插捣密实，每层150~200mm且不大于板高1/3(灌注砂浆前先将花岗石板背面和墙体基面浇水润湿) 3. φ6钢筋网(双向间距按饰面尺寸定)与墙体基面预留的钢筋头焊接牢固 4. 墙体基面预留φ8钢筋头长150mm或M880膨胀螺栓(双向间距按饰面板尺寸定)

本 章 小 结

墙体的类型	• 按位置与方向分类：外墙、内墙；纵墙、横墙 • 按受力情况分类：承重墙和非承重墙 • 按材料及构造方式分类：实体墙、空体墙、组合墙 • 按施工方法分类：块材墙、板筑墙、板材墙
墙体的功能	• 承重作用 • 围护功能 • 分隔功能 • 装饰功能 • 其他功能：保温、隔热、隔声、防火、防潮等
墙体的设计要求	• 结构布置选择：砖混结构建筑的结构布置方案，通常有横墙承重、纵墙承重、纵横墙承重、部分框架承重几种方式 • 强度和稳定性 • 保温与隔热：提高墙体的保温能力主要有增加墙体厚度提高热阻、采用空隙率高和自重轻的材料、采用组合墙体三种方式，同时注意解决热桥、冷凝水、蒸气渗透等导致降低墙体保温效果的措施和构造 • 防水防潮要求 • 隔声要求：常用的墙体隔声构造包括实体结构隔声、密封处理、隔声材料隔声、空气层隔声、建筑总平面隔声等 • 防火要求 • 建筑工业化要求
砌体墙	• 常用块材：砖、砌块及胶结材料 • 砖墙组砌方式：在砌体中的排列组砌关键是错缝搭接，避免通缝，砌块组砌应进行排列设计 • 墙体砌筑厚度与尺寸：常用的有半砖墙、一砖墙、两砖墙等
砖墙的细部构造	• 圈梁：又分为钢筋砖圈梁和钢筋混凝土圈梁，圈梁遇到门窗洞口不能闭合时，应增设附加圈梁 • 构造柱：一般设在建筑物的四角，内外墙交接处。楼梯间四角及某些较长的墙体中部，构造柱必须与圈梁及墙体紧密连接 • 门垛和壁柱 • 变形缝 • 门、窗过梁：又分为钢筋砖过梁、钢筋混凝土过梁、砖拱过梁 • 窗台：窗台须向外形成一定坡度以利于排水 • 墙脚防潮：根据地面垫层材料的不同设置防潮层（水平防潮层、垂直防潮层），常用防潮层材料有防水卷材（油毡）、防水砂浆和配筋细石混凝土 • 勒脚构造：一般采用抹灰、贴面和使用坚固不透水的材料 • 散水与明沟 • 烟道

(续)

隔墙	• 按材料和构造方式分类：砌筑隔墙、骨架隔墙、板材隔墙 • 砌筑隔墙：主要有普通砖隔墙、多孔砖隔墙、水泥炉渣空心砖隔墙加气混凝土砌块隔墙 • 骨架隔墙：主要有灰板条隔墙、钢丝(板)网抹灰隔墙、木龙骨纸面石膏板隔墙、轻钢龙骨石膏板隔墙 • 板材隔墙：主要有加气混凝土板隔墙、增强石膏空心条板隔墙、碳化石灰空心板隔墙、钢丝网泡沫塑料水泥砂浆复合板(又名泰柏板)隔墙、配筋细石混凝土薄板等
墙面面层装修构造	• 抹灰类：构造层次主要分为底灰、中灰和面层三层，根据标准不同又可分为普通抹灰、中级抹灰和高级抹灰 • 贴面类：主要指各种面砖、锦砖、瓷砖、预制的水磨石饰面板、天然石板和人造石板的饰面装修 • 清水砖墙 • 特殊部位的墙面装修：包括护墙墙裙、护角、踢脚等 • 涂料类：主要指刷浆和涂料 • 裱糊类：主要指壁纸、无纺墙布、玻纤贴墙布、丝绒和锦缎等饰面

习　题

一、思考题

1. 确定砖墙厚度的因素有哪些？
2. 常见的勒脚做法有哪几种？
3. 墙体中为什么要设水平防潮层？它应设在什么位置？一般有哪些做法？
4. 什么情况下要设垂直防潮层？
5. 常见的过梁有哪几种？它们的适用范围和构造特点是什么？
6. 窗台构造中应考虑哪些问题？
7. 常见的散水和明沟的做法有哪几种？
8. 墙身加固措施有哪些？
9. 多层砌体房屋的构造要求有哪些？
10. 简述各种隔墙的构造做法。
11. 砌块墙的构造要求有哪些？
12. 板材墙如何分类？板材建筑的结构体系有哪几种？

二、选择题

1. 关于建筑物散水的设置要求，下列哪一项是正确的？（　　）
   A. 有组织排水时，散水宽度宜为1500mm左右
   B. 散水的坡度可为3‰～5‰
   C. 当采用混凝土散水时，可不设置伸缩缝
   D. 散水与外墙之间的缝宽可为10～15mm，应用沥青类物质填缝
2. 当圈梁被窗洞切断时，应搭接补强，可在洞口上部设置一道不小于圈梁断面的过

梁,称为附加圈梁,称为附加圈梁。附加圈梁与圈梁的搭接长度不应小于2H,且不小于(　　)m。

  A. 0.5   B. 0.8   C. 0.9   D. 1

 3. 为了防止土中水分从基础墙上升,使墙身受潮而腐蚀,因此须设墙身防潮层。防潮层一般设在室内地坪以下(　　)mm处。

  A. 10   B. 30   C. 60   D. >60

 4. 各类隔墙的安装应满足有关建筑技术要求,但是下列哪一条不属于满足范围?(　　)

  A. 稳定、抗震   B. 保温
  C. 防空气渗透   D. 防火、防潮

 5. 抗震设防烈度为8度的6层砖墙承重住宅建筑,有关设置钢筋混凝土构造柱的措施,下述各条中哪一条是不恰当的?(　　)

  A. 在外墙四角及宽度大于或等于2.1m的洞口应设置构造柱
  B. 在内墙与外墙交接处及楼梯间横墙与外墙交接处应设置构造柱
  C. 构造柱的最小截面为240mm×180mm,构造柱与砖墙连接处砌成马牙槎并沿墙高每隔500mm设2φ6的钢筋拉结,每边伸入墙内1m
  D. 构造柱应单独设置柱基础

 6. 多层建筑采用烧结多孔砖承重墙体时,有些部位必须改用烧结实心砖砌体,以下表述哪一条是不恰当的?(　　)

  A. 地下水位以下砌体不得采用多孔砖
  B. 防潮层以下不宜采用多孔砖
  C. 底层窗台以下砌体不得采用多孔砖
  D. 冰冻线以上,室外地面以下不得采用多孔砖

 7. 采暖建筑的外墙为了防止出现凝结水设置隔蒸气层的位置以下哪个是正确的?(　　)

  A. 墙体外侧   B. 墙体保温层外侧
  C. 墙体保温层内侧   D. 墙体内侧

 8. 某6度抗震设防建筑采用240mm厚砖墙,按抗震规范要求,其建筑高度和层数的限制是(　　)。

  A. 24m 8层   B. 21m 7层   C. 18m 6层   D. 15m 5层

 9. 在墙体设计中,其自身重量由楼板来承担的墙为(　　)。

  A. 横墙   B. 隔墙   C. 窗间墙   D. 承重墙

三、判断题

 1. 墙体按构造方式分可以分为块材墙、板柱墙及板材墙三种。(　　)

 2. 常用的实心砖规格(长×宽×厚)为240mm×120mm×60mm,正好形成4∶2∶1的尺度关系。(　　)

 3. 高度大于115mm而小于380mm的砌块称作小型砌块。(　　)

 4. 防潮层的位置设置:当室内地面垫层为混凝土等密实材料时,防潮层应设置在垫层范围内,低于室内地坪60mm处,同时还应至少高于室外地面150mm,防止雨水溅湿墙面。(　　)

 5. 墙芯柱:当采用混凝土空心砌块时,应在房屋四大角、外墙转角、楼梯间四角设芯柱。芯柱用C10细石混凝土填入砌块孔中,并在孔中插入通长钢筋。(　　)

四、墙体构造设计

1. 目的要求

通过本设计掌握墙身的剖面组成及构造方式。

2. 设计条件

(1) 根据当地某 7 层普通住宅楼进行设计(也可根据不同的地区自选建筑类型)。

(2) 采用砖墙承重,砖块尺寸 240mm×115mm×53mm,内墙厚均为 240mm,外墙 240mm(寒冷地区可做 365 外墙),勒脚材料与砖相同。

(3) 采用现浇钢筋混凝土楼板及圈梁,预制过梁。

(4) 采用铝合金窗,窗洞按窗地比计算(居室不小于 1/7)。

(5) 内墙做抹灰饰面、外墙及楼地面做法自定。

(6) 住宅的底层层高取 3.00m,其余取 2.80m;室内地坪标高为 ±0.000,室外标高自定。

3. 设计内容和深度

本设计需完成以下内容。

(1) 单元式住宅底层局部平面图,比例 1∶100。

① 画出纵横定位轴线和轴线圈,定义轴线号。

② 标注轴线尺寸、洞口尺寸、内部墙段尺寸。

③ 按采光要求及立面设计的美观要求开设窗洞口。

④ 在外墙处标示散水,标注散水宽度及坡度。设有明沟或暗沟的应同时标注。

⑤ 画出门扇(开启方向一般按内门内开、外门外开)。

⑥ 标注室内外地面标高。

⑦ 选择一处窗洞口进行详图设计并标注详图引出符号。

⑧ 标注图名及比例。

(2) 墙身剖面节点详图,比例 1∶10。

① 按平面图上详图索引位置画三个节点详图(墙脚及散水、窗台、过梁),布图时要求按顺序将 1、2、3 节点布置在一条垂直线上。

② 标注各点控制标高(防潮层、窗台顶面、过梁底、楼层、地坪等)。

③ 画出定位轴线及轴线圈。

④ 按构造层次表示内外抹灰、踢脚板、楼板、地坪、窗框等处的关系,如画窗台板、窗套、贴脸板等构件。

⑤ 按制图规范表示材料符号并标注各节点处材料、尺度及做法。

⑥ 标注散水(明沟、暗沟)和窗台等处尺度、坡度、排水方向。

⑦ 标注详图名及比例。

4. 图纸要求

(1) 采用 A2 图幅,手工绘制或计算机出图。

(2) 图面要求字迹工整,图样布局均匀,线形粗细及材料图例等应符合施工图要求及建筑制图国家标准。

5. 设计方法和步骤

(1) 弄清墙身的细部构造,正确绘制墙身节点详图。

① 钢筋混凝土楼板、圈梁和过梁的断面尺寸,参考当地住宅楼做法。

② 窗台、窗套构造，参见窗台、窗套的相关构造图。

③ 明沟、暗沟、散水做法，参见明沟、暗沟、散水等相关构造做法。

（2）注意平面图和三个节点详图要布置均匀，不要出现疏密悬殊的情况，以免影响图面美观。先用很轻的线将四个图全部画好，反复检查有无错误后，再加重。

（3）要注意线型，平面图被剖部分用粗实线，其余为细实线；三个节点详图被剖的砖墙和过梁等为粗实线，被剖的散水、混凝土垫层、窗框、楼板等为中粗线，其余线条可用细实线。注意以上三种线条的对比度要分明。

第3章
楼地层及阳台雨篷

知识目标

- ■ 熟悉和掌握楼板的类型。
- ■ 熟悉和掌握楼地层的功能与设计要求。
- ■ 熟悉和掌握楼板层现浇整体式、预制装配式、预制装配整体式钢筋混凝土楼板类型与构造。
- ■ 熟悉和掌握地坪层构造与防止地面返潮构造。
- ■ 熟悉和掌握楼地层面层整体地面、块材地面和木地面的装修构造。
- ■ 熟悉和掌握楼地层面层防潮、防水和隔声构造。
- ■ 熟悉和掌握顶棚装修构造。
- ■ 熟悉和掌握阳台及雨篷类型与构造。

导入案例

御木本珠宝店位于东京银座的街区中，建筑的外观形象简洁。建筑外表皮由12mm的钢板焊接而成，不规则形状的大小开窗为建筑赢得了独特的外观效果。外观形象安静、优雅、干脆利落，气质高贵。

与建筑外观色调截然不同的是，内部的设置多以黑色调为主，黑、白色调的大理石地面，部分纯黑的墙壁，与室内白色的展览柜和家具形成黑白色的对比。伊东丰雄的建筑是建立在对新技术、新材料的应用基础之上的，同时又能够将最前沿的技术融入到建筑的生动空间中，营造出一个个全新的空间氛围。充满愉悦感的空间氛围成为一种可以触摸和感知的物体的设计体现。

伊东丰雄的御木本珠宝店

3.1 概述

楼层和地层是房屋的重要组成部分。楼层是建筑物中用来分隔空间的水平分隔构件，它沿着竖向将建筑物分隔成若干部分。同时，楼层又是承重构件，承受着自重和楼面的使用荷载，并将其传给墙（梁）和柱。地层也称地坪，是指建筑物底层与土壤直接相接触的水平构件，它承受作用在其上的荷载，并将荷载均匀地传给地基。地层有空铺类地层和实铺类地层两类。楼板与地板的区分在于其承受的荷载是否直接传递到下部的地基。楼板下部有使用空间，楼板要将荷载收集、转向传递到梁、柱、墙，其本身是承受荷载的受力构件；地板以下为地基，荷载直接向下传递，地板只起到围护作用而不承载。有地下室或地基无法填实的一层地面，因为需要承载，所以要将所受的荷载传递到墙柱上而非直接传递到地基上，在结构意义上，这种地板实际上是一种典型的楼板。

阳台和雨篷也是建筑物中的水平构件。阳台是楼层延伸至室外的部分，用于室外活动。雨篷设置在建筑物外墙出入口的上方，用于遮挡雨雪。

3.2 楼板的类型

按照使用材料的不同，楼板主要分为木楼板、钢筋混凝土楼板和压型钢板组合楼板等，如图 3.1 所示。

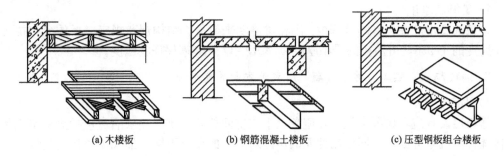

图 3.1 楼板的类型

1) 木楼板

木楼板自重轻，保温隔热性能好、舒适、有弹性，只在木材产地采用较多，但耐火性和耐久性均较差，且造价偏高，为节约木材和满足防火要求，现采用较少。

2) 钢筋混凝土楼板

钢筋混凝土楼板具有强度高，刚度好，耐火性和耐久性好，还具有良好的可塑性，在我国便于工业化生产，应用最广泛。按其施工方法不同，可分为现浇式、装配式和装配整体式三种。

3) 压型钢板组合楼板

压型钢板组合楼板是在钢筋混凝土基础上发展起来的，利用钢衬板作为楼板的受弯构件和底模，既提高了楼板的强度和刚度，又加快了施工进度，是目前正大力推广的一种新型楼板。

3.3 楼地层的功能与设计要求

3.3.1 楼地层的功能

楼板层是建筑物的主要水平承重构件。它把荷载传到墙、柱及基础上，同时它对墙、柱起着水平约束作用。在水平荷载(风、地震)作用下，协调各竖向构件(柱、墙)的水平位移，增强建筑物的刚度和整体性。楼板层把建筑物沿高度方向分成若干楼层，同时也发挥了相关的物理性能，如隔声、防火、防水、美观等。建筑物最底层与土壤相交接处的水平构件称地坪。它承受着地面上的荷载，并均匀直接地传给地坪以下的土壤。所有地面都应起到隔潮、防水、美观等作用。

3.3.2 楼地层的设计要求

1. 具有足够的强度和刚度

1) 足够的强度
楼板能够承受使用荷载和自重，这主要是通过结构设计来满足要求。
2) 足够的刚度
楼板的变形应在允许的范围内，用相对挠度来衡量。结构规范规定楼板的允许挠度不大于跨度的 1/250，可用板的最小厚度(1/40L～1/35L)来保证其刚度。

2. 满足隔声、热工、防水防潮、防火等方面的要求

1) 隔声要求
楼板层设计应考虑隔声问题，避免上下层空间相互干扰。楼层隔声包括隔绝空气传声和固体传声两个方面。不同使用性质的房间对隔声的要求不同，如我国对住宅楼板的空气隔声标准中规定：一级隔声标准为 50dB，二级隔声标准为 45dB。
2) 热工要求
根据所处地区和建筑使用要求，楼面应采取相应的保温、隔热措施，以减少热损失。
3) 防水防潮要求
用水较多的房间，如卫生间、盥洗室、浴室、实验室等，需满足防水要求，选用密实不透水的材料，适当做排水坡，并设置地漏。对有水房间的地面还应设置防水层。
4) 防火要求
为了防火安全，作为承重的构件，应满足建筑防火规范对楼面材料燃烧性能与耐火极限的要求，如钢筋混凝土是理想的耐火材料。压型钢板、钢梁等钢结构构件，因为钢构件的耐火性能低，火灾时会丧失强度而发生倒塌，所以这些构件表面必须有防火措施(如外

包混凝土、或涂刷防火涂料),以满足防火规范耐火极限的要求。

5) 设备管线布置要求

对管道较多的公共建筑,楼板层设计时,应考虑到管道对建筑物层高的影响问题。例如,当防火规范要求暗敷消防设施时,应敷设在不燃烧的结构层内,使其能满足暗敷管线的要求。

3. 满足经济要求

在多层房屋中,楼板层造价占总造价的20%～30%。因此在楼地层进行结构选型、结构布置和确定构造方案时,应根据使用条件与技术经济条件相适应,尽量减少材料的消耗,降低工程造价,满足建筑经济的要求。

3.4 楼板层构造

3.4.1 楼板层的构造组成

楼板层由各种构造层次组成,具有各种功能作用,根据房间使用功能的不同,各构造层次可以增加或减少,但基本构造层次不变。楼板层主要由面层、结构层、顶棚及附加层组成,如图3.2所示。

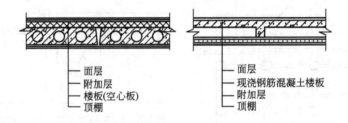

图3.2 楼板层的构造组成

1) 面层

面层位于楼板层的最上层,起着保护楼板层、分布荷载和绝缘的作用,同时对室内起很重要的清洁及美化装饰作用。

2) 结构层

结构层位于面层和顶棚层之间,承受楼板上的全部荷载,并将荷载传给墙或柱,同时对墙身起水平支撑的作用,以加强建筑物的整体刚度。

3) 顶棚层

顶棚层是楼板下部的装修层,主要作用是保护楼板、安装灯具、遮挡各种水平管线,改善使用功能、装饰美化室内空间。

4) 附加层

附加层又称功能层,根据楼板层的具体要求(如现代建筑功能及管线要求)而设置,主要作用是隔声、隔热、保温、防水、防潮、防腐蚀、防静电等。

3.4.2 钢筋混凝土楼板构造

钢筋混凝土楼板按施工方式不同可分为现浇整体式、预制装配式和预制装配整体式三种。前两种在工程中采用较多，后一种一般用在高层建筑中。

1. 现浇整体式楼板

现浇整体式钢筋混凝土楼板是在施工现场经过支模板、绑扎钢筋、浇筑混凝土、养护等工序而形成的。其优点是整体性好、刚度大、抗震性能好，结构布置灵活，能适应各种不同的平面形状。缺点是施工工期长、需要大量模板、现场湿作业多、劳动强度大。按其受力和传力情况分为板式楼板、梁板式楼板、现浇密肋楼板和无梁楼板。

1) 板式楼板

板式楼板是将钢筋混凝土板直接搁置在墙体上，楼板内不再设置梁，主要用于小尺寸空间，如走廊、卫生间和小房间等。板式楼板的厚度不小于60mm，一般不超过120mm，经济跨度在3m内。板式楼板结构底部平整，可以得到最大的使用净高。

2) 梁板式楼板

当建筑空间尺度较大时，通过在板下设梁，以减小板的跨度，以使楼板受力和传力合理并合理降低造价。这样板受力后，其荷载传递路线为板→次梁→主梁→柱(或墙)。这种有梁的板称为梁板式楼板，如图3.3所示。

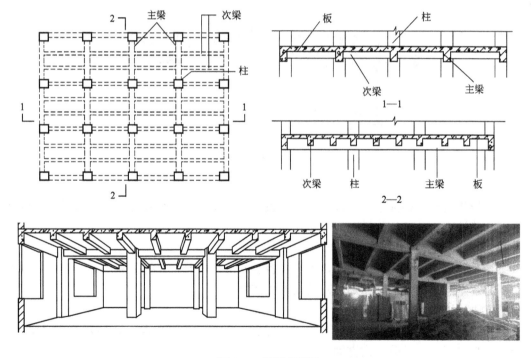

图 3.3 梁板式楼板

(1) 分类。梁板式楼板按其传力特点和四面支承情况又分为单向板和双向板。如果一块楼板只有两端支承，无论如何它都属于单向板，即荷载只朝一个向度的两端传递。但如果为四面支承,它的受力和传力方式将取决于板的长边 L_2 和短边 L_1 之比,当 $L_2/L_1>2$ 时为单向板,板基本只在短边方向挠曲,而在长边方向的很小。由实验可知,传给长边的力仅为 1/8 左右,这表明荷载主要沿短边方向传递,故称为单向板;当 $L_2/L_1 \leqslant 2$ 时为双向板,板受荷载作用后,力向两个方向传递,短边受力大,长边受力小,板的两个方向均有挠曲,均不可忽略不计,故称双向板。双向板使板的受力更为合理,构件的材料更能充分发挥作用,如图 3.4 所示。

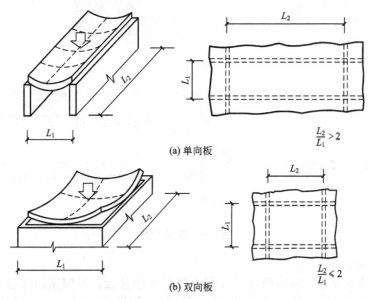

图 3.4 楼板的受力、传力方式

(2) 梁板式楼板的经济尺寸。合理选择构件尺寸对充分发挥其结构的效力非常重要,经试验和实践总结出楼板结构的经济尺寸如下。

主梁跨度一般为 5～9m,最大可达 12m,主梁高为跨度的 1/14～1/8;次梁跨度,即主梁之间距,一般为 4～6m,高为其跨度的 1/18～1/12。梁的高宽之比一般为 1/3～1/2,宽度常采用 250mm;板的跨度即次梁(或主梁)的间距。一般情况下,单向板常用跨度为 1.7～3.6m,不宜大于 4m;双向板短边的跨度宜小于 4m,方形双向板宜小于 5m×5m。在民用建筑中其板厚取值:单向板时,板厚为 60～100mm;双向板时,板厚为 80～160mm。

(3) 梁板式楼板的结构布置。

① 梁板式楼板在结构布置中,承重构件如梁、墙、柱等应有规律地布置,宜做到上下对齐,以利于结构传力直接,受力合理;主梁不宜搁置在门窗洞口上。空间尺寸超出经济尺寸时,应在空间内增设柱子作为梁的支点,使梁跨度在经济尺寸范围内,主梁应沿支点的短跨方向布置,次梁与主梁正交。

② 井式楼板:当空间较大,跨度≥10m 时,且近似方形时,楼板两个方向的梁不分主次,高度相等,同位相交,呈井字形,称为井式楼板,如图 3.5 所示。井式楼板一般用于正方形和接近正方形,是梁板式楼板中双向板的一种特例。井式楼板结构布置方式有正交正放(正井式)、正交斜放(斜井式),如图 3.5(a)、(b)所示、斜交斜放(少用)。井式楼板可与墙体正交放置或斜交放置,其跨度可达 30～40m,由于布置规整,具有较好的装饰性,故常用于公共建筑较大的无柱空间。

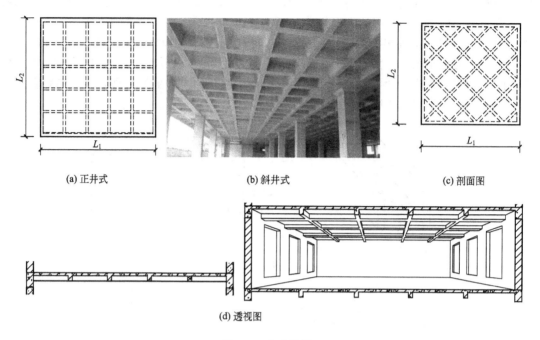

图 3.5 井式楼板

3）现浇密肋楼板

现浇密肋楼板分为双向密肋楼板和普通单向密肋楼板。双向密肋楼板与井字楼板一样，要求房间接近方形（长短之比 $L_2/L_1 \leqslant 1.5$），如图 3.6 所示。一般肋距（梁距）为

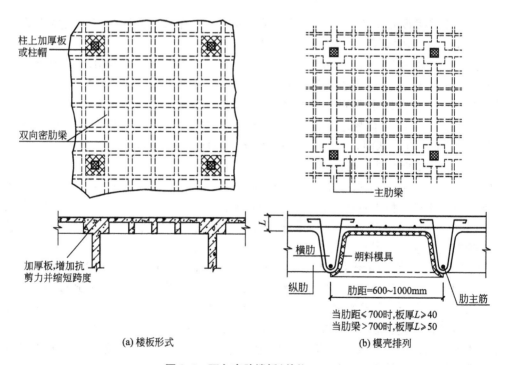

图 3.6 双向密肋楼板（单位：mm）

600mm×600mm～1000mm×1000mm，肋高为180～500mm，楼板的适用跨度为6～18m，其肋高一般为跨度的1/20～1/30。这种楼板采用可重复使用的定型塑料模壳作为肋板的模板，然后配筋现捣混凝土而成。普通单向密肋楼板适用于跨度8～12m的结构，一般肋距为500～700mm，肋高为跨度的1/18～1/20。密肋楼板的板厚为40～50mm，密肋楼板具有施工速度快自重轻的优点，一般用于梁高受限的楼板中。

4）无梁楼板

无梁楼板为楼板层不设梁，直接将板支承在柱上，分有柱帽和无柱帽两种，如图3.7所示。由于楼板直接支承在柱上，为避免发生剪切破坏，一般把板做得比较厚，并在柱的上端设置柱帽，以加强板与柱的连接和减小跨度。为了充分利用板的强度，无梁楼板一般用于荷载较大的商场、仓库、书库、车库等需要较大空间的建筑中，当楼面荷载小于$5kN/m^2$时选择无梁楼板则不经济。无梁楼板的柱网一般布置为正方形或矩形，经济尺寸为6m左右，板的最小厚度不小于150mm且不小于板跨的1/35～1/32。无梁楼板的板柱体系适用于非抗震区的多高层建筑，对于板跨大或大面积、超大面积的楼板、屋顶，为减少板厚控制挠度和避免楼板上出现裂缝，近年来在无梁楼板结构中常采用部分预应力技术。

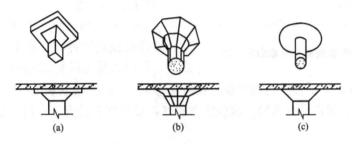

图3.7 无梁楼板柱式（有柱帽）

2. 预制装配式楼板

预制装配式钢筋混凝土楼板是指在构件预制加工厂或施工现场外预先制作，然后运到工地现场进行安装的钢筋混凝土楼板。其优点是施工速度快，湿作业少，工业化程度高；缺点是整体性差，刚度差，抗震性能差。

预制装配式钢筋混凝土楼板的选用必须按照预制产品的设计标准和使用范围去应用，不能够随意进行改变。因为预制产品有两大类，一类是按照国家或地方标准大量性生产的产品，其尺寸和受力状况都是预先设定的。由于有一定的生产批量，所以价格较为便宜，而且生产工艺和节点设计都较为成熟、合理，但对于建筑设计来说，从设计参数的选择到使用的可能性方面都会受到限制。另一类预制产品可以按照单个建设项目的要求个别加工。由于产品数量有限，又需要单独设计加工，所以造价会相应提高。但对于受到气候条件影响不能现浇或需要严格控制产品质量标准的项目，仍然是较好的选择。

1）分类

预制楼板类型主要有实心平板、槽形板、空心板、T形板。

（1）预制实心平板。

① 预制实心平板的跨度、板宽和应用范围。预制实心平板（图3.8）多用在跨度小于2.4m的小空间，也可用作搁板或管道盖板等。板的两端简支在墙或梁上。用作楼板时，

板厚≥70mm；用作盖板时，厚度≥50mm，板宽约为600～900mm。

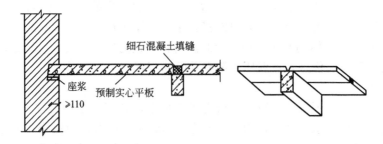

图3.8 预制钢筋混凝土平板(单位：mm)

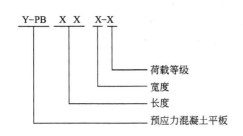

图3.9 预制钢筋混凝土平板命名方法

② 预制钢筋混凝土平板的命名方法。如图3.9所示，型号为Y—PB 426—2的预应力混凝土平板型号意义为：标志长度4200mm、标志宽度600mm、荷载等级为2级的预应力混凝土平板。

(2) 预制槽形板。

① 预制槽形板跨度、板宽。槽形板是一种肋板结合的预制构件，即在实心板的两侧设有边肋，作用在板上的荷载都由边肋来承担，板宽为500～1200mm，非预应力槽形板跨长通常为3～7.2m。板肋高为120～300mm，板厚仅20～30mm。其优点是自重轻，承载能力较好，适应跨度较大，常用于工业建筑，缺点是隔声效果差。

② 预制槽形板放置方式。有正置(指肋向下)与倒置(指肋向上)两种，如图3.10所示。正置板由于板底不平，用于民用建筑时往往需要吊顶，如图3.11所示。倒置可保证板底平整，但配筋与正置时不同，但须另做面板，也可以综合楼面装修共同考虑，如果直接在其上做架空木地板，也可考虑楼板的隔音或保温要求，在槽内填充轻质多孔材料。

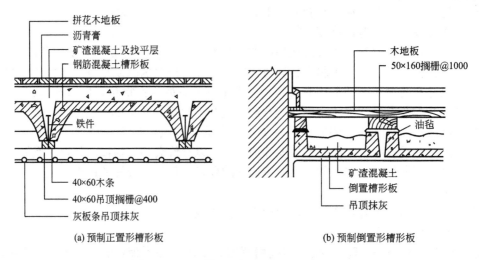

(a) 预制正置形槽形板　　　　　　　　　(b) 预制倒置形槽形板

图3.10 预制槽形板搁置方式(单位：mm)

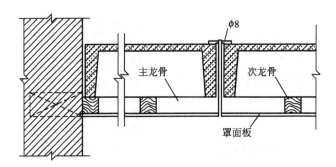

图 3.11 正置式预制槽形板底板面处理方式

(3) 预制空心楼板。

① 分类。空心板是将实心平板沿纵向抽孔而成。孔的断面形式有圆形、方形、长方形和椭圆形等，如图 3.12 所示。

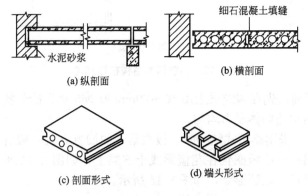

图 3.12 预制空心楼板

因为圆形孔制作时抽蕊脱膜方便且刚度好，所以其应用最普遍。空心板也有预应力和非预应力之分，预应力空心板应用更广泛。

空心板的厚度尺寸视板的跨度而定，一般多为 110～240mm，宽度为 500～1200mm，跨度为 2.4～7.2m，其中较为经济的跨度为 2.4～4.2m。

空心板上下表面平整，隔声效果较实心板和槽形板好，是预制板中应用最广泛的一种类型。但空心板不宜任意开洞，因而不能用于管道穿越较多的房间。

② 结构布置方式。当预制板直接搁置在墙上时称为板式结构布置，如图 3.13(a)所示；当预制板搁置在梁上时称为梁板式结构布置，如图 3.13(b)所示。对一个房间进行板的结构布置时，首先应根据其开间、进深尺寸确定板的支承方式，然后根据板的规格进行布置，一般要求板的规格、类型越少越好。

预制空心板是按照均布荷载设计的，而且只有在板的底部沿长方向有冷拔钢丝作为受力钢筋，因此预制空心板决不能三面搁置，即板的纵向长边不得深入砖墙内，否则在荷载作用下，板会发生纵向裂缝，如图 3.13(c)所示，在跨中也不能承受较大的集中荷载。

③ 搁置要求。

(a) 搁置长度：支承于梁上时其搁置长度应不小于 80mm；支承于内墙上时其搁置长度应不小于 100mm；支承于外墙上时其搁置长度应不小于 120mm。

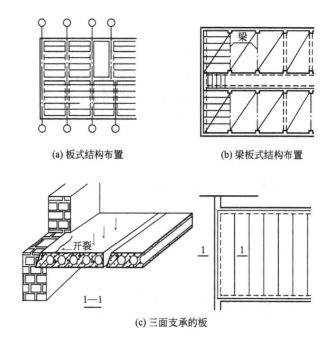

图 3.13 预制板的结构布置方式

(b) 座浆。铺板前，先在墙或梁上用 10~20mm 厚 M5 水泥砂浆找平，使板与墙或梁有较好的联结，同时也使墙体受力均匀。

(c) 搁置方式。当采用梁板式结构时，板在梁上的搁置方式一般有两种，一种是板直接搁置在梁顶上；另一种是板搁置在花篮梁或十字梁上，如图 3.14 所示。梁的断面形式有矩形、T 形、十字形、花篮形等，如图 3.15 所示。

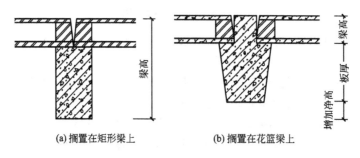

图 3.14 板在梁上的搁置

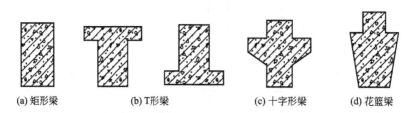

图 3.15 梁的断面形式

④ 楼板的细部构造。

(a) 板缝的处理。为了便于板的铺设，预制板之间应留有 10~20mm 的缝隙。当板缝≤30mm 时，用细石混凝土灌实，如图 3.16(a)所示。当板缝≥50mm 时，应在缝中加钢筋网片再用细石混凝土灌实，如图 3.16(b)所示。

(b) 预制板与墙体之间缝隙处理。当缝隙＜60mm 时，调整板缝。当 60≤板缝＜120mm 时，可挑砖填缝，如图 3.16(c)所示。当 120≤板缝＜200mm 时，可局部现浇板带，管道可设置在现浇处，如图 3.16(d)所示。当 200mm≤板缝时，应调整板的规格。

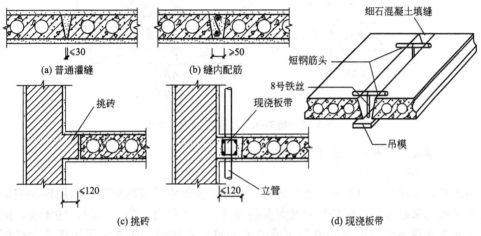

图 3.16 板缝的处理(单位：mm)

(c) 隔墙与楼板的关系。轻质隔墙可直接设置在楼板上，如图 3.17 所示。

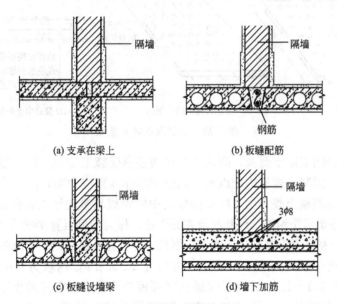

图 3.17 隔墙与楼板的关系

(d) 板的搁置及锚固。在墙上的搁置长度≥90mm，在梁上的搁置长度≥60mm，在墙与板，板与板连接处设置锚固钢筋，如图 3.18 所示。

3. 预制装配整体式楼板

装配整体式楼板是将楼板中的部分构件预制，然后在现场安装，再以整体浇筑的办法

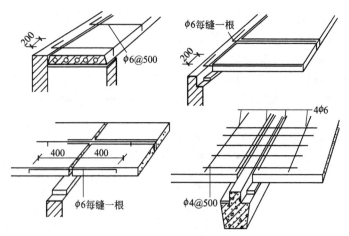

图 3.18　板的搁置及锚固(单位：mm)

连接而成的楼板，它兼有现浇和预制的双重优越性。

1) 预制薄板叠合楼板

随着城市高层建筑和大开间建筑的不断涌现，为加强建筑的整体性采用现浇钢筋混凝土楼板的就越来越多，这样必然要费大量的模板，很不经济。为了解决这些矛盾，便出现了预制薄扳与现浇混凝土面层叠合而成的装配整体式楼板，或称预制楼板叠合楼板，如图 3.19 所示。它可分为普通钢筋混凝土楼板和预应力混凝土薄板两种。

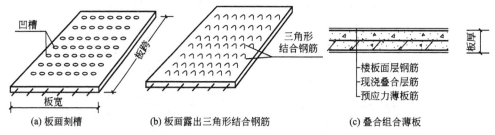

图 3.19　预制薄板叠合楼板

这种楼板的预制混凝土薄板，既是永久性模板承受施工荷载，也是整个楼板结构的一组成部分。预应力混凝土楼板内配以刻痕高强钢丝作为预应力筋，同时也是楼板的跨中受力钢筋。板面现浇混凝土叠合层，所有楼板层中的管线均事先埋在叠合层内，现浇层内只需配置少量的支座负弯矩钢筋。预制薄板底面平整，作为顶棚可直接喷浆或粘贴装饰顶棚壁纸。预制薄板叠合楼板适合在住宅、宾馆、学校、办公楼、医院以及仓库等建筑中应用。

叠合楼板跨度一般为 4～6m，最大可达 9m，以 5.4m 以内较为经济。预应力薄板厚 50～70mm，板宽 1.1～1.8m，为了保证预制薄板与叠合层有较好的连接，薄板上表面需做处理。常见的有两种，一种是在上表面做刻槽处理，如图 3.19(a)所示，刻槽直径 50mm，深 20mm，间距 150mm；另一种是在薄板上表面露出较规则的三角形状的结合钢筋，如图 3.19(b)所示。

现浇叠合层采用 C20 的混凝土，厚度一般为 70～120mm，叠合楼板的总厚取决于板的跨度，一般为 150～250mm，楼板厚度可以大于或等于薄板厚度的两倍为宜，如图 3.19(c)所示。

2)压型钢板组合楼板

压型钢板混凝土组合楼板是在型钢梁上铺设压型钢板,以凹凸相间的压型钢板做衬板来现浇混凝土,使压型钢板和混凝土浇注在一起共同作用。压型钢板用来承受楼板下部的拉应力(负弯短处另加铺钢筋)。同时也是浇筑混凝土的永久性模板,此外,还可以利用压型钢板的空隙敷设管线。不过,底部钢板外露,需做防火处理。

由于截面形状的原因,压型钢板只能够承受一个方向的弯矩,因此,压型钢板组合楼板只能够用作单向板。组合楼板的跨度为1.5～4.0m,其经济跨度为2.0～3.0m之间。如果建筑空间较大,需要增加梁以满足板跨的要求。

压型钢衬板组合楼板的有单层和双层楼板之分,如图3.20～图3.22所示。加一层平钢板,形成A形空腔成对压型钢板焊在一起,如图3.22所示。

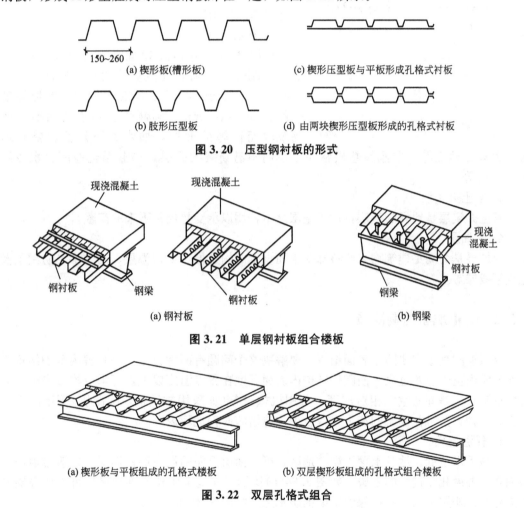

3.5 地坪层构造

地坪层是建筑物底层与土壤相接触的构件,它承受着底层地面上的荷载,并将荷载均匀传递给地基。建筑对地坪层的要求基本与楼层相同,也要符合坚固、卫生、造价低廉等要求。同时,由于地层的特殊位置,它还应具有防潮及保温作用。

3.5.1 地坪层基本组成及各自作用

地坪层是由面层、垫层、附加构造层和素土夯实层构成,如图 3.23 所示。有特殊要求时还可设各种附加层,如找平层、结合层、防潮层、保温层、管道敷设层等。

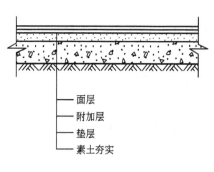

图 3.23 地坪层组成

1) 面层

面层是地层上表面的铺筑层,也是室内空间下部的装修层,又称地面。起着保证室内使用条件和装饰室内的作用。

2) 垫层

垫层是承受并传递地面荷载给地基的结构层,有刚性垫层和非刚性垫层两种。通常用 C10 混凝土、三合土、灰土、碎砖等构成。垫层厚度一般为 80～100mm。刚性垫层用于地面要求较高及薄而性脆的面层,如水磨石地面、瓷砖地面、大理石地面等。非刚性垫层常用于厚而不易断裂的面层,如混凝土地面、水泥制品块地面等。

3) 素土夯实层

素土夯实层是地坪的基层,位于垫层之下,用以承受垫层传下来的荷载。

4) 附加层

附加层是为满足建筑物某些特殊要求而设置的构造层,如保温层、防水层、防潮层及埋置管线层等。

3.5.2 防止地面返潮构造

克服返潮现象主要防止表面结露。要解决这个问题有两种方法:一是解决围护结构内表面与室内空气温差过大,使围护结构内表面温度在露点温度以上,可采取构造措施改善地坪返潮;二是降低空气相对湿度,可用机械设备(如采用排风机,除湿机)等手段来解决。第一种方法可在建筑构造上采取以下构造措施改善地坪返潮。

1) 保温地面

对地下水位低、地基土壤干燥的地区,可在面层下面铺设一层保温层,以改善地面与室内空气温度相差过大的矛盾,如图 3.24(a)所示。在地下水位较高地区,可将保温层设在面层与结构层之间,并在保温层下铺防水层,如图 3.24(b)所示。

2) 吸湿地面

用粘土砖、大阶砖、陶土防潮砖做地面。由于这些材料中存在大量孔隙,当返潮时,面层会暂时吸引少量冷凝水,待空气湿度较小时,水分又能自动蒸发掉,因此地面不会感到有明显的潮湿现象。木地面、地毯地面也可起到吸湿作用,等到天晴或加强通风措施,则地面仍可保持干燥。

3) 架空式地坪

在底层地坪下设通风隔层，使底层地坪不接触土壤，以改变地面的温度状况，从而减少冷凝水的产生，使返潮现象得到明显的改善。但由于增加了一层楼板，使得造价增加，如图3.24(c)所示。

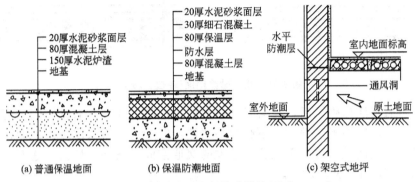

图 3.24 改善地面返潮的构造措施(单位：mm)

3.6 楼地层面层与顶棚装修构造

3.6.1 楼地面构造

楼地面构造即是楼板层和地坪层地面层，面层一般包括面层和面层下面的找平层两部分。楼地面的名称是以面层的材料和做法来命名的，如面层为木材，则称为木地面。

地面按其材料和工艺不同可分为五大类型，即整体地面、块材地面、木地面、卷材地面和涂料地面。

1. 整体地面

整体地面是指用现场浇筑的方法做成整片的地面。按地面材料不同有水泥地面、水磨石地面等。

1) 水泥地面

水泥地面构造简单，施工方便，造价低且能防潮防水，在一般民用建筑中采用较多。但地面易起灰，无弹性，热传导性高，且装饰效果较差。

水泥地面做法如下。

(1) 水泥砂浆地面。该地面是用水泥砂浆抹压而成。一般采用双层做法，先用15～20mm厚1∶3水泥砂浆打底找平，再用5～10mm厚1∶2水泥砂浆抹面，如图3.25所示。

(2) 水泥石屑地面。该地面是以石屑替代砂的水泥地面，也称豆石地面或瓜米石地面。这种地面近似水磨石地面，表面光洁。先做一层15～20mm厚1∶3水泥砂浆找平层，面层铺15mm厚1∶2水泥屑，提浆抹光即成。

2) 水磨石地面

水磨石地面是将用水泥做胶结材料、大理石或白云石等中等硬度石料的石屑做骨料而

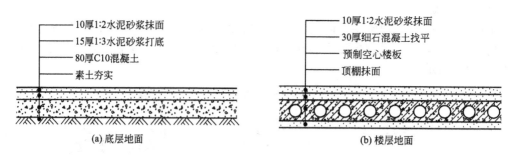

图 3.25　水泥砂浆地面(单位：mm)

形成的水泥石屑浆浇抹硬结后，经磨光打蜡而成。水磨石地面具有良好的耐磨性、耐久性、防水防火性，质地光洁美观，不起尘易清洁，但造价高于水泥砂浆地面，施工较复杂，无弹性。吸热性强，常用于人流量较大的交通空间和房间，如公共建筑的门厅、走廊、楼梯以及营业厅、候车厅等。

图 3.26　水磨石地面

水磨石地面的常见做法是先用 15～20mm 厚 1:3 水泥砂浆找平，分格固定金属或玻璃嵌条，再用 1:1.5 或 1:2 的水泥石渣浆抹面(厚度视石渣粒径)，待水泥凝结到一定硬度后，用磨光机打磨，再由草酸清洗，打蜡保护，如图 3.26 所示。

为便于施工和维修，并防止因温度变化而导致面层变形开裂，应用分格条将面层按设计的图案进行分格，这样做也可以增加美观。分格形状有正方形、长方形、多边形等，尺寸常为 400～1000mm。分格条按材料不同有玻璃条、塑料条、铜条或铝条等，施工时视装修要求而定。分格条通常在找平层上用 1:1 水泥砂浆嵌固，如图 3.27 所示。

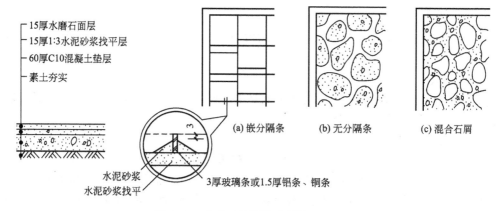

图 3.27　水磨石地面构造(单位：mm)

2. 块材地面

块材地面是利用各种块状材料镶铺在基层上面形成的地面。块材种类很多，常用的有各种面砖、石板以及各种其他人造块材等。结合层有刚性结合层和非刚性结合层两种。刚性结合层一般为水泥砂浆，非刚性结合层一般为粗砂、细炉渣等。当块材面积小、厚度薄，一般用刚性结合；当块材面积大、厚度厚，一般用非刚性结合层。

1) 铺砖地面

铺砖地面有粘土砖地面、水泥砖地面、预制混凝土块地面等。铺设方式按结合层做法有两种。

(1) 结合层为非刚性材料。在基层上铺一层20～40mm厚粗砂，将砖块、水泥预制块等直接铺设在砂上，板块间用砂或砂浆填缝，如图3.28(a)所示。

(2) 结合层为刚性材料。在基层上铺1∶3水泥砂浆10～20mm厚，粘贴各种砖块，然后用1∶1水泥砂浆灌缝，如图3.28(b)所示。

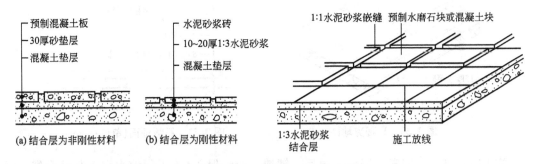

图 3.28 铺砖地面(单位：mm)

2) 缸砖、地面砖及陶瓷锦砖地面

缸砖是用陶土加矿物颜料烧制而成的一种无釉砖块，缸砖质地细密坚硬，强度较高，耐磨、耐水、耐油、耐酸碱，易清洁不起灰，施工简单，因此广泛用于卫生间、浴室、厨房实验室等有腐蚀性液体的房间地面。

缸砖构造做法，通常是在15～20mm厚1∶3水泥砂浆找平层上用5～10mm厚1∶1水泥砂浆粘贴，并用素水泥浆扫缝，如图3.29所示。

地面砖的各项性能都优于缸砖，且色彩图案丰富，装饰效果好，造价也较高，多用于装修标准较高的建筑物地面。

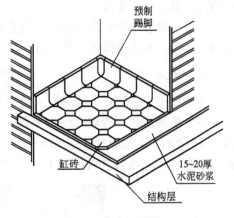

图 3.29 缸砖地面(单位：mm)

地面砖构造做法，在基层上抹素水泥浆结合层一道，20mm厚1∶4水泥砂浆结合层，在面砖背后刮3～4mm厚1∶2水泥砂浆粘贴面砖，用素水泥浆擦缝。

陶瓷锦砖又称马赛克，是以优质瓷土烧制而成的小尺寸瓷砖，如图3.30所示。陶瓷锦砖质地坚硬，经久耐用，色泽多样，耐磨、防水、耐腐蚀、易清洁，适用于有水、有腐蚀的地面。陶瓷锦砖有不同的大小、形状和颜色，并由此面可以组合成各种图案，使饰面能达到一定艺术效果。

陶瓷锦砖做法类同缸砖，后用滚筒压平，使水泥胶挤入缝隙，用水洗去牛皮纸，用白水泥擦缝。

3) 石板地面

石板地面包括天然石地面和人造石地面。天然石有大理石和花岗石等，由于它们质地坚硬，色泽丰富艳丽，属高档地面装饰材料，一般用于高级宾馆、会堂、公共建筑的大厅、门厅等处。

厚度较大的天然石板面层下应采用1:4~1:6水泥的半刚性结合层，厚度为20~30mm；厚度较薄的天然石板面层下应采用1:2水泥砂浆的刚性结合层，厚度为10~15mm，如图3.31所示。

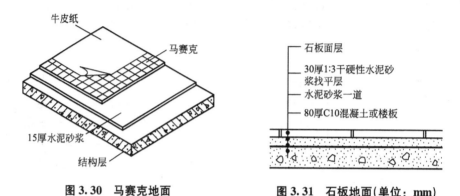

图 3.30　马赛克地面　　　　图 3.31　石板地面(单位：mm)

施工时在基层上刷素水泥浆一道后，铺摊30mm厚1:4干硬性水泥砂浆结合层，面上撒2mm厚素水泥(撒适量清水)，随即铺设石板，用木槌轻敲使其平整，洒干水泥粉浇水扫缝，最后过草酸打蜡。

人造石板有预制水磨石板、人造大理石板等，其规格尺寸及地面的构造做法与天然石板基本相同，而价格低于天然石板。

3. 木地面

木地面是指表面有木板铺钉或胶合而成的地面，优点是富有弹性、不起砂、不起灰、易油漆、易清洁、不返潮、纹理美观、蓄热系数小，常用于较高级的建筑室内装修，如图3.32所示。木地面从板条规格及组合方式上，可分为普通木地面、硬木条形地面和拼花木地面；从木地面材料不同有纯木材、复合木地板等。纯木材的木地面系指以柏木、

图 3.32　木地面

杉、松木、柚木、紫檀等有特色木纹与色彩的木材做成木地板，要求材质均匀，无节疤。而复合木地板则是一种两面贴上单层面板的复合构造的木板。木地面按构造方式不同有空铺式、实铺式和粘贴式三种。

空铺式木地面是将支承木地板的搁栅架空搁置，木搁栅可搁置于墙上，当房间尺寸较大时，也可搁置于地垄墙或砖墩上，如图 3.33 所示。空铺木地面应组织好架空层的通风，通常在外墙勒脚处开设通风洞，有地垄墙时，地垄墙上也应留洞，使地板下的潮气通过空气对流排至室外。空铺式木地面构造复杂，耗费木材较多，因而采用较少。

实铺式木地面是直接在实体基层上铺设的地面。实铺式木地面有铺钉式和粘贴式两种做法，如图 3.34 所示。

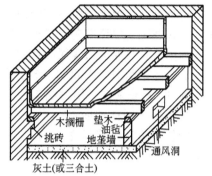

图 3.33 空铺式木地面

铺钉式实铺木地面是将木搁栅直接放在结构层上，木搁栅截面一般为 50mm×50mm，经在地面弹线定位(中距小于 400mm)并钻孔打入木楔或塑料楔后，以每个连接点一钉一螺固定，搁栅下面可以放入木楔，以调整不平的情况。调整后在上面钉约 16～20mm 厚的企口木地板。地板钉一般从企口处的侧边钉入，以防钉头外露，如图 3.34(b)所示。

粘贴式实铺木地面是将木地板用沥青胶或环氧树脂等粘结材料直接粘贴在找平层上，若为底层地面，则应在找平层上做防潮层，或直接用沥青砂浆找平。粘贴式实铺木地面由于省略了搁栅，比铺钉式节约木材，造价低，施工简便，应用较多，如图 3.34(c)所示。

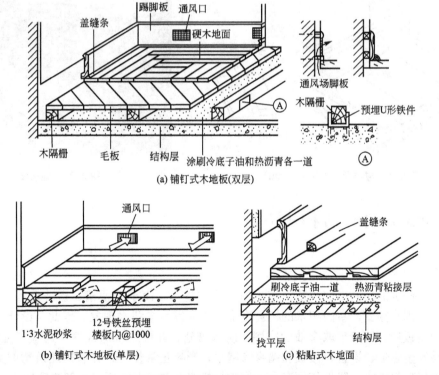

图 3.34 实铺式木地面(单位：mm)

4. 卷材地面

卷材地面包括一切以有机物质为主所制成的地面覆盖材料。优点是卷材地面装饰效果好，色彩鲜艳，施工简单，维修保养方便，有一定弹性，脚感舒适，噪声小。缺点是易老化，耐久性差，耐热性差，易产生凹陷和划痕。常用卷材地面有地毡地面、涂布地面。

常用的塑料地毡为聚氯乙烯塑料地毡和聚氯乙烯石棉地板。聚氯乙烯石棉地砖一般是在聚氯乙烯树脂中掺入60%~80%的石棉绒和碳酸钙填料，质地较硬，常做成块状，规格常为300mm见方，用粘结剂拼缝粘贴。聚氯乙烯塑料地毡，又称地板胶，是软质卷材，可直接干铺在地面上，也可在塑料板底满涂氯丁橡胶粘结剂1~2遍后进行铺贴。地面的拼接方法是将板先切割成V形，然后用三角形塑料焊条、电焊枪焊接，如图3.35所示。

5. 涂料地面

涂料地面和涂布无缝地面，它们的区别在于前者以涂刷方法施工，涂层较薄；而涂布地面以刮涂方式施工，涂层较厚。

用于地面的涂料有地板漆、过氯乙烯地面涂料、苯乙烯地面涂料等，如图3.36所示。这些涂料施工方便，造价较低，可以提高地面耐磨性和韧性以及不透水性。适用于民用建筑中的住宅、医院等。但由于过氯乙烯、苯乙烯地面涂料是溶剂型的，施工时有大量有机溶剂逸出，污染环境；另外，由于涂层较薄，耐磨性差，因而不适于人流密集，经常受到物或鞋底摩擦的公共场所。

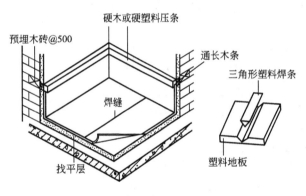

图3.35 卷材地面(单位：mm)

图3.36 地板漆

3.6.2 楼地面防潮、防水和隔声构造

1. 楼板层防水

对有水侵蚀的房间，如厕所、盥洗室、淋浴室等，由于小便槽、盥洗台等各种设备、水管较多，用水频繁，室内积水的机会也多，容易发生渗漏水现象。因此，设计时需对这些房间的楼板层、墙身采取有效的防潮、防水措施。如果忽视这样的问题或者处理不当，就很容易发生管道、设备、楼板和墙身渗漏水，影响正常使用，并有碍建筑物的美观，严重的将破坏建筑结构，降低使用寿命。通常从排水和防水两方面着手解决问题。

1) 楼面排水

为便于排水，楼面需有一定坡度，并设置地漏，引导水流入地漏。排水坡一般为1%，不应小于0.5%。为防止室内积水外溢，对有水房间的楼面或地面标高应比其他房间或走廊低20~30mm，如图3.37所示；若有水房间楼地面标高与走廊或其他房间楼、地面标高相平时，也可在门口做高出20~30mm的门槛。

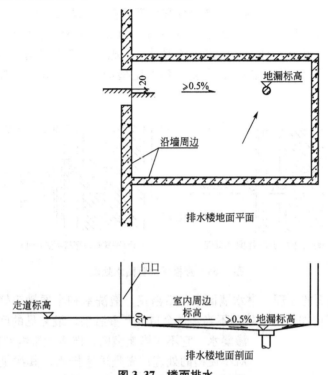

图3.37 楼面排水

2) 楼板、墙身的防水处理

楼板防水要考虑多种情况及多方面的因素，通常需解决以下问题。

(1) 楼板防水。对有水侵袭的楼板应以现浇为佳。对防水质量要求较高的地方，可在楼板与面层之间设置防水层一道，常见的防水材料有卷材防水、防水砂浆防水或涂料防水层，以防水的渗透，然后再做面层，如图3.38所示。

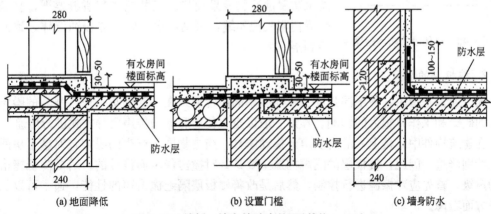

图3.38 楼板、墙身的防水处理（单位：mm）

有水房间地面常采用水泥地面、水磨石地面、马赛克地面、地砖地面或缸砖地面等。为防止水沿房间四周侵入墙身,应将防水层沿房间四周墙边向上伸入踢脚线内100～150mm,并做混凝土翻边,高厚不小于120mm,如图3.38(c)所示。当遇到开门处,其防水层应铺出门外至少250mm。

(2) 穿楼板立管的防水处理。一般采用两种办法:一是在管道穿过的周围用C20干硬性细石混凝土捣固密实,再以两布二油橡胶酸性沥青防水涂料做密封处理,如图3.39(a)所示;二是对某些暖气管、热水管穿过楼板层时,为防止由于温度变化,出现胀缩变形,致使管壁周围漏水,故常在楼板走管的位置埋设一个比热水管直径稍大的套管,以保证热水管能自由伸缩而不致影响混凝土开裂。套管比楼面高出30mm左右,如图3.39(b)所示。

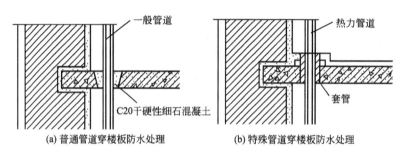

图3.39　穿楼板立管防水处理

(3) 对淋水墙面的处理。淋水墙面常包括浴室、盥洗室和小便槽等处有水侵蚀墙体的情况。对于这些部位如果防水处理不当,也会造成严重后果。最常见的问题是男小便槽的渗漏水,它不仅影响室内,严重地影响到室外或其他房间。对小便槽的处理首先是迅速排水,其次是小便槽本身需用混凝土材料制作,内配构造钢筋(4～6@200～300双向钢筋网),槽壁厚40mm以上。为提高防水质量,可在槽底加设防水层一道,并将其延伸到墙身,如图3.40所示。然后在槽表面做水磨石面层或贴瓷砖。水磨石面层由于经常受人尿侵蚀或水冲刷,使用时间长,表面受到腐蚀,致使面层呈粗糙状,变成水刷石,容易积脏。一般贴瓷砖或涂刷防水防腐蚀涂料效果较好。但贴瓷砖其拼缝要严,且需用酚醛树脂胶泥勾缝,否则,水、尿仍能侵蚀墙体,致使瓷砖剥落。

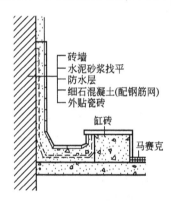

图3.40　小便槽的防水处理

2. 楼板层的隔声

噪声通常是指由各种不同强度、不同频率的声音混杂在一起的嘈杂声,强烈的噪声对人们的健康和工作有很大的影响。噪声一般以空气传声和撞击传声两种方式进行传递。

在建筑构件中,楼上人的脚步声,拖动家具、撞击物体所产生的噪声,对楼下房间的干扰特别严重。因此,楼板层的隔声构造主要是针对撞击传声而设计的。若要降低撞击传声的声级,首先应对振源进行控制,然后是改善楼板层隔绝撞击声的性能,通常可以从以下三方面考虑。

(1)对楼面进行处理。在楼面上铺设富有弹性的材料。板本身的振动,使撞击声声能减弱,如地毯、橡胶地毡、塑料地毡、软木板等,以降低楼采用这种措施,效果是比较理想的,如图3.41所示。

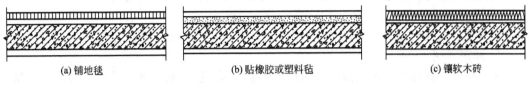

图 3.41　对楼面进行隔声处理

(2)利用弹性垫层进行处理。即在楼板结构层与面层之间增设弹性垫层,以降低结构的振动。弹性垫层可以是木丝板、甘蔗板、软木片、矿棉毡等具有弹性的材料。构造做法是使楼面与楼板完全被隔开,形成浮筑层,所以这种楼板层又称浮筑楼板,如图3.42所示。

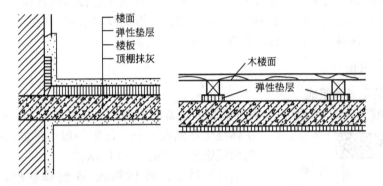

图 3.42　浮筑楼板

(3)作楼板吊顶处理。在楼板下做吊顶,利用隔绝空气声的措施来降低其撞击声。对隔声要求高的空间,可在顶棚上铺设吸声材料,同时,吊杆采用弹性连接,则隔声能力可大大提高,如图3.43所示。

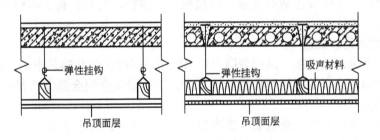

图 3.43　利用吊顶棚隔声

3.6.3　顶棚装修构造

顶棚是位于楼盖和屋盖下的装饰构造,又称天棚、天花板。顶棚的设计与选择要考虑到建筑功能、建筑声学、建筑热工、设备安装、管线敷设、维护检修、防火安全和装饰空间等综合因素。按构造不同,顶棚有直接式顶棚和吊顶式顶棚两种。

1. 直接式顶棚

直接式顶棚系指直接在钢筋混凝土楼板下喷、刷、粘贴装修材料的一种构造方式。多用于大量性工业与民用建筑中,直接式顶棚装修常见的有以下几种处理。

1) 喷刷顶棚

当要求不高或楼板底面平整时,可在板底嵌缝后喷(刷)石灰浆或涂料二道。

2) 抹灰顶棚

板底抹灰,其做法是先在顶棚屋面板或楼板上刷一道纯水泥浆,使抹灰层能与基层很好地粘合,然后用1∶1∶6混合砂浆打底,再做面层抹灰。面层可以喷刷各种内墙涂料或浆料,也可以裱糊壁纸或壁布。常用的有纸筋石灰浆顶棚、混合砂浆顶棚、水泥砂浆顶棚、麻刀石灰浆顶棚、石膏灰浆顶棚。

3) 粘贴顶棚

当屋面板或楼板底面平整光滑时,也可将搁栅直接固定在楼板的底面上,这种搁栅一般采用30mm×40mm方木,以500~600mm的间距纵横双向布置,表面再用各种板材饰面,如聚氯乙烯材料板、石膏板、装饰吸声板、塑胶板等。

2. 吊顶式顶棚

1) 吊顶的定义及组成

吊顶式顶棚又称"吊顶",它离开屋顶或楼板的下表面有一定的距离,通过悬挂物与主体结构联结在一起。吊顶一般由吊筋(吊杆)、龙骨、饰面板组成,如图3.44所示。

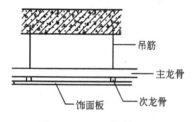

图3.44 吊顶棚的组成

(1) 吊筋。φ6钢筋或φ8镀锌铁丝,中距1.2~1.5m,固定在楼板下。

(2) 龙骨。按受力状态可分为主龙骨和次龙骨,主龙骨为吊顶的主要承重构件,次龙骨用于固定面板;按材料不同分木龙骨和金属龙骨。

(3) 饰面板。饰面板包括石膏板、钙塑板、铝塑板、铝合金板、不锈钢板、矿棉板、矿纤板等。

2) 金属龙骨吊顶构造

根据建筑防火规范要求,吊顶的防火要求较高,因此在公共建筑中,木质龙骨已很少使用,而代之以铝合金等材料制作的轻钢龙骨。下面着重介绍金属龙骨吊顶的构造做法,如图3.45所示。

金属吊顶主要由金属龙骨基层与装饰面板组成。金属龙骨由吊筋、主龙骨、次龙骨和横撑龙骨组成。吊筋一般采用φ6钢筋或φ8镀锌铁丝,中距1.2~1.5m,固定在楼板下。吊顶的吊筋可以在楼板施工中预留,也可以用膨胀螺栓打入楼板底固定。但对于膨胀螺栓难于发挥拉结作用的楼板,如预制钢筋混凝土多孔板,应设法以墙或梁等构件为支座,通过增设小型钢梁等方法,给吊筋以有效的连接点。主龙骨间距通常为1m左右,次龙骨间距视面层材料而定,一般为300~500mm。为铺装面板,还应在龙骨之间增设横撑,横撑间距视面板规格而定。装饰面板可借沉头自攻螺钉固定在龙骨和横撑上,也可放置在倒T形龙骨的翼缘上,如图3.45(b)所示。

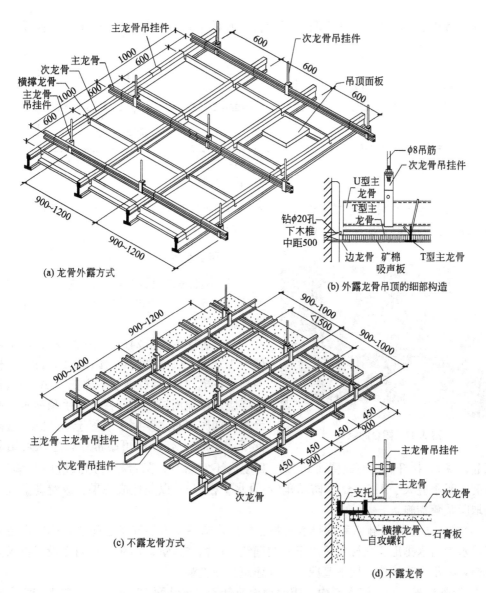

图 3.45 金属吊顶构造(单位：mm)

3.7 阳台及雨篷

3.7.1 阳台

阳台用于有楼层的建筑，供人进行户外活动的平台或空间。

1. 阳台的类型与组成

阳台按支承方式的不同可分为悬挑式、支承式、吊挂式；按阳台与外墙的相对位置关系，可分为凸阳台、凹阳台和半凸半凹阳台等几种形式，如图3.46所示；按性质分生活阳台和服务阳台。

图3.46 阳台类型

阳台由承重构件阳台板（或梁板）、护栏及扶手组成，如图3.47所示。在设计中充分考虑坚固耐久的同时，应解决好使用、美观的功能。

图3.47 阳台的组成

2. 阳台的构造设计要求

（1）阳台挑出长度为1.5m左右；当挑出长度超过1.5m时，应做凹阳台或采取可靠的防倾覆措施。

（2）临空高度在24m以下时，栏杆高度不应低于1.05m，临空高度在24m及24m以上（包括中高层住宅）时，栏杆高度不应低于1.10m（栏杆高度应从楼地面或屋面至栏杆扶手顶面垂直高度计算，如底部有宽度大于或等于0.22m，且高度低于或等于0.45m的可踏部位，应从可踏部位顶面起计算）；栏杆离楼面或屋面0.10m高度内不宜留空；阳台栏杆形式应防坠落（垂直栏杆间净距不应大于110mm）、防攀爬（不设水平栏杆），以免造成恶果。放置花盆处，也应采取防坠落措施。

（3）阳台排水有外排水和内排水两种。外排水适用于低层和多层建筑，即在阳台外侧设置泄水管将水排出。内排水适用于高层建筑和高标准建筑，即在阳台内侧设置排水立管和地漏，将雨水直接排入地下管网，保证建筑立面美观。

① 为避免阳台雨水流入室内，阳台地面应低于室内地面30～60mm，并沿排水方向做排水坡。

② 阳台板上面应预留排水孔。其直径≥32mm，伸出阳台外应有80～100mm，排水坡度为1‰～2‰，如图3.48所示。

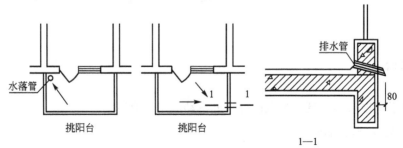

图3.48 阳台排水构造

3. 阳台的结构布置方式

除了做退台处理的阳台及本身具有落地的垂直支撑的阳台外，其他阳台都是出挑的构件，其结构形式一般采用悬挑结构形式：挑梁式和挑板式。悬挑阳台与建筑主体相连部分必须为刚性连接。例如，出挑小于1.2m，可考虑作挑板处理，而当出挑较大时，则需采用挑梁式。

1) 挑梁式

挑梁式结构是指从承重内墙或柱上出挑梁，再在梁上搁置楼板的结构布置形式。荷载由阳台板传给梁，再由梁传给墙或柱，结构传力直接明确。挑梁根部截面高度 H 为 $(1/5\sim1/6)L$，L 为悬挑净长，截面宽度为 $(1/2\sim1/3)H$。为美观起见，可在挑梁端头设置面梁，既可以遮挡挑梁头，又可以承受阳台栏杆重量，还可以加强阳台的整体性，如图 3.49(a)、(b)所示。

2) 挑板式

当楼板为现浇楼板时，可选择挑板式，悬挑长度一般小于1.0m。即从墙梁挑出板，墙梁的截面应比圈梁大，以保证阳台的稳定，同时最好有一段现浇板与悬挑阳台板配平。板底平整美观而且阳台平面形式可做成半圆形、弧形、梯形、斜三角等各种形状。挑板厚度不小于挑出长度的1/12，并在墙梁两端设拖梁压入墙内，如图 3.49(c)所示。

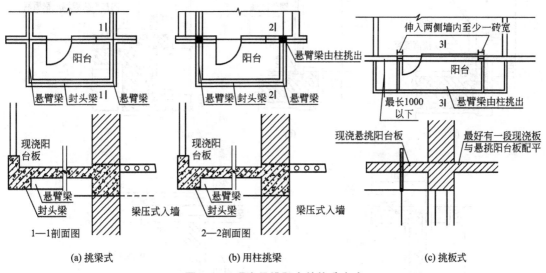

图 3.49 现浇悬挑阳台的构造方式

4. 阳台细部构造

阳台护栏根据其外形分为实心栏杆、透空栏杆和部分透空的组合式栏杆，如图 3.50 所示。

1) 栏杆与扶手的连接

栏杆与扶手的连接方式有焊接、现浇等方式，如图 3.51 所示。

2) 扶手与墙的连接

应将扶手或扶手中的钢筋伸入外墙的预留洞中，用细石混凝土或水泥砂浆填实固牢；现浇钢筋混凝土栏杆与墙连接时，应在墙体内预埋 240mm×240mm×120mm 的 C20 细石混凝土块，从中伸出 2φ6，长 300mm，与扶手中的钢筋绑扎后再进行现浇，如图 3.52 所示。

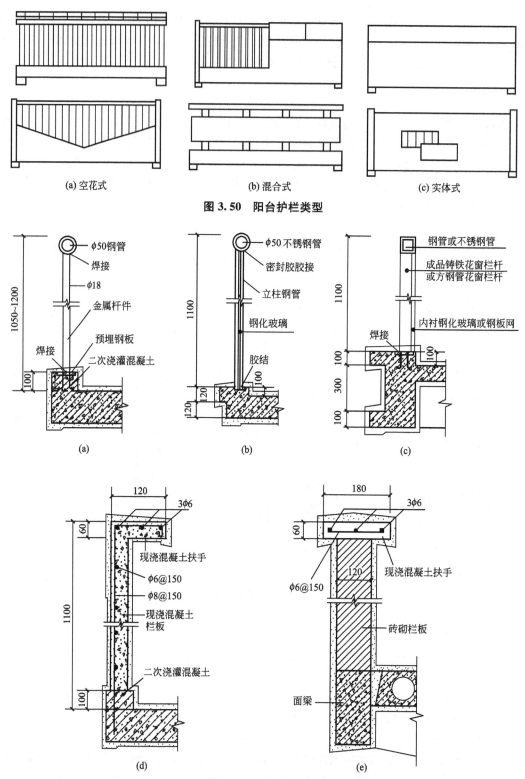

图 3.50 阳台护栏类型

图 3.51 栏杆与扶手的连接(单位：mm)

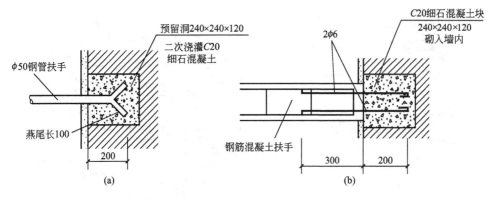

图 3.52 扶手与墙体的连接(单位：mm)

3.7.2 雨篷

雨篷是建筑物入口位于外门上部，用于遮挡雨水、保护外门免受雨水侵害的并起一定装饰作用的水平构件。与其作用相近似的部件还有遮阳。遮阳多是设置在外窗的外部，用于遮挡直射阳光的。

雨篷的支撑方式多为悬挑式和悬挂式，悬挑式雨篷又分为悬板式和悬挑梁板式。悬挂式采用的是装配构件，通常采用钢结构，这样的雨篷造型丰富，更具现代感，如图 3.53 所示。

1. 悬挑式雨篷

1) 悬板式

悬板式雨篷外挑长度一般为 800~1500mm，板根部厚度不小于挑出长度 1/12。雨篷宽度比门洞每边宽 250mm。悬板式雨篷设计与施工时务必注意控制面钢筋的保护层厚度，防止施工

图 3.53 雨篷

时将板面钢筋下压而降低了结构安全度甚至出现安全事故。雨篷排水方式可采用无组织排水和有组织排水两种，如图 3.54(a)为无组织排水，图 3.54(b)、(c)为有组织排水。雨篷顶抹 20mm 厚，为 1:2 水泥砂浆内掺 5% 防水剂，雨篷与墙体相连接处应抹防水砂浆，泛水高不少于 250mm，且不少于雨篷翻边。板底抹灰可采用纸筋灰或水泥砂浆。采用有组织排水时，板边应做翻边，如反梁，高度不小于 200mm，并在雨篷边设泄水管，小型雨篷常用水舌排水。

2) 悬挑梁板式

悬挑梁板式雨篷多用在挑出长度较大的入口处，如影剧院、商场、办公楼等。为使板底平整，多作反梁式，如图 3.54(b)所示。

2. 悬挂式雨篷

对于钢构架金属雨篷和钢与玻璃组合雨篷常用钢斜拉杆，以抵抗雨篷的倾覆。有时为了建筑立面效果的需要，立面挑出跨度大，也用钢构架带钢斜拉杆组成的雨篷，如图 3.54(d)所示。

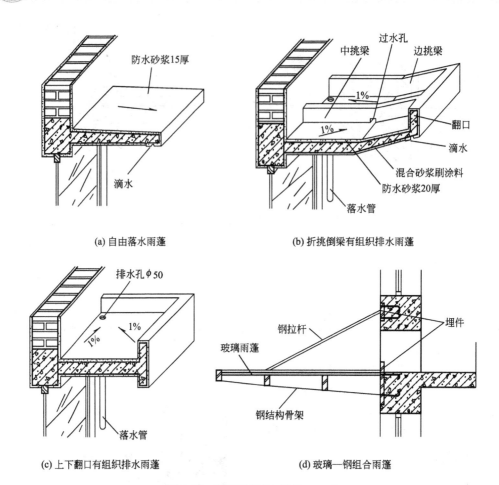

图 3.54 雨篷的构造(单位：mm)

本 章 小 结

楼板的类型	• 木楼板 • 钢筋混凝土楼板 • 压型钢板组合楼板
楼地层的功能与设计要求	• 功能：水平分隔、传递荷载、防水防潮、隔声防火 • 设计要求：具有足够的强度和刚度，满足隔声、热工、防水防潮、防火等方面的要求，满足经济要求
楼板层构造	• 构造层次：主要由面层、结构层、顶棚层和附加层组成 • 钢筋混凝土楼板：现浇整体式、预制装配式、预制装配整体式 • 现浇整体式钢筋混凝土楼板：板式楼板、梁板式楼板、现浇密肋无梁楼板 • 预制装配式钢筋混凝土楼板：实心平板、槽形板、空心板、T形板 • 预制装配整体式楼板：预制薄板叠合楼板、压型钢板组合楼板

(续)

地坪层构造	• 构造层次：面层、垫层、素土夯实层和附加层 • 防止地面返潮构造：保温地面、吸湿地面、架空式地坪
楼地层面层与顶棚装修构造	• 楼地面装修类型：整体地面、块材地面、塑料地面木地面 • 楼地面装修注意防潮、防水和隔声 • 顶棚装修构造：直接式顶棚、吊顶式顶棚
阳台及雨篷	• 阳台的类型 • 阳台结构布置方式：挑梁式、挑板式 • 注意阳台排水构造、阳台栏杆尺寸与细部构造等 • 雨篷：悬梁式、悬挂式

习 题

一、思考题

1. 楼板层、地坪层的相同与不同之处有哪些？基本组成有哪些？各有何作用？
2. 楼板层、地坪层的设计要求有哪些？
3. 现浇整体式钢筋混凝土楼板分几种？优缺点及适用范围？
4. 预制板搁置在墙上、梁上有什么要求？
5. 梁板式楼板的各种尺寸如何确定？经济尺度是多少？布置时应注意什么问题？
6. 空心板布板时应注意那些问题？板缝应如何处理？
7. 井式楼板和无梁楼板的特点及适用范围。
8. 整体类地面各种做法，优缺点和适用范围是什么？
9. 楼板的隔声构造是什么？其构造原理是什么？
10. 轻钢龙骨吊顶的构造做法及构造要点是什么？
11. 阳台的设计要求是什么？
12. 悬挑雨篷的构造做法是什么？

二、选择题

1. 下列有关使用水泥砂浆结合层铺设陶瓷地砖的构造要求，其中哪一条不恰当？（　　）

    A. 水泥砂浆结合层应采用干硬性水泥砂浆

    B. 水泥砂浆结合层的体积比应为 1∶2

    C. 水泥砂浆结合层的厚度应为 20～25mm

    D. 地砖的缝隙宽度，采用密封时不大于 1mm，采用勾缝时 5～10mm

2. 在下列有关轻钢龙骨石膏板吊顶内安装水、电、通风设备的表述中，哪一条是不正确的？（　　）

    A. 吊顶上的轻型灯具，可以挂在原有大、中龙骨或附加大、中龙骨上

    B. 吊顶上的电扇应固定在建筑主体结构上

    C. 吊顶上质量大于 8kg 的吊灯应固定在建筑主体结构上

    D. 吊顶内的风道可将支架固定在吊顶的吊杆上，但吊杆应采用 $\phi 8$ 钢筋

3. 下列地面面层中哪一种不适合用作较高级餐厅楼地面面层?(　　)
   A. 水磨石　　　　　　　　　　　　B. 陶瓷锦砖(马赛克)
   C. 防滑地板　　　　　　　　　　　D. 水泥砂浆
4. 关于条木地板,下列技术措施哪一项是错误的?(　　)
   A. 侧面带有企口的木板宽度不应大于120mm,厚度应符合设计要求
   B. 面层下毛地板、木搁栅、垫木等要作防腐处理
   C. 木板面层与墙面紧贴,并用木踢脚板封盖
   D. 木搁栅与墙之间宜留出20mm的缝隙
5. 下列整体式水磨石楼地面面层的做法中,哪一条正确?(　　)
   A. 水泥与石粒之比一般为1∶1.5～1∶2.5
   B. 石子粒径一般为4～12mm
   C. 水磨石面层厚度一般为10～15mm
   D. 美术水磨石水泥中掺入矿物的量不宜大于水泥重量的20%
6. 下列防水材料中,哪一种较适合用作管道较多的卫生间、厨房的楼面防水层?(　　)
   A. 三毡四油石油沥青纸胎油毡　　　B. 橡胶改性沥青油毡
   C. 聚氯乙烯防水卷材　　　　　　　D. 聚氨酯防水涂料

三、判断题
1. 根据使用的材料不同,楼板分木楼板、钢筋混凝土楼板、压型钢板组合楼板。
(　　)
2. 单向板的平面长边与短边之比≥3,双向板的平面长边与短边之比≤2.5。(　　)
3. 垫层是承受并传递荷载给地基的结构层,垫层有刚性垫层和非刚性垫层之分。刚性垫层常用低强度等级混凝土,一般采用C10混凝土,其厚度为80～100mm。(　　)
4. 阳台挑出长度根据使用要求确定,阳台地面应低于室内地面60mm左右,以免雨水流入室内,并应做一定坡度和布置排水设施,使排水顺畅。(　　)

第4章
楼梯、坡道及电梯、自动扶梯

知识目标

- 熟悉和掌握楼梯的构件组成和类型。
- 了解楼梯的功能和设计要求。
- 熟悉和掌握楼梯的尺度以及梯段、楼梯平台、栏杆扶手等各部分尺寸,包括适宜的坡度确定、楼梯踏步尺寸的合理确定和计算、楼梯净空高度、平台下开口的方法等。
- 熟悉和掌握现浇钢筋混凝土楼梯的结构形式、组成,双跑楼梯的结构布置;预制装配式楼梯的类型、结构形式与组合关系。
- 熟悉和掌握楼梯的细部构造,包括踏步面层处理、栏杆和扶手构造、楼梯基础等。
- 熟悉和掌握室外台阶的材料与一般做法,室外坡道的材料与设计要求,无障碍设计对坡道的构造要求与尺度。
- 熟悉和掌握电梯的类型及构造组成,对井道、地坑、电梯机房的设计及构造要求;无障碍电梯的设计要求等。
- 熟悉和掌握自动扶梯的构造组成以及设计要求。

导入案例

迈耶的史密斯住宅是他设计风格的成熟作品,这座独立式住宅位于一片宜人的环境中,入口从浓密的树林和岩石中进入,而主立面直接面向沙滩与大海。住宅本身以功能关系划分为实体的与开敞的两部分,从而形成了清晰的形式逻辑关系:一条长坡道从丛林引向住宅,入口切入住宅的实体部分,与住宅内部的水平走廊连接,水平走廊又在每个层面连接了两个成对角布局的楼梯,交通流线就这样将住宅私密与公共两部分有机地结合在一起。住宅形式的许多方面,如几何形态、坡道、色彩以及上下贯通的起居室等都延续了现代建筑的语言。但是,迈耶独特的风格在于他进一步强调了建筑生成的自主性与形式秩序感,同时也更自觉地建立了建筑与场地、环境的有机联系。

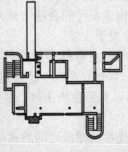

迈耶的史密斯住宅

4.1 概述

在建筑物中联系不同高度空间的人和货物运输的设施主要有楼梯、坡道、台阶、爬梯、电梯、滚梯（自动扶梯）等，这些是建筑物内部或建筑物与外部环境之间重要的竖向交通与交流的工具。

楼梯是使用最为广泛的交通设施，主要是供上下层建筑空间之间的交通，同时也是多层和高层建筑的紧急疏散设施。坡道是连接不同高度，供车辆、轮椅、推车等轮式交通工具通行的斜坡式交通设施。台阶是指用于室内外地坪之间以及室内不同标高处的阶梯形踏级。爬梯一般是指楼梯段的坡度超过45°，上下行需要借助双手的垂直通行设施。电梯是利用电力带动轿厢运行，在垂直方向运送人员或货物的竖向交通设备。自动扶梯又称滚梯，外形与普通楼梯相仿，是通过链式输送机斜向输送的交通设备，适用于有大量、连续人流的大型商业、展览、体育、交通设施。

在相当长的时间里，台阶和坡道作为联系不同高度空间的手段，广泛用于人和货物的运输。室内楼梯的产生是建筑空间发展与人类进步的标志，它不同于高台的单一空间，是从单层空间到多层空间，到空间竖向重叠利用的必然产物。在相当长的时间里，楼梯作为空间上下联系的单纯手段和服务性工具，隐藏于主要使用空间之外，形成封闭性很强的楼梯间。楼梯作为表现手段的利用，大量出现在巴洛克以后的建筑中，作为动感、庄严、典雅的手法和工艺的表现。

4.2 楼梯的构件组成与类型

4.2.1 楼梯的构件组成

楼梯主要由楼梯段、楼梯平台、栏杆扶手三部分组成，如图4.1所示。

1）楼梯段

设有踏步供建筑物楼层之间上下行走的通道段落称为楼梯段，俗称"梯跑"。踏步可分为踏面（供行走时踏脚的水平部分）和踢面（形成踏步高差的垂直部分），踏步尺寸决定了楼梯的坡度。为了构造设计的合理性和人流通行的舒适性，楼梯段的踏步级数一般不宜超过18级，但也不应少于3级。

两段楼梯段之间的空隙称为楼梯井，梯井一般是为楼梯施工方便和消防要求而设置的，其宽度一般在100mm左右，公共建筑楼梯梯井的净宽不应小于150mm，当楼梯井净宽大于200mm，有儿童经常使用时，必须采取安全措施，防止儿童坠落。

2）楼梯平台

楼梯平台是指连接两梯段之间的水平部分，平台可用来供楼梯转折、连通某个楼层或供使用者在行走一定距离后休息。与楼层标高相一致的平台称为楼层平台，介于两个楼层之间的平台称为中间平台。

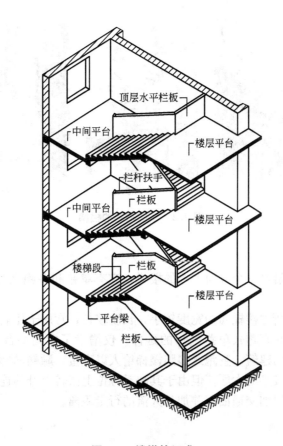

图 4.1 楼梯的组成

3) 栏杆扶手

栏杆是布置在楼梯梯段和平台边缘处有一定安全保障度的围护构件；栏杆或栏板顶部供人们行走倚扶的连续构件称为扶手。楼梯段应至少在一侧设扶手，楼梯段宽达三股人流（1650mm）时应两侧设扶手，达四股人流（2200mm）时应加设中间扶手。扶手也可设在墙上，称为靠墙扶手。

4.2.2 楼梯的类型

楼梯按其所在位置可分为室内楼梯和室外楼梯；按其使用性质可分为主要楼梯、辅助楼梯、疏散楼梯和消防楼梯；按其材料可分为木楼梯、钢楼梯和钢筋混凝土楼梯等，如图 4.2 所示。

楼梯按照其外观形式和构造特点可分为直跑式、双跑式、三跑式、多跑式及弧形和螺旋形等各种形式，如图 4.3 所示。双跑楼梯是最常用的一种，楼梯的平面类型与建筑平面有关，当楼梯的平面为矩形时，适合做成双跑式；接近正方形的平面，可以做成三跑式或多跑式；圆形的平面可以做成螺旋形楼梯。有时楼梯的形式还要考虑到建筑物内部的装饰效果，如建筑物正厅的楼梯常常做成双分式和双合式等形式。

(a) 木楼梯　　　　　　　　(b) 钢楼梯　　　　　　　　(c) 钢筋混凝土楼梯

图 4.2　不同材料的楼梯

1. 直跑式楼梯

直跑式楼梯是指沿着一个方向上楼的楼梯，它有单跑和多跑之分，如图 4.3(a)、(b) 所示。

直跑式单跑楼梯所占楼梯间的宽度较小，长度较长，常用于住宅等层高较小的建筑。直跑式多跑楼梯是直跑式单跑楼梯的延伸，仅增设了中间平台，将单梯段变为多梯段，适用于层高较大的建筑。直跑式多跑楼梯给人以直接、顺畅的感觉，导向性强，在公共建筑中常用于人流较多的大厅。但由于其缺乏方位上回转上升的连续性，当用于需上多层楼面的建筑时，会增加交通面积并加长人流的行走距离。

2. 平行双跑式楼梯

平行双跑式楼梯是指第二跑楼梯段折回与第一跑楼梯段平行的楼梯，如图 4.3(c) 所示。此种楼梯由于上完一层楼后刚好回到原起步方位，与楼梯上升的空间回转往复性吻合，与直跑楼梯相比节约了面积，并缩短了人流行走的距离，使得所占楼梯间长度较短、面积紧凑、使用方便，是建筑物中较多采用的楼梯形式之一。

3. 合分式楼梯

合分式楼梯形式是在平行双跑式楼梯的基础上演变而来的，包括双分式楼梯（又称合上双分式楼梯）与双合式楼梯（又称分上双合式楼梯）两类，如图 4.3(d)、(e) 所示。

双分式楼梯是指第一跑为一个较宽的梯段，经过平台后分成两个较窄的楼梯段与上一楼层相连的楼梯；双合式楼梯是指第一跑为两个较窄的楼梯段，经过平台后合成一个较宽的楼梯段与上一楼层相连的楼梯。

双分式楼梯与双合式楼梯的区别仅在于楼层平台起步的第一跑梯段，前者在中间后者在两边。由于合分式楼梯的造型严谨对称，因此适宜布置在公共建筑的门厅中。

4. 折形式楼梯

折形式楼梯是指第二跑楼梯段变向同第一跑梯段方向垂直的楼梯，又称曲尺形楼梯，如图 4.3(f)、(g) 所示。折形式楼梯适宜布置在房间的一角。折形多跑式楼梯是指楼梯梯段较多的楼梯，常指折形三跑式、折形四跑式楼梯。由于多跑式楼梯的梯段围绕的中间部分形成较大的楼梯井，因而不能用于幼儿园、中小学校等儿童经常使用楼梯的建筑。通常

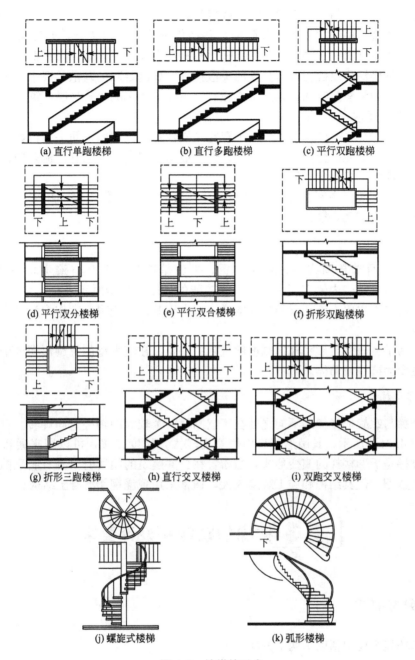

图 4.3 楼梯的形式

由于两跑楼梯长度不够,或者为了楼梯井顶部采光以及布置电梯,或为了美观等要求而采用。

5. 交叉式楼梯

1) 直行交叉式楼梯

直行交叉式(剪刀式)楼梯可认为是由两个直行单跑楼梯交叉并列布置而成,如图 4.3(h)所示,通行的人流量较大,且能为上下楼层的人流提供两个方向,对于空间开敞,楼层人流多时进出有利，但仅适合层高较小的建筑。

若在交叉式楼梯中间加上防火分隔墙，并在楼梯周边设防火墙，开防火门形成楼梯间，就可以构成防火交叉式楼梯。其特点是两边梯段空间互不连通，形成两个各自独立的空间通道，这种楼梯可以视为两部独立的疏散楼梯，能满足双向疏散的要求，由于其水平投影面积小，节约了建筑空间，因此，常在有双向疏散要求的塔式高层建筑中采用。

2）双跑交叉式楼梯

双跑交叉式(剪刀式)楼梯相当于两个双跑式楼梯对接，共用中间平台，如图 4.3(i)所示，中间平台为人流变换行走方向提供了条件，适用于层高较大且有人流多向性选择要求的建筑物，如商场、多层食堂等。

同样，在交叉楼梯中间加上防火隔墙，并在楼梯周边设防火墙，开防火门形成楼梯间，就构成了防火交叉式楼梯。

6. 螺旋形楼梯

螺旋形楼梯通常是围绕一根单柱布置，平面呈圆形，平台与踏步均呈扇形平面，如图 4.3(j)所示，踏步内侧宽度小，并形成较陡的坡度，行走时不安全，且构造较复杂。这种楼梯不能作为主要人流交通和疏散楼梯，但由于其造型美观，常作为建筑小品布置在庭院或室内。

此外，为了克服螺旋形楼梯内侧坡度过陡的缺点，在较大型的螺旋形楼梯中，可将其中间的单柱变为群柱或筒体。

7. 弧形楼梯

弧形楼梯与螺旋形楼梯的不同之处在于它围绕一个较大的轴心空间旋转，且仅为一段弧环，如图 4.3(k)所示，其扇形踏步内侧宽度较大，坡度较缓，可以用来通行较多的人流。弧形楼梯是折形楼梯的演变形式，当布置在公共建筑的门厅时，具有明显的导向性和优美轻盈的造型。但其结构和施工难度较大，通常采用现浇钢筋混凝土结构。

4.3 楼梯的功能和设计要求

4.3.1 楼梯的功能

楼梯的功能主要包括以下两个方面。

1）交通

楼梯的基本功能是竖向交通的工具和构件，可以看成是一段斜向螺旋形重复利用空间的通道，满足人货移动、空间联系的要求，其功能和构成的出发点是人体的工学特性(人体工程学)。人行时的尺度和特性决定了楼梯的构件和尺寸要求，如踏步尺寸、坡度、梯段的高度与宽度等，楼梯通行空间的宽度决定了竖向通行和疏散的能力。

2）支撑与安全

为了满足人、货通行的需要，楼梯要有足够的结构支撑强度和安全防护性能，防止通行时的下滑与侧滑，提供必要的辅助围护和支撑构件，如栏杆、扶手、翻边等，并保证其支撑与连接的牢固。同时也需要较好的技术经济性能和耐久维护性,保证构件较长时间的正常使用。

4.3.2 楼梯的设计要求

1. 建筑设计的一般要求

楼梯主要解决垂直交通功能要求。对楼梯数量、平面形式、踏步宽度与高度尺寸、栏杆细部做法等均能保证满足交通和疏散方面的要求,避免交通拥挤和堵塞。公共建筑的主要楼梯位置应设在明显和易于找到的部位,并注意宜有直接采光和良好的通风,常常较为重视楼梯的造型与美观。居住建筑中的楼梯是依单元布置;公共建筑和多层工业建筑除主要楼梯外,一般还设有辅助楼梯以及疏散用的安全楼梯等。人员疏散比较集中和疏散人员较多的楼梯不宜采用围绕电梯布置的方式。当楼房内设有两部以上楼梯时宜分主次,并按交通量大小和疏散便利的需要合理布置,并符合消防规范的规定。

2. 楼梯的宽度和数量要求

楼梯设计应满足功能使用和安全疏散的要求。应根据楼层中人数最多层的人数,计算楼梯梯段所需的宽度,并按功能使用需要和疏散距离要求布置楼梯。人员密集疏散的建筑,应按规范计算楼梯总宽。计算时,根据建筑物使用性质,依据每百人的宽度指标确定。对每部楼梯,则应根据人流总股数考虑,每股按 550mm+(0~150mm)计,并不少于两股人流,0~150mm 为人流在行进中人体的摆幅,人流多时取上限。

居住建筑一般为 1100~1200mm 净宽,可供两股人流上下。辅助楼梯至少宽 900mm。公共建筑的楼梯一般净宽不应小于 1100mm。高层居住建筑楼梯梯段的最小净宽不应小于 1100mm。住宅户内楼梯的梯段净宽,当一边临空时,不应小于 750mm;当两边为墙时,不应小于 900mm。

一幢楼房至少设两部楼梯,2、3 层公共建筑(医院、疗养院、托儿所、幼儿园、老年人建筑除外)设置一部疏散楼梯的条件见表 4-1。

表 4-1 设置一部疏散楼梯的条件

耐火等级	层数	每层最大建筑面积/m²	人数
一、二级	2、3 层	500	第 2、3 层人数之和不应超过 100 人
三级	2、3 层	200	第 2、3 层人数之和不应超过 50 人
四级	2 层	200	第 2 层人数之和不应超过 30 人

3. 楼梯的位置要求

楼梯间宜在各层的同一位置,以便于使用和紧急疏散,也不致因移位而浪费面积。特殊情况需要错位的必须有直接衔接,不允许出现因寻找和不便而造成对紧急疏散的危害、影响。为保证高层建筑的安全疏散,常考虑设置交叉梯,交叉梯不但具有相当于两部楼梯的疏散能力,也能在一旦发生火灾的情况下形成互不干扰的双向疏散。地下室、半地下室的楼梯间,在首层应采用耐火极限不低于 2.00h 的不燃烧体隔墙与其他部位隔开并应直通室外；当必须在隔墙上开门时，应采用耐火极限不低于乙级的防火门。地下室或半地下室与地上层不应公用楼梯间，当必须共用楼梯间时，应在首层与地下或半地下层的出入口处，用耐火极限不低于 2.00h 的隔墙和耐火极限不低于乙级的防火门隔开，并应有明显标志。

4. 其他要求

1) 防火要求

楼梯间四周的墙壁必须为防火墙，对防火要求高的建筑物，特别是高层建筑，应设计成封闭式楼梯或防烟楼梯。

2) 采光要求

楼梯间必须有良好的自然采光。楼梯间除允许直接对外开窗采光外，不得向室内任何房间开窗。

3) 施工、经济要求

楼梯在选择装配式做法时，应使构件重量适当，以方便施工，且注意经济合理性，避免不必要的浪费。

4.4 楼梯的布局与尺度

4.4.1 楼梯的布局

对于楼房来说，楼梯是至关重要的构件之一，楼梯类型的选择、楼梯数量以及楼梯位置的确定，楼梯各部分尺寸的确定，楼梯间形式以及尺度的确定是楼梯设计的关键内容。

1. 楼梯数量与出入口的确定

楼梯数量与出入口的确定，除了满足人流正常通行以外，还要满足消防疏散的要求，结合我国现行规范中关于民用建筑的安全疏散的基本要求，楼梯的数量确定可参照本章楼梯的设计要求。

2. 楼梯位置的确定

（1）楼梯应放在明显和易于找到的部位。

（2）楼梯不宜放在建筑物的角落和端部，以便于荷载的传递。

（3）楼梯间应有直接采光。

（4）4 层以上建筑物的楼梯间，底层应设出入口；4 层及以下的建筑物，楼梯间可以放在距出入口不大于 15m 处。

4.4.2 楼梯的尺度

1. 楼梯的人体尺度

楼梯作为建筑物中供人通行的交通构件，其坡度、平面尺寸、空间高度等必须符合人体的尺度和人在行进中的尺度。一般根据人体工程学的调查和计算,推测出不同地域、民族、年龄段、性别的标准人体尺寸,以确保设计符合大多数人的尺度。

与楼梯相关的人体工程学的参数有身高、体宽、步距、脚掌尺寸、手掌尺寸、重心高度等。

在我国的建筑设计中,人体的高度一般为1750mm,一般的水平通过空间的高度为2000mm,斜向通过的高度为2200mm。人的正面通行宽度为550~600mm,侧立为300mm,因此,楼梯的最小宽度为900mm,公用的疏散楼梯的最小宽度为1100mm。人体的重心高度低于1050mm,因此防跌的围护高度应大于1050mm。人的扶持高度则根据成人、儿童的站高和轮椅的座高而调整,成人为900~1000mm,儿童为500~900mm,一般取值为600~620mm,人上行时一般前脚掌着地;下行时,为保证舒适性需要脚跟和部分前脚掌着地以保证着力重心在脚心附近,因此,踏步板的宽度为240~300mm。人手的长度和厚度决定其握持舒适的尺寸为35~45mm,扶靠的尺寸则可适当增大,扶手距墙应大于40mm。

2. 楼梯的坡度

楼梯的坡度是指楼梯段沿水平面倾斜的角度,如图4.4所示。一般来讲,楼梯的坡度小,踏步相对平缓,行走就较舒适,反之行走就较吃力。但楼梯段的坡度越小,它的水平投影面积就越大,即楼梯占地面积大,就会增加投资,经济性差,因此应当兼顾使用性和经济性两者的要求,根据具体情况进行合理选择。对人流集中、交通量大的建筑,楼梯的坡度应小些,如医院、影剧院等。对使用人数较少、交通量小的建筑,楼梯的坡度可以略大些,如普通住宅、别墅等。

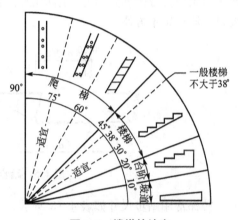

图4.4 楼梯的坡度

楼梯的允许坡度范围为20°~45°,正常情况下应当把楼梯坡度控制在38°以内,一般认为30°是楼梯的适宜坡度;坡度大于45°时,由于坡度较陡,人们已经不容易自如地上下,需要借助扶手的助力扶持,此时的楼梯称为爬梯,由于爬梯对使用者的身体状况及持物情况有所限制,因此爬梯在民用建筑中并不多见,一般只是在通往屋顶、电梯机房等非公共区域采用;坡度小于20°时,只需把楼梯处理成斜面就可以解决通行的问题,此时称其为坡道,由于坡道占地面积较大,过去只在医院建筑中为解决运送病人推床的交通而使用,现在由于电梯在建筑中的大量使用,所以坡道在建筑内部基本不用,而在室外应用较多。坡道的坡度在1:12以下时,属于平缓坡道;坡度超过1:10时,应设防滑措施。

楼梯的坡度有两种表示方法:一种是用楼梯段和水平面的夹角表示;另一种是用踏面和踢面的投影长度之比表示,在实际工程中采用后者的居多。

3. 踏步尺度

楼梯的梯段是由平行的踏步组成的,每个踏步包含水平的踏步踏板和垂直的踏步踢板。楼梯的坡度由踏步的高宽比决定。踏步的高宽比需根据人流行走的舒适、安全和楼梯间的尺度、面积等因素进行综合权衡。常用的坡度为1:2左右。一般在人流量较大、安全标准较高或面积较充裕的场所，其坡度应较平缓（适宜坡度为30°左右）；仅供少数人使用或不经常使用的辅助楼梯则允许坡度较陡（不宜超过38°）。为了适用和安全，每个梯段踏步一般不应超过18步，也不应小于3步。

计算踏步高度和宽度的一般公式及适用范围如表4-2所示。其中，公式$2h+b=s=600\sim620mm$，b为踏步宽度，h为踏步高度，$600\sim620mm$为女子及儿童平均跨步长度，s为步距。

表4-2 常用的楼梯踏步计算的一般公式　　　　　　　　　单位：mm

一般公式	适用范围（h值）
$b+h=450$	$140\sim160$
$2b+h=600\sim620$	$140\sim170$
$b\times h=45000$	$130\sim200$

踏步的高度，成人以150mm左右较适宜，不应高于175mm。踏步的宽度（水平投影宽度）以300mm左右为宜，不应窄于260mm。当踏步尺寸较小时，可以采取加做踏口或使踢面倾斜的方式加宽踏面，踏口的挑出尺寸多为20~30mm，如图4.5所示，但挑出过大时人流行走不方便。

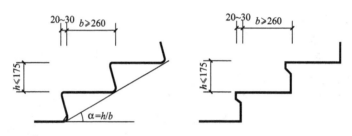

图4.5 踏步出挑形式（单位：mm）

楼梯常用踏步尺寸如表4-3所示。

表4-3 楼梯常用踏步尺寸　　　　　　　　　　　　　　　单位：mm

楼梯类别	最小宽度	最大高度
住宅共用等楼梯	260	175
幼儿园、小学校等楼梯	260	150
电影院、剧场、体育馆、商场、医院、旅馆和大中学校等楼梯	280	160
其他建筑楼梯	260	170
专用疏散楼梯	250	180
服务楼梯、住宅套内楼梯	220	200

当采用螺旋楼梯时，踏步的踏面为扇形，其舒适性受到很大的限制，在主要交通楼梯和疏散楼梯中不宜采用，除非采用大直径的弧形楼梯并保证踏步上下级之间的平面夹角小于10°，且每级踏步离扶手中心250mm处的踏板宽度大于220mm，踏步的最小宽度大于150mm。

4. 梯段尺度

梯段尺度分为梯段宽度和梯段长度。梯段宽度一般是指墙面至扶手中心之间的水平距离或同一梯段两侧扶手中心之间的水平距离。梯段宽度应根据紧急疏散时要求通过的人流股数多少确定。每股人流按550~600mm宽度考虑，双人通行时为1100~1200mm，三人通行时为1650~1800mm，以此类推。同时，需满足各类建筑设计规范中对梯段宽度的低限要求。

以平行双跑楼梯为例，梯段长度(L)则是每一梯段的水平投影长度，其值为 $L=b\times(N/2-1)$，如图4.11所示。其中b为踏面水平投影步宽，N为楼层总踏步数，此处需注意踏步数为踢面高步数。

5. 平台尺度

楼梯平台包括中间平台和楼层平台，对于开放楼梯，楼层平台宽度应比中间平台宽度更宽松一些，以利于人流分配和停留，封闭楼梯和防火楼梯的楼层平台宽度应与中间平台宽度一致。对于平行双跑和折形多跑等楼梯中间平台宽度应不小于梯段宽度，并不得小于1200mm，如图4.6所示。以保证通行和梯段同股数人流。需注意的是，楼梯中间休息平台要躲开梁的位置、平台中栏杆固定所占的尺寸。同时应便于家具搬运，医院建筑还应保证担架在平台处能转向通行，其中间平台宽度应不小于2000mm。

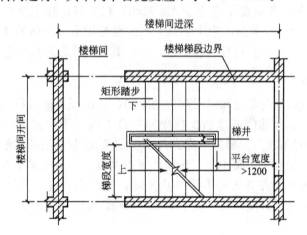

图4.6 楼梯平台宽度(单位：mm)

当平台上有开向楼梯间的门扇时，应加大平台宽度保证门扇开足时不应减少梯段的净宽：侧墙门口距踏步不宜小于400mm，楼梯正面门扇开足时宜保持600mm平台净宽，如图4.7所示。

6. 梯井宽度

梯井指两梯段或三梯段之间形成的竖向空隙。为了安全起见，梯井的宽度应越小越好；但是为了施工的方便和消防的要求，同时也有利于平台转变的缓冲，梯井的宽度一般为60~200mm。在平行多跑楼梯中，可无梯井；在多层建筑中，室内疏散楼梯根据消防的要求，两梯段间的梯井水平净距不宜小于150mm。托儿所、幼儿园、中小学及少年儿童专用活动场所的楼梯，梯井宽度大于200mm时，必须采取防止少年儿童攀滑的措施。

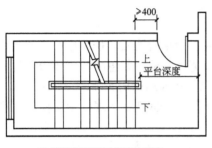
(a) 侧面开门对平台深度的影响

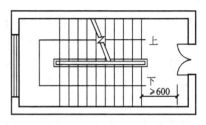
(b) 正面开门对平台深度的影响

图 4.7 平台开门对平台宽度的要求(单位:mm)

7. 栏杆扶手尺度

栏杆扶手是楼梯中用以保障人身安全或分隔空间用的防护分隔构件,其高度是指从踏步前缘线至扶手上表面的垂直距离。楼梯应至少于一侧设扶手,梯段净宽达三股人流(大于1650mm)时应两侧设扶手,达四股人流(大于2200mm)时宜加设中间扶手。栏杆扶手的高度在人体胸部至腹部之间,根据人体重心高度和楼梯坡度大小等因素决定。一般室内楼梯扶手高度不应小于900mm,室外楼梯扶手高度不应小于1050mm。幼儿建筑的楼梯应在500～600mm高度增设一道扶手,供儿童使用,如图 4.8 所示。当楼梯靠梯井一侧水平扶手长度超过500mm时,其高度不应小于1050mm;在中高层住宅及中小学校楼梯中不应小于1100mm。托儿所、幼儿园、中小学及少年儿童专用活动场所的楼梯,其栏杆应采取不宜攀爬的构造,当采用垂直栏杆杆件做栏杆时,其杆间净距不应大于110mm。

8. 楼梯净空高度

楼梯净空高度包括平台部位和梯段部位的净高,以保证人流通行安全和家具搬运便利为原则确定。其中,平台部位的净高是指楼梯平台上部及下部过道处的净高,不应小于2000mm,使人行进时不碰头。梯段净高为自踏步前缘线(包括最低和最高一级踏步前缘线以外300mm范围内)量至上方突出物下缘间的垂直高度,一般应满足人在楼梯上伸直手臂向上旋生时手指刚触及上方突出物下缘一点为限,为保证人在行进时不碰头和产生压抑感,故按常用楼梯坡度,梯段净高不宜小于2200mm,如图 4.9 所示。

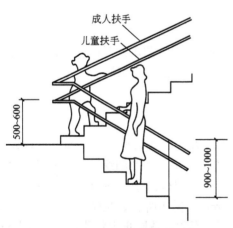

图 4.8 儿童扶手高度位置(单位:mm)

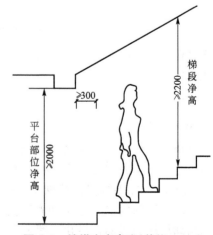

图 4.9 楼梯净空高度(单位:mm)

在平行双跑楼梯中，常利用底层中间平台下的空间作为出入通道，为保证平台下净高满足要求，可以采用如图 4.10 所示几种方法解决。

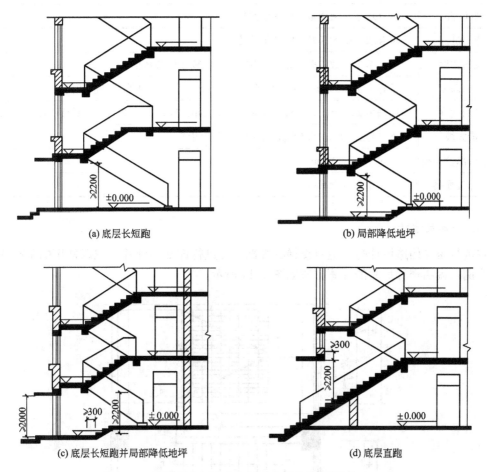

图 4.10　楼梯间底层作出入口时的处理方式（单位：mm）

(1) 底层长短跑。将底层第一跑的踏步数量加大，使底层楼梯的两个梯段形成长短跑，如图 4.10(a) 所示，以提高中间平台的标高。这种方式适用于进深较大的楼梯间。

(2) 局部降低地坪。利用室内外高差，将室外台阶移至室内，使平台下的地坪标高低于底层室内标高±0.000m，如图 4.10(b) 所示，以满足平台下净高要求。为防止雨水倒灌流入楼梯间，入口处地坪与室外地面应有高差，并不应小于 100mm。

(3) 底层长短跑并局部降低地坪。综合以上两种方式，如图 4.10(c) 所示，可以兼有两者的优点，弱化其缺点，在实际工程中应用较多。

(4) 底层直跑。当底层层高较低时，可将底层楼梯设计为直行单跑，直接从室外上到 2 层，如图 4.10(d) 所示。这样做可以较好地解决平台下的净高问题，但应注意两个问题，一是梯段上空净高不能小于 2200mm，二是踏步数量不应超过 18 级。

9. 楼梯常用参数

根据《建筑楼梯模数协调标准》（GBJ 101—87）的规定，设计过程中对楼梯各部分参数的确定应符合表 4-4 的要求。

表 4-4　楼梯常用参数

名称	常用数值或说明
楼梯间开间	符合水平扩大模数 3M 的整数倍
楼梯间进深	符合水平扩大模数 3M 的整数倍
梯段的宽度	符合基本模数的整数倍（必要时可采用 M/2 的整数倍）
踏步的高度	不宜大于 210mm，并且不宜小于 140mm，各级踏步高度均应相同
踏步的宽度	应采用 220mm、240mm、260mm、280mm、300mm、320mm，必要时可采用 250mm
梯段最大坡度	不宜超过 38°，即踏步高/踏步宽小于等于 0.7813
梯段平台部位净高	不应小于 2000mm
梯段部位净高	不应小于 2200mm

10. 楼梯尺寸计算

在进行楼梯构造设计时，应对楼梯各细部尺寸进行详细的计算。现以常用的平行双跑楼梯为例，说明楼梯尺寸的计算方法如图 4.11 所示。

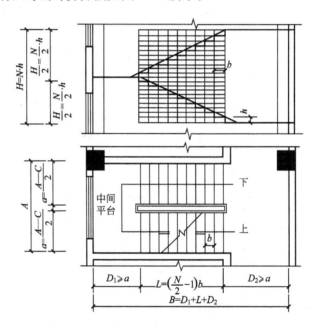

图 4.11　楼梯尺寸计算

（1）根据层高 H 和初选步高 h 定每层步数 N，$N=H/h$。为了减少构件规格，一般应尽量采用等跑梯段，因此 N 宜为偶数。如所求出 N 为奇数或非整数，可反过来调整步高 h。

（2）根据步数 N 和初选步宽 b 决定梯段水平投影长度 L，$L=(N/2-1)\times b$。

（3）确定是否设梯井。如楼梯间宽度较富余，可在两梯段之间设梯井。使少年儿童使用的楼梯梯井不应大于 110mm，以利安全。

（4）根据楼梯间开间净宽 A 和梯井宽 C 确定梯段宽度 a，$a=(A-C)/2$。同时检验其通行能力是否满足紧急疏散时人流股数要求，如不能满足，则应对梯井宽 C 或楼梯间开间净宽 A 进行调整。

（5）根据初选中间平台宽 $D_1(D_1 \geqslant a)$ 和楼层平台宽 $D_2(D_2 > a)$ 以及梯段水平投影长度 L 检验楼梯间进深净长度 B，$B = D_1 + L + D_2$。如不能满足，可对 L 值进行调整（即调整 b 值）。必要时，则需调整 B 值。

在 B 值一定的情况下，如尺寸有富余，一般可加宽 b 值以减缓坡度或加宽 D_2 值以利于楼层平台分配人流。

在装配式楼梯中，D_1 和 D_2 值的确定尚需注意使其符合平台预制板安放尺寸，或使异形尺寸板仅在一个平台，减少异形板数量。

在实际设计中，疏散楼梯等辅助性功能构件所占的空间越少越好，因此，在已知建筑层高后，应根据建筑的性质确定梯段和平台的最小宽度、踏步的最大高度和最小宽度、楼梯井的最小宽度，计算出一部合格楼梯的最小尺寸，然后根据空间的实际安排调整得更加舒适一些。常用建筑楼梯的基本数据见表 4-5。

表 4-5 常用建筑楼梯的基本数据表   单位：mm

对梯段净宽及踏步的要求				栏杆高度与要求	备注
限定条件	梯段净宽	踏步高度	踏步宽度		
住宅公用楼梯	≥1100	≤175	≥260	栏杆扶手高度≥900 栏杆杆件间净空高度≤110	楼梯水平段栏杆长度大于 500 时，其扶手高度不小于 1050，梯井宽度大于 110 时，必须采取防止儿童攀滑的措施
住宅户内楼梯（两侧有墙时）	≥900	≤200	≥220		
住宅户内楼梯（一边临空时）	≥750	≤200	≥220		
托儿所、幼儿园幼儿用楼梯		≤150	≥260	幼儿扶手高度≤600 栏杆垂直杆件间净距≤110	梯井宽度不小于 200 时，必须采取安全措施，严寒及寒冷地区的室外楼梯应有防滑措施
中、小学教学用楼梯	根据人流疏散计算且≥1200	不得采用扇形踏步，楼梯坡度不大于 30°		室内栏杆高度≥900 室外栏杆高度≥1100 不应采取易于攀登的横向栏杆或花饰，竖向栏杆杆件间净距≤110	梯段间不应设遮挡视线的隔墙，梯井宽度大于 200 时必须采取安全措施，楼梯栏杆扶手应有防攀滑措施，楼梯水平段栏杆长度大于 500 时，其扶手高度不小于 1100
商业建筑公用楼梯	≥1400	≤160	≥280		大型商店的营业层在 5 层以上时，应设直通屋顶平台的疏散楼梯间不少于两个
综合医院门诊、急诊、病房楼	主楼梯≥1650	≤160	≥280		病人使用的疏散楼梯至少应有一座可直接采光和通风的楼梯，病房楼的疏散楼梯间应为封闭式楼梯间，高层病房楼应为防烟楼梯间

(续)

限定条件	对梯段净宽及踏步的要求			栏杆高度与要求	备注
	梯段净宽	踏步高度	踏步宽度		
老年人建筑	≥1200	居住建筑≤150	居住建筑≥300	楼梯两侧高地高900处和650处应设连续栏杆与扶手，沿墙一侧扶手应水平延伸	扶手宜选用优质木料或手感较好的其他材料制作
		公共建筑≤130	公共建筑≥320		
		不得采用扇形踏步			

4.5 钢筋混凝土楼梯构造

钢筋混凝土楼梯有现浇式和预制装配式两种。现浇钢筋混凝土楼梯整体性能好，刚度大，对抗震较为有利，但需现场制作，模板耗费大，施工速度慢，荷重大，故通常用于特殊异形楼梯或整体性能要求高的楼梯。预制装配式楼梯有利于工业化生产，节约模板，提高施工速度，使用较为普遍。

4.5.1 现浇钢筋混凝土楼梯

现浇钢筋混凝土楼梯从其受力形式可分为板式楼梯和梁板式楼梯，如图4.12所示。

(a) 板式楼梯

(b) 梁板式楼梯

图4.12 现浇钢筋混凝土楼梯

1. 板式楼梯

板式楼梯是将梯段作为一整板，两端支撑在平台梁上，将梯段所承受的荷载传递给平台梁。平台与梯段板相连为一个整体，一端支撑在平台梁上，一端支撑在外纵墙或梁上，将荷载传递给平台梁或墙(梁)。平台梁受力后，将荷载传递给横墙或柱，其位置设在平台口处，如图4.13所示。

悬臂板式楼梯，多用于庭院建筑或大厅中。其结构特点是梯段和平台均无支撑，靠上下梯段与平台组成的空间板式结构与上下层楼板结构共同受力，其造型新颖，空间效果好，如图4.14所示。

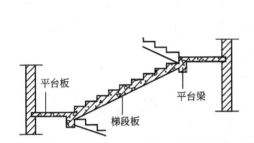

图4.13 带平台梁梯段板的现浇板式钢筋混凝土楼梯

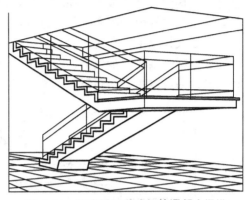

图4.14 现浇梁悬臂式钢筋混凝土楼梯

扭板式弧形或圆形楼梯，结构所占空间少，造型美观，多用于公共建筑大厅中，如图4.15所示。

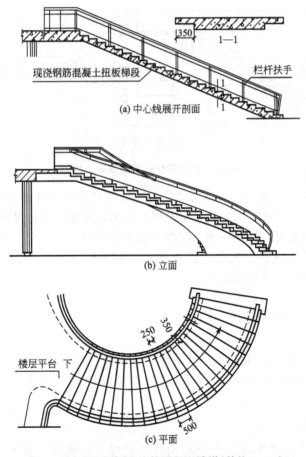

图4.15 现浇扭板式钢筋混凝土楼梯（单位：mm）

2. 梁板式楼梯

当荷载较大，而梯段板较宽且水平投影 L 又过长时，为使梯段受力合理，采用梁板式楼梯。其梯段的踏步板支撑在斜梁上，斜梁支撑在平台梁上。平台的结构布置仍同板式楼梯，梁板式楼梯由于改变了传力过程，较之板式楼梯可缩小板跨，减薄板厚。

梁板式梯段主要有两种形式，第一种是双梁式。它的结构布置形式又有两种，一为正梁布置，即斜梁在踏步板下，沿踏步板两端长向布置，这种布置形式梯段宽，利于人流通行；其二为反梁布置，即斜梁上翻，但梯段宽度变小，不利于人流通行，如图4.16所示。

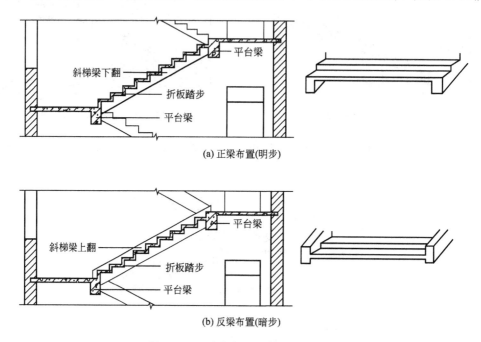

图 4.16 现浇梁板式钢筋混凝土楼梯

第二种是单梁式，多用于公共建筑之中。这种楼梯的每一个梯段有一根梯梁支撑踏步。梯梁布置也有两种方式，一种为单梁悬臂式楼梯，即楼梯梁布置在踏步板的一端，踏步板的另一端向外悬臂挑出；另一种为梯段布置在梯段踏步的中间，踏步板从梁的两侧悬挑，称为单梁挑板式。这种结构受力较为复杂，梯梁不仅受弯，而且受扭，但其外形轻巧、美观，常为建筑空间造型所采用。

4.5.2 预制装配式钢筋混凝土楼梯

装配式钢筋混凝土楼梯根据生产、运输、吊装和建筑体系的不同，有许多不同的构造形式。由于构件尺度的不同，大致可分为小型构件装配和中、大型构件装配式两大类。

1. 小型构件装配式楼梯

小型构件装配式楼梯主要特点就是构件小而轻，易制作。其主要构件包括踏步板（图4.17）、斜梁（图4.18）、平台梁（图4.19）等。小型构件装配式楼梯施工烦琐进度慢，有些还要用较多的人力和湿作业,适用于施工条件较差的地区,一般预制踏步和它们的支撑结构是分开的。

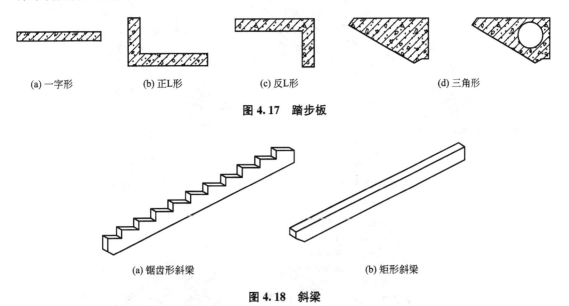

(a) 一字形　　(b) 正L形　　(c) 反L形　　(d) 三角形

图 4.17　踏步板

(a) 锯齿形斜梁　　(b) 矩形斜梁

图 4.18　斜梁

钢筋混凝土预制踏步的构件断面形式,一般有一字形、L形和三角形三种。预制踏步的支撑结构一般有梁支撑、墙支撑以及从砖墙悬挑的三种类型。

1) 梁承式楼梯

梁承式楼梯的结构布置形式为:预制踏步搁置在斜梁上形成梯段,梯段斜梁搁置在平台梁上,平台梁搁置在两边墙或柱上,而平台可用空心板或槽形板搁在两边墙上,也可用小型的平台板搁置在平台梁和纵墙上,如图 4.20 所示。

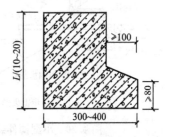

图 4.19　平台梁断面(单位:mm)

梁承式梯段上述三种形式的预制踏步均可采用,其中三角形踏步明步可用平面矩形斜梁,如图 4.20(a)所示;暗步可用 L 形边梁,如图 4.20(b)所示。三角形踏步的最大的优点是平装后底面平整,但踏步尺寸较难调整。为了减轻自重,在构件内可抽孔,这种踏步一般用于简支较多。一字平板及正反 L 形踏步板均要用预制成锯齿形的斜梁,如图 4.20(c)所示。一字形踏步制作比较方便,踏步的高宽可调节,简支及悬挑均可加做立砖梯面,也可露空,因此适用面较广。若能在预制时就把面层及防滑条做好,则更为方便。L 形踏步有正反两种,肋向下者,接缝在下面,踏面和踢面上部交接处看上去较完整。踏步稍有高差,可在拼缝处调整,作为简支时,等于带肋的平板,结构合理。L 形踏步的肋向上者,接缝在板下作为简支时,下面的肋可作上面板的支承,所以接缝处的砂浆要饱满,这种断面形式改换配筋,并可适用于作悬挑式楼梯。三角形踏步梯段底面可用砂浆嵌缝或抹平;一字形及 L 形踏步板自重较轻,底面形成折板形。

预制踏步一般用水泥砂浆叠置,L 形及平板形可在预制踏步板上预留孔,套于锯齿形斜梁每个台阶上的插铁上,用砂浆窝牢,这个预留孔和插铁还可作为栏杆的固定件。

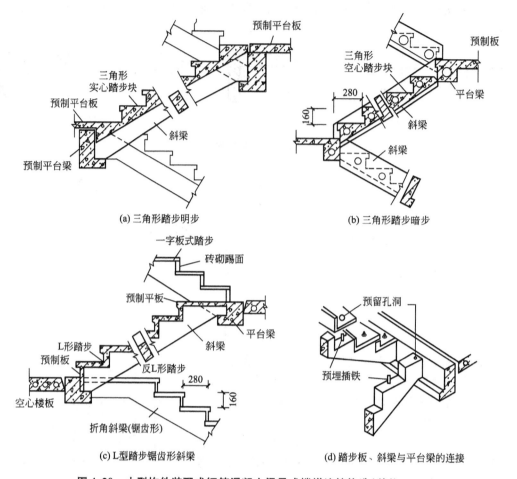

图 4.20　小型构件装配式钢筋混凝土梁承式楼梯连接构造(单位：mm)

梯段的斜梁与平台梁连接，为不使平台梁落低，从而降低平台下净空起见，通常平台梁多作成 L 形断面，使斜梁能搁置在平台梁挑出的翼缘上，用插铁套在斜梁的预留孔中用水泥砂浆窝牢，如图 4.20(d) 所示。也可彼此设预埋铁焊接。

为了减少预制斜梁的类型，除一层楼梯下用作出入口外，最好各层上下两个梯段的长度相等，一般斜梁支在平台梁上，而底层常采用现浇梁或砖基础。但在进口处需设置长短不同梯段时，上段斜梁可做成曲梁形式，下段可用上层的标准梁，下面用砖砌踏步接到地坪。

楼梯如果采用整体现浇的施工工艺，钢筋在现场绑扎，上下梯段的结构部分能够在不同高度进入支座，这时上下梯段的起始及最末步完全能够对齐。但是，在全装配的情况下，为了简化构件的种类，上下梯段必须在同一高度进入支座，就要把平台梁落低或斜梁做成折梁。还有把上下梯段错开半步或一步来解决这个问题。

2) 墙承式楼梯

这种楼梯是把预制踏步搁置在两面墙上，而省去梯段上的斜梁，一般适用于单向楼梯，或中间有电梯间的三折楼梯。对于双折楼梯来说，梯段采用两面搁墙，则在楼梯间的中间，必须加一道中墙作为踏步板的支座。楼梯间有了中墙以后，使得视线、光线受到阻挡，感到空间狭窄，对搬运家具及较多人流上下均感到不便。但因为预制及安装均较为方便简易和经济，所以还有不少地方采用。

这种楼梯上述三种预制踏步均可采用，楼梯宽度也不受限制，平台可以采用空心或槽形楼板。由于省去平台梁，下面的净高也有所增加，为了采光和扩大视野，可在中间的墙上适当部位留出洞口，如图4.21所示，墙上最好装有扶手。

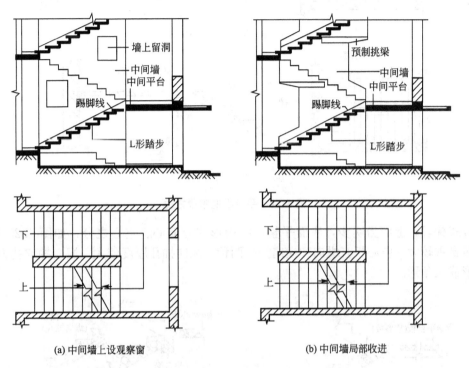

图 4.21 预制装配墙承式钢筋混凝土楼梯

2. 中、大型构件装配式楼梯

从小型构件改变为中型或大型构件装配式，主要可以减少预制件的品种和数量，可以利用吊装工具进行安装，对于简化施工过程、加快施工速度、减轻劳动强度等都有很大的好处。

中型构件装配式双折楼梯一般是以楼梯段和楼梯平台各作一个构件装配而成。

1) 平台板

若为预制、吊装能力所限，楼梯平台采用平台梁和平台板分开做法，如图4.22所示。平台板可用一般楼板，平台的宽度变化也比较灵活，但是增加了构件的类型和安装吊次。

预制生产和吊装能力较强的地方，平台可用平台梁和平台板结合成一个构件。平台板一般采用槽形板，为了底面平整，也可做成空心平台板，但厚度必须较大，现较少采用。

2) 楼梯段

楼梯段又可分为板式、梁式两种。

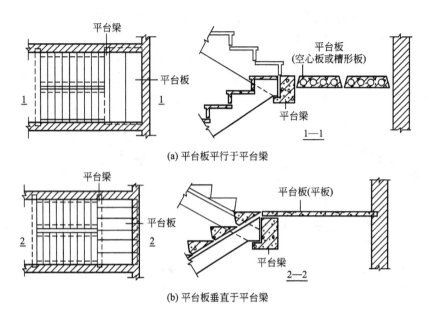

图 4.22 平台板的布置方式

板式梯段，上面为明步，底面平整，结构形式有实心、空心之分，如图 4.23 所示。实心板自重较大；空心板有纵向和横向抽孔两种，纵向抽孔厚度较大，横向抽空孔型可以是圆形或三角形。

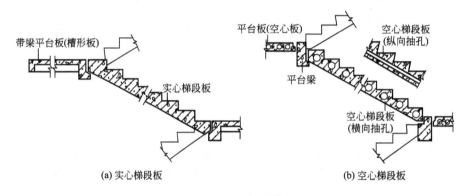

图 4.23 预制板式梯段

梁式梯段的两侧由梁、梁板制成一个整件，一般在梁中间作三角形踏步形成槽板式梯段。这种结构形式比板式梯段节约材料，但是其中三角形踏步的用料还是比较多。在踏步断面上设法减少其用料及自重，通常有以下几种方法。

(1) 去角以减薄踏步的厚度：由于行人上下时无论是足尖或足跟，一般都不大会碰到踏步最深处，因此可以把踏面和踢面内部的尖角削薄一段，可使整个梯段底板上升 10~20mm。

(2) 踏步内抽孔：在踏步内抽一圆孔或三角形孔以减轻自重。

(3) 折板式踏步：节约材料最多，预制时要用双面模板振动冲压成型，唯梯段的底面不如以上各式平整，易积灰。

3）梯段的搁置

梯段在平台梁处的搁置如图 4.24 所示。如图 4.24(a)所示矩形平台梁采用断面简单的矩形梁，但平台梁与平台板必须分开，而且降低了平台下的净空。

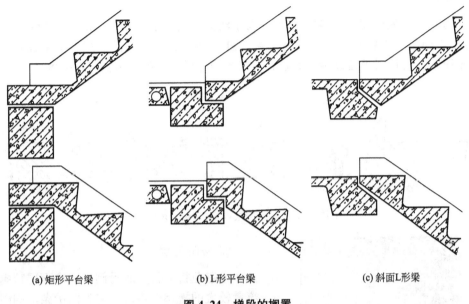

(a) 矩形平台梁　　　　(b) L形平台梁　　　　(c) 斜面L形梁

图 4.24　梯段的搁置

如图 4.24(b)所示 L 形平台梁于梯段板结合方面有所改进，并增加了净高，但梯段接点处构造复杂。

如图 4.24(c)所示 L 形平台梁做成与梯段斜度相适应的斜面作为搁置面，改进了梯段的搁置构造，虽然在平台梁搁置处可能产生局部的水平力，但由于平台梁和平台板结合在一起，则较易取得平衡。梯段搁置处一般用预埋件焊接或梯段顶套在平台梁顶预埋插孔中用砂浆窝牢。安装时，为使构件间的接触面紧贴、受力均匀，通常先铺一层水泥砂浆。

4）单梯段预制楼梯

单梯段预制楼梯常作为住宅的半外廊的直跑梯。这种楼梯的两条平台梁位置，需要在外廊另立两立柱或砖墩方能搁置，构造上较为复杂。

5）梯段连平台预制楼梯

梯段可连一面平台，也可连两面平台，断面形式可做成板式、双梁式或单梁式。这种形式主要用于建筑平面设计和结构布置有一定需要的场所，或运用于工业化程度高、专用体系的大型装配式建筑中。

4.6　楼梯的细部构造

楼梯的细部构造主要包括踏步表面处理、栏杆与扶手的连接、栏杆与踏步连接。这部分处理的好坏直接影响楼梯的使用安全和美观，在设计中应引起足够的重视。

4.6.1 踏步面层及防滑处理

1. 面层做法

踏步面层应方便行走、耐磨、防滑并易于清洁，同楼地层面层做法基本相同。常用的有水泥砂浆面层、水磨石面层、石材面层、缸砖面层、防滑地砖面层、地毯面层等，如图4.25所示。设计时视装修标准而定，一般与门厅或走道的楼地面材料一致。

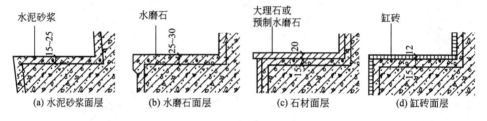

图 4.25 踏步面层构造(单位：mm)

图 4.26 防滑条

2. 防滑处理

为避免行人行走时滑倒，踏步面层特别是人流量较大的楼梯踏步表面应设防滑条，同时起到保护踏步阳角的作用，如图4.26所示。防滑条通常设在接近踏口的位置，高出踏面2～3mm，但不宜太高，否则会造成行走不便，如图4.27所示。常用的防滑条材料有水泥铁屑、金刚砂、金属条（铸铁、铝条、铜条）、陶瓷锦砖（马赛克）、缸砖等。

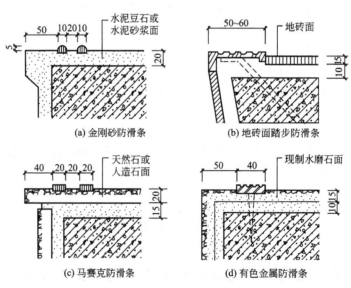

图 4.27 踏步面层及防滑处理(单位：mm)

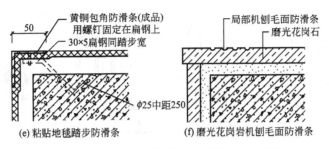

(e) 粘贴地毯踏步防滑条　　(f) 磨光花岗岩机刨毛面防滑条

图 4.27　踏步面层及防滑处理(单位：mm)(续)

4.6.2　栏杆和扶手构造

1. 栏杆形式

栏杆的形式可分为空花式、栏板式、混合式等类型，通常根据材料的材质、经济性、装修标准和使用对象的不同进行合理地选择和设计，如图 4.28 所示。

图 4.28　不同类型的栏杆

1) 空花式栏杆

空花式楼梯栏杆以栏杆的竖杆作为主要受力构件，一般常采用钢材制作，有时也采用木材、铝合金型材、不锈钢材等制作。这种类型的栏杆具有重量轻、轻巧的特点，是楼梯栏杆的主要形式，一般用于室内楼梯。

如图 4.29 所示部分空花栏杆示例，在构造设计中应保证其竖杆具有足够的强度，以抵抗侧向冲击力，最好将竖杆、水平杆及斜杆连为一体共同工作。杆件形成的空花尺寸不宜过大，通常控制在 120～150mm 左右，以避免不安全感，特别是供少年儿童使用的楼梯更应注意这一点。

当竖杆间距较密时，其杆件断面可小一些，反之则可大一些。常用的钢竖杆断面为圆形和方形，并可分为实心和空心两种。实心竖杆断面尺寸，圆形一般为 $\phi16 \sim \phi30$，方形为 20mm×20mm～30mm×30mm。

2) 栏板式栏杆

栏板式栏杆取消了杆件，免去了空花栏杆的不安全因素，可以节约钢材，无锈蚀等问题，但板式构件应能承受侧向推力。栏板材料常用砖、钢丝网水泥抹灰、钢筋混凝土等，多用于室外楼梯或受到材料、经济条件限制时的室内楼梯，如图 4.30 所示。

图 4.29 空花栏杆

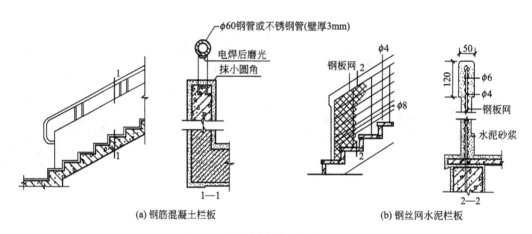

(a) 钢筋混凝土栏板　　(b) 钢丝网水泥栏板

图 4.30 栏板式栏杆(单位：mm)

砖砌栏板厚度太大会影响梯段的有效宽度，并且增加栏板自重，故通常采用高标号水泥砂浆砌筑 1/2 或 1/4 砖栏板。为了加强其抗侧向冲击的能力，应在砌体中加设拉结筋，并在栏板顶部现浇钢筋混凝土通长扶手，砖砌栏板表面需根据装修标准做面层处理。

钢丝网(或钢板网)水泥抹灰栏板以钢筋作为骨架，然后将钢丝网或钢板网绑扎，用高标号水泥砂浆双面抹灰，这种做法需注意钢筋骨架与梯段构件应有可靠连接。

钢筋混凝土栏板与钢丝网水泥栏板类似，多采用现浇处理，它比钢丝网水泥栏板牢固、安全、耐久，但会增加栏板的厚度和自重，从而使其造价提高。

3) 混合式栏杆

混合式栏杆是指空花式和栏板式两种栏杆形式的组合，栏杆竖杆作为主要抗侧力构件，栏板则作为防护和美观装饰构件。其栏杆竖杆常采用钢材或不锈钢等材料，其栏板部分常采用轻质美观材料制作，如木板、塑料贴面板、铝板、有机玻璃板和钢化玻璃板等，如图 4.31 所示。

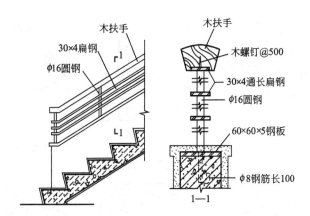

图 4.31 混合式栏杆构造(单位：mm)

2. 扶手形式

楼梯扶手常用木材、塑料、金属管材(钢管、铝合金管、铜管和不锈钢管等)制作，木扶手和塑料扶手具有手感舒适、断面形式多样的优点，使用最为广泛。

木扶手常采用硬木制作；塑料扶手可选用生产厂家定型产品，也可另行设计加工制作；金属管材扶手由于其可弯性，常用于螺旋形、弧形楼梯扶手，但其断面形式单一，钢管扶手表面涂层易脱落，铝管、铜管和不锈钢管扶手则造价偏高，使用受限。

扶手断面形式和尺寸的选择既要考虑人体尺度和使用要求，又要考虑与楼梯的尺度关系和加工制作的可能性，如图 4.32 所示为几种扶手的断面形式和尺度。

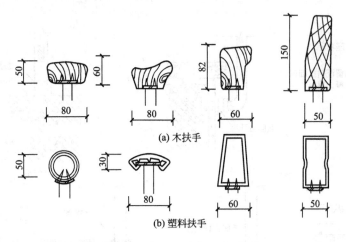

图 4.32 常见扶手断面形式与尺度(单位：mm)

3. 栏杆与扶手的处理形式

1) 栏杆与扶手连接

空花式和混合式栏杆，当采用木材或塑料扶手时，一般在栏杆竖杆顶部设通长扁钢与扶手底面或侧面槽口榫接，用木螺钉固定。金属管材扶手与栏杆竖杆连接一般采用焊接或铆接，采用焊接时需注意扶手与栏杆的竖杆用材一致，如图 4.33 所示。

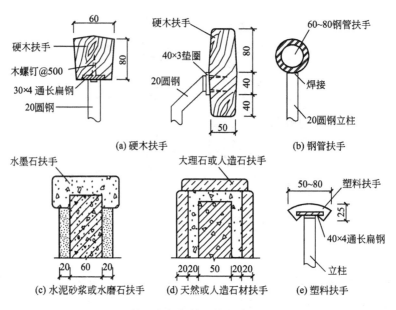

图 4.33 扶手与栏杆的连接构造(单位：mm)

2) 栏杆与梯段、平台连接

栏杆竖杆与梯段、平台的连接一般应在梯段和平台上预埋钢板焊接或预留孔插接。为了保护栏杆免受锈蚀和增强美观，常常在竖杆下部装设套环，覆盖栏杆与梯段或平台的接头，如图 4.34 所示。

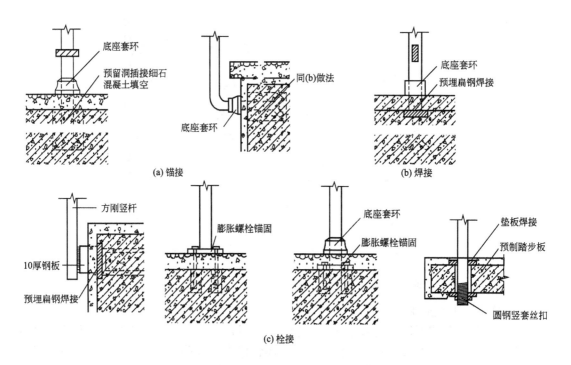

图 4.34 栏杆与梯段、平台连接构造

3) 扶手与墙体的连接

当直接在墙上装设扶手时,扶手应与墙面保持 80~100mm 的距离,一般在砖墙上留洞,将扶手连接杆件伸入洞内,用细石混凝土嵌固,如图 4.35(a)所示;当扶手与钢筋混凝土墙或柱连接时,一般采取预埋钢板焊接,如图 4.35(b)所示。

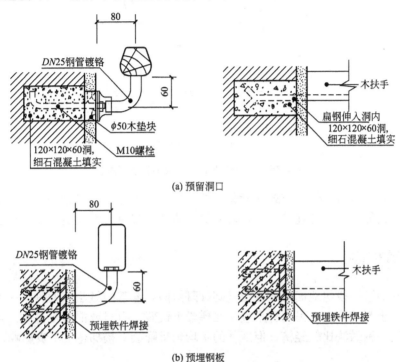

图 4.35　扶手与墙面的连接构造(单位:mm)

4) 楼梯段转折处栏杆扶手处理

在梯段转折处,由于梯段间的高差关系,为了保持栏杆高度一致和扶手的连续,需根据不同情况进行处理,如图 4.36 所示。当上下梯段齐步时,上下扶手在转折处同时向平台延伸半步,使两扶手高度相等,连接自然,但这样做缩小了平台的有效深度;如扶手在转折处不伸入平台,下跑梯段扶手在转折处需上弯形成鹤颈扶手,因鹤颈扶手制作较麻

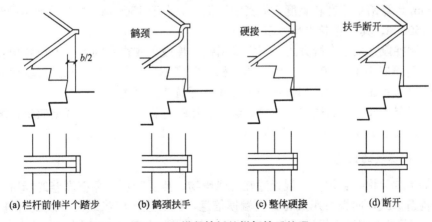

图 4.36　梯段转折处栏杆扶手处理

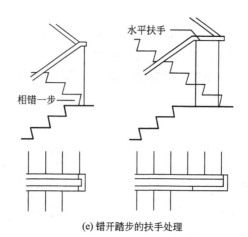

(e) 错开踏步的扶手处理

图 4.36　梯段转折处栏杆扶手处理（续）

烦，也可改用直线转折的硬接方式或者断开处理方式；当上下梯段错一步时，扶手在转折处不需向平台延伸，可自然连接；当长短跑梯段错开几步时，将出现一段水平栏杆。

4.6.3　楼梯的基础

首层楼梯的第一段与地面接触需设基础(即梯基)，梯基的做法有两种：一种是梯段支承在钢筋混凝土基础梁上；另一种是直接在梯段下设砖、石材或混凝土基础。当地基持力层较浅时，后一种做法比较经济，但地基的不均匀沉降会对楼梯造成不良影响。

4.6.4　无障碍楼梯和台阶

1. 无障碍楼梯的设计要求

(1) 供拄拐棍及视力残疾者使用的楼梯，其美观必须首先服从安全性的原则，设计应充分注意并满足通行的特殊需要。

(2) 楼梯坡度应尽量采用平缓坡度，阶梯的梯段坡度宜在35°以下，或按公式 $2h+b=600\sim620mm$ 计算踏步宽度和高度，但其中 h 值不应大于160mm，如有可能尽量使其踢面高不大于150mm。其中养老建筑为150mm。

(3) 楼梯梯段宜采用直行方式，不宜采用弧形梯段，或在中间平台上设置扇步。公共建筑梯段宽度不应小于1500mm，居住建筑梯段宽度不应小于1200mm。每段梯段的踏步数应在3～18级范围内。每座阶梯的所有踏步均保持相同高度。

(4) 便于弱视人通行的楼梯，须考虑运用强烈的色彩反差，提高视觉效果，增加通行的安全度，减少事故率，如图4.37所示。

2. 地面提示块的设置

地面提示块又称导盲块，一般设置在有障碍物、需要转折、存在高差的场所，利用表面的特殊构造形式，向视力残疾者提供触摸信息，提示应该停步或需要改变行进方向等。如图4.38所示是常用地面提示块的两种形式，在楼梯、坡道上均适用。

图 4.37　无障碍楼梯设计

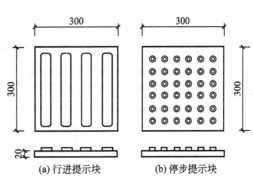

图 4.38　地面提示块样式(单位：mm)

3. 踏步设计注意事项

(1) 供拄拐者及视力残疾者使用的楼梯踏步应选用合理的构造形式及饰面材料，注意踏步形状应为无直角突缘，以防发生勾绊行人或其助行工具的意外事故；踢面应完整、左右等宽。

(2) 踏步凌空一侧应有立缘、踢脚板。

(3) 踏面表面不滑，不得积水。防滑条向上突出踏面不得超过 5mm。如在踏步上铺设地毯，应紧密附着于踏步表面。

(4) 距踏步起点与终点 250~300mm 应设提示盲道，如图 4.39 所示。

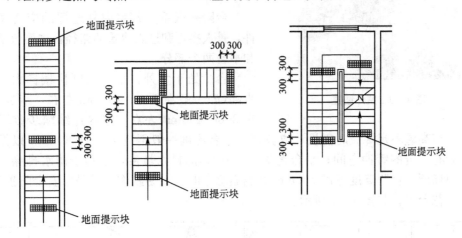

图 4.39　踏步起点与终点提示盲道设置(单位：mm)

4. 楼梯扶手栏杆

楼梯两侧应设扶手，在梯段的起始及终结处，扶手应自其前缘向前伸出 300mm 以上，扶手末端伸向墙面，或向下延伸 100mm，栏杆式扶手应向下成弧形或延伸到地面上固定；两段紧邻梯道扶手应保持连贯。扶手应具备支持体重的强度和稳固性，扶手断面应便于抓握。公共楼梯可设上下层扶手。扶手抓握截面为 35~45mm，侧面与墙面距离为40~50mm，并与墙面颜色要有区别；扶手高850mm，需设两层扶手时下层扶手高650mm。

5. 构件边缘处理

鉴于安全方面的考虑，凡有凌空处的构件边缘，包括楼梯梯段和坡道凌空的一面、室内外平台的凌空边缘等，都应该向上翻起不低于50mm的安全挡台。这样可以防止拐棍或导盲棍等工具向外滑出，对轮椅也是一种安全的制约。

4.7 台阶与坡道

台阶是指在室外或室内的地坪或楼层不同标高处设置的供人行走的阶梯。坡道是指连接不同标高的楼面、地面，供人行或车行的斜坡式交通道，如图4.40所示。本节讨论的室外台阶与坡道是建筑出入口处室内外高差之间的交通联系部件，其位置明显，人流量大，须考虑无障碍设计。

图4.40 室外坡道

4.7.1 台阶的构造

1. 台阶的尺度

台阶是联系建筑室内外地坪的交通联系构件，是人接近和进入建筑的路径，主要包括踏步和平台两个部分。

台阶处于室外，踏步宽度比楼梯大，其踏步高(h)一般在100~150mm左右，踏步宽(b)在300~400mm左右，室内连续踏步数不应少于2级，当高差不足2级时需设计成坡道。平台深度一般不应小于1000mm，以保证外门开启后有一定的缓冲空间；平台需做1%~3%的排水坡度，以利于雨水排除。在人流密集的场所，台阶高度超过700mm并侧面临空时，人易跌伤，需采取安全防护设施，如栏杆、花台等，如图4.41所示。

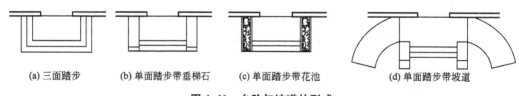

(a) 三面踏步　　(b) 单面踏步带垂梯石　　(c) 单面踏步带花池　　(d) 单面踏步带坡道

图4.41 台阶与坡道的形式

2. 台阶面层

台阶需慎重考虑防滑和抗风化问题。其面层材料应选择防水、防滑、防冻、耐久的材料,如水泥石屑、斩假石(剁斧石)、天然石材、防滑地砖等。

3. 台阶的垫层

步数较少的台阶,垫层做法和地面做法类似。一般只要挖去腐殖土,再采用素土夯实后按台阶的形状做C10混凝土垫层或砖、石垫层即可,如图4.42所示。

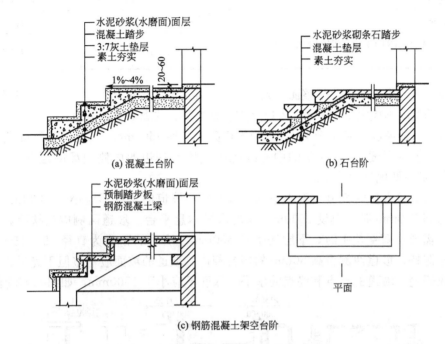

图 4.42 台阶的类型与垫层(单位:mm)

步数较多或地基土质太差的台阶,为避免过多的填土或产生不均匀沉降,可根据情况将钢筋混凝土预制板搁置在梁上,形成架空钢筋混凝土台阶。

严寒地区的室外台阶易出现冻胀破坏,可将台阶的垫层换作含水率低的砂石垫层。

4.7.2 坡道的构造

1. 坡道的设置部位

室内外入口处需通行车辆的建筑或不适宜做台阶的部位,应采用坡道来连接。例如,安全疏散口,如剧场的太平门外必须做坡道,不允许做台阶;医院、疗养院、宾馆或有轮椅通行的建筑,室内外高差除用台阶连接外,还须设置专用坡道;有无障碍设计要求的部位,应设置专用无障碍坡。坡道的坡度一般用高度与长度之比值来表示。

2. 坡道的尺寸

1) 无障碍坡道尺寸

公共建筑无障碍入口有四种形式:平坡入口、坡道入口、台阶与坡道入口、台阶与升降平台入口。无障碍坡道的坡度和宽度见表4-6。

表 4-6　无障碍坡道的坡度和宽度

坡道位置	最大坡度	最小宽度/m
有台阶的建筑入口	1∶12	≥1.20
只设坡道的建筑入口	1∶20	≥1.50
室内走道	1∶12	≥1.00
室外道路	1∶20	≥1.50
困难地段(应只限用于受场地限制改制的建筑物和室外通路)	1∶10～1∶8	≥1.20

平坡入口室内外地面应平整而不光滑,室内外地面的坡度为1‰～2‰,室外地面的滤水箅子孔的宽度不应大于15mm,入口上方设有雨篷、柱廊等遮蔽措施。

坡道入口的坡度不应大于1∶20,当坡道高度达到1500mm时应设1500mm深的水平休息平台。坡道宽度(两侧扶手的中心线距离或挡台翻边的内侧边缘的距离)不应小于1500mm,坡道两侧宜设扶手。

台阶与坡道入口的坡道坡度不应大于1∶12,坡道的宽度不应小于1200mm,当坡道高度达到750mm时,应设1500mm深的水平休息平台。坡道两侧应设扶手,扶手高850mm,需要设双层扶手时,下层扶手高650mm,扶手的断面为直径35～45mm的圆形以便于握持,坡道两侧设高50mm的挡台翻边。坡道的坡面应平整但不光滑,不宜设防滑条或礓磋。坡道的起点和终点的水平段深度不应小于1500mm,如图4.43所示。

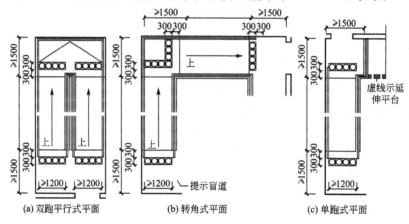

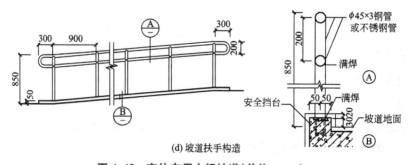

图 4.43　室外专用人行坡道(单位:mm)

台阶与升降平台入口的升降平台不应小于 1200mm×900mm，升降台的两侧应设扶手或挡板及启动按钮，如图 4.44 所示。

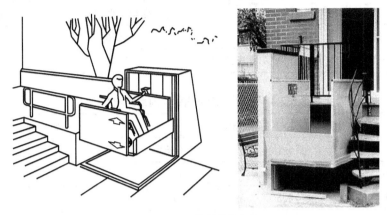

图 4.44　无障碍升降平台

公共建筑无障碍的入口平台应平整而不光滑，平台的宽度应满足轮椅通行与回转的要求，高于 2 级台阶的平台在不通行的边缘应设有栏杆或挡板。在距台阶与坡道的起点与终点 300mm 处宜设置提示盲道。

2) 汽车坡道尺寸

汽车坡道一般为 1∶8～1∶12，也可以用百分比来表示，如小型汽车车道的最大纵向坡度为 15%。坡道面的材料要防滑、耐磨，同时可采用防止雨水回灌的反坡、截水沟等措施，并应有夜间的照明设施以方便使用。车行坡道的纵向坡度大于 10% 时，坡道的始末端应设缓坡以免挂伤汽车底盘，一般缓坡的坡度为坡道中段的 1/2，直线缓坡段的水平长度不应小于 3600mm，曲线缓坡段的水平长度不小于 2400mm，如图 4.45 所示。汽车库坡道最小宽度及纵向最大坡度见表 4-7 和表 4-8。自行车坡度不宜大于 1∶5，并应设有人行的踏步。

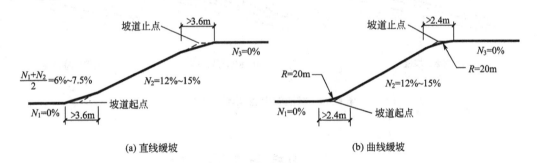

图 4.45　汽车坡道坡度

表 4-7　汽车库坡道的最小宽度　　　　　　　　　　　　　　　单位：mm

坡道形式	计算宽度	最小宽度	
		微型、小型车	中型、大型、铰链车
直线单行	单车宽+800	3000	3500
直线双行	双车宽+2000	5500	7000

(续)

坡道形式	计算宽度	最小宽度	
		微型、小型车	中型、大型、铰链车
曲线单行	单车宽+1000	3800	5000
曲线双行(以车道中心线计)	双车宽+2200	7000	10000

表4-8 汽车库坡道的纵向最大坡度

	直线坡道		曲线坡道	
	百分比	比值(高:长)	百分比	比值(高:长)
微型车、小型车	15	1:6.67	12	1:8.3
轻型车	13.3	1:7.50	10	1:10
中型车	12	1:8.3		
大型客车、大型货车	10	1:10	8	1:12.5
铰链客车、铰链货车	8	1:12.5	6	1:16.7

3. 坡道地面

坡道地面应平整、坚固、防滑，设计时应选用耐久、耐磨、抗风化、抗冻性能好的材料，其构造与台阶相似。对防滑要求较高或坡度较大时可采取设防滑条线或锯齿等措施，如图4.46所示。

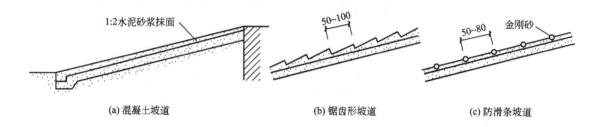

图4.46 坡道的构造(单位:mm)

4.8 电梯与自动扶梯

电梯是一种以电动机为动力的垂直升降机，装有箱状吊舱，用于多层建筑乘人或载运货物。也有台阶式电梯，踏步板装在履带上连续运行，又称自动扶梯，如图4.47所示。习惯上不论其驱动方式如何，都将电梯作为建筑物内垂直交通运输工具的总称。通常，一台电梯的服务人数应在400人以上，服务面积在450~500m² 之间，建筑层数在10层以上时比较经济。

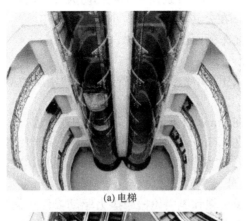

(a) 电梯

(b) 自动扶梯

图 4.47　电梯与自动扶梯

4.8.1　电梯

1. 电梯的类型

1) 按使用性质分

(1) 乘客电梯：为运送乘客而设计的电梯。

(2) 客货电梯：主要为运送乘客，同时也可运送货物的电梯。

(3) 医用电梯：为运送病人、病床、医疗设备的电梯。

(4) 载货电梯：主要为运输货物（通常由人押运）而设计的电梯。

(5) 杂物电梯：不允许进入的货物专用运送升降设备，为防止人进入，其轿厢底板面积不得超过 $1.0m^2$，深度不小于 1000mm，高度小于 1200mm。

(6) 消防电梯：是高层建筑中特有的设施，主要作用是为火灾时运送消防员及消防设备的，平时可兼作客货运输的电梯，要求设有消防前室，载重量大于 800kg，行驶从首层到顶层的时间不超过 60s。消防电梯轿厢内应设专用电话，并在首层设供消防队员专用的操作按钮。动力与控制电缆、电线应采取防水措施，底坑设有集水排水设备。消防电梯间前室宜靠外墙设置，在首层应设直通室外的出口或以长度不超过 30m 的通道通向室外。

消防电梯设在一类公共建筑、塔式住宅、高度超过 32m 的二类公共建筑、12 层及其以上的单元式住宅中。消防电梯宜分别设在不同的防火分区内，并应设前室，其面积在居住建筑中不应小于 4.5m²，在公共建筑中不应小于 6m²。

（7）汽车电梯：为运输车辆而设计的电梯。

2）按电梯行驶速度分

（1）高速电梯：速度大于 2m/s。一般随着建筑物的楼层的增高，需要的速度也增高。消防电梯常采用高速电梯。

（2）中速电梯：速度在 2m/s 以下，一般货梯按中速考虑。

（3）低速电梯：速度在 1.5m/s 以内，如运送食物电梯常用低速电梯。

也有将速度低于 2.5m/s 的称为常规速度，2.5~5m/s 为中速度，5~10m/s 为高速度。

3）按电梯驱动的方式分

（1）曳引电梯：依靠曳引绳和曳引轮槽摩擦力驱动或停止的电梯，曳引电梯可以分为有齿轮和无齿轮两种，无齿曳引电梯常在高速电梯中采用。

（2）液压电梯：依靠液压驱动的电梯，通常梯度为 0.6~1.0m/s，行程高度小于 12m。

4）其他分类

按单台、双台电梯分类；按交流电梯、直流电梯分类；按轿厢容量分类；按电梯门开启方向分类；特殊功能电梯分类等。

（1）观光电梯是把竖向交通工具和登高流动观景相结合的电梯，一般一侧或多侧透明，设置在视野开阔、景色优美的方位或利用电梯的运动增加建筑物的动感和趣味性。

（2）无机房电梯是将电梯的驱动主机安装在井道内或轿厢上，取消电梯顶部的机房以减少对建筑物的空间和高度的影响。

（3）无障碍电梯是能够满足残障人士使用的电梯，其控制键的高度和位置、轿厢门的宽度和开闭时间等均有一定要求。

（4）液压电梯是以液压传动的垂直运输设备，适用于行程高度小（一般不大于 12m）、机房不设在顶部的建筑。货梯、客梯、住宅梯、病床梯可采用液压电梯。

一般常用电梯的载重和尺寸（以富士达电梯为例）见表 4-9。

表 4-9 一般常用电梯的载重和尺寸

产品名称	额定载重量/kg	额定速度/(m/s)	井道尺寸/mm 宽度×深度	轿厢内尺寸/mm 宽度×深度	机房尺寸/mm 宽度×深度	最大层数	开门方式
客梯	630	1.0 1.5	1850×1850	1400×1100	2400×4300	32	中开
	800	1.5 1.75 2.0 2.5	1850×1950	1400×1350	2400×4300		
	1050	1.5	2100×2150	1600×1500	2700×4600		
	1200	1.75	2450×2300	1800×1500	2700×4600		
	1350	2.0	2550×2300	2000×1500	2900×4600		
	1600	2.5	2550×2500	2000×1700	2900×4700		

(续)

产品名称	额定载重量/kg	额定速度/(m/s)	井道尺寸/mm 宽度×深度	轿厢内尺寸/mm 宽度×深度	机房尺寸/mm 宽度×深度	最大层数	开门方式
无机房梯	630	1.0	2000×1800	1400×1100		16	中开
	800	1.5	2000×1950	1400×1350			
	1000	1.75	2250×2150	1600×1400			
小机房梯	630	1.5	1900×1750	1400×1100	1900×1750	32	
	800	1.75	1900×1950	1400×1350	1900×1950		
	1050	2.0	2100×2100	1600×1500	2100×2100		
	1200	2.5	2500×2100	1800×1500	2500×2100		
观光梯	800	1.0	2350×1800	1400×1350	3000×4000	32	
		1.5	2600×2250	1400×1550			
	1000	1.75	2400×2050	1400×1550			
			2500×2000	1600×1500			
			2700×2450	1500×1700			
医用梯	1600	1.0 1.5 1.75	2400×3000	1400×2400	3500×5000	32	侧开
货梯	1000	0.5	2400×2250	1300×1750	3100×3800	12	侧开四扇中分
	1600		2700×2750	1500×2250	3400×4500		
	2000		2700×3200	1500×2700	3400×4900		
	3000	1.0	3600×3200	2200×2700	3600×4500		
	4500		4000×4100	2400×3400	4000×5500		
	5000		4000×4300	2400×3600	4000×5700		

2. 电梯的组成和构造

电梯是由轿厢、电梯井道以及控制设备系统三大部分组成,如图 4.48 所示。其中,电梯的机械控制设备系统由平衡锤、垂直导轨、提升机械、升降控制系统、安全系统等部件组成,它们对土建的构造要求主要包括电梯井道、机房、地坑等部位。

1) 电梯井道

电梯井道是电梯运行的垂直通道,常采用钢筋混凝土整体现浇而成。设计时应综合考虑井道的尺寸、防火、通风、隔声等要求。

(1) 井道的尺寸。由于电梯性质不同,其井道的形状与尺寸要求也各不相同。具体平面净空尺寸需根据选用的电梯型号要求决定,一般为(1800～2500)mm×(2100～2600)mm。观光电梯的井道尺寸还要注意与建筑外观和谐、美观。

(2) 井道的防火。电梯的井道在建筑竖向上贯穿各层,火灾中容易形成烟囱效应,导致火焰和烟气蔓延,是防火的重点部位,应按照防火规范进行设计。

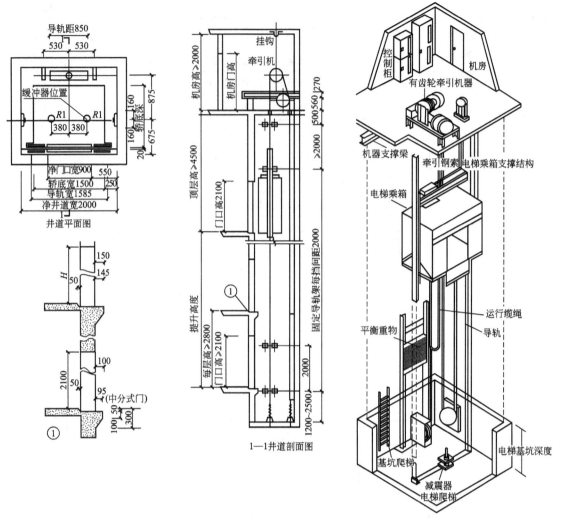

图 4.48 电梯的组成与构造（单位：mm）

井道的围护结构应为耐火极限不低于 2.0h 的不燃烧体。

电梯井道内严禁敷设可燃气体和甲、乙、丙类液体管道，并不应敷设与电梯无关的电缆、电线等。电梯井道壁除开设电梯门洞和通气孔外，不应开设其他洞口。

消防电梯井道、机房与相邻其他电梯井、机房之间，应采用耐火极限不低于 2.0h 的隔墙隔开，当在隔墙上开门时，应设甲级防火门。消防电梯间前室门口宜设挡水设施，井道底部应设排水设施，排水井容量不应小于 2.00m³，排水泵的排水量不应小于 10L/s。

(3) 井道的通风。为有利于通风和一旦发生火灾时能够迅速将烟和热气排除室外，电梯井道的顶部和地坑应有不小于 300mm×600mm 的通风孔，上部可以和排烟孔（井道面积的 3.5%）结合。层数较高的建筑，中间也可酌情增加通风孔。此外，高速电梯的井道也要设通风管以减小轿厢运行时的阻力及噪声。

(4) 井道隔声。电梯在启动和停靠时噪声很大，应采用适当的减振隔声措施。一般情况下，可在机房机座下设弹性垫层；当电梯运行速度超过 1.5m/s 时，除设弹性垫层外，还需在机房与井道之间设隔声层，高度为 1500～1800mm，如图 4.49 所示。

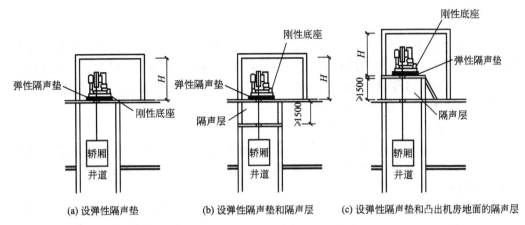

图 4.49 电梯机房隔声、隔振处理（单位：mm）

平面布置中，不宜将有安静要求的用房与电梯井道贴邻布置，否则应采取隔声、隔振措施。

2) 地坑

井道内设地坑主要是为检修和缓冲作用，其尺寸与运行速度有关，通常地坑深度为 1400~3000mm。

井道地坑的地面设有缓冲器，以减轻电梯轿厢停靠时与坑底的冲撞。坑底一般采用混凝土垫层，厚度依据缓冲器反力确定，地坑壁及地坑底均需做防水处理。消防电梯的井道地坑还应有排水设施，为便于检修，需在坑壁设置爬梯和检修灯槽。坑底位于地下室时，宜从侧面开检修用小门，坑内预埋件按电梯厂要求确定。

3) 电梯机房

电梯机房一般设置在电梯井道的顶部，少数设在顶层、底层或地下，如液压电梯的机房位于井道的底层或地下。机房尺寸应根据机械设备尺寸及管理、维修等需要来确定，可向两个方向扩大，一般至少有两个方向每边扩出 600mm 以上的宽度，高度多为 2500~3500mm，电梯机房与井道的平面关系如图 4.50 所示。

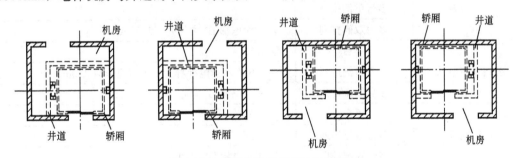

图 4.50 电梯机房与井道的平面关系

机房应有良好的采光和通风条件，其围护结构具有一定的防火、防水和保温、隔热等性能。

机房常用平面尺寸有 1800mm×3600mm、1900mm×3900mm、3800mm×3600mm、4000mm×3900mm、2400mm×3900mm、5000mm×3900mm、2600mm×4000mm、5400mm×4000mm。

3. 电梯的设计要点

为了保证建筑物的通达性，除了所有高层建筑以外，根据使用需求要在下列情况中设置电梯：7 层以上（含 7 层）的住宅，5 层以上（含 5 层）的办公建筑，4 层以上（含 4 层）的医疗建筑、图书馆等，3 层以上（含 3 层）的一、二级旅馆建筑和 4 层以上（含 4 层）的三级旅馆以及其他人行和货运需要的建筑物。

1）电梯的位置

乘客电梯应在主入口明显易找的位置设置，并在附近设有楼梯配套，以方便就近而不乘电梯上下楼，也便于火灾时的紧急疏散（疏散时不能使用电梯，只能使用楼梯）。

2）电梯的数量

（1）客梯。对于办公楼，一般根据总建筑面积估算，每 3000～5000m² 设一台电梯。对于旅馆，每 100 间可放设一台电梯。对于住宅楼，7～11 层每栋楼设置电梯不应少于一台；12 层及以上，每栋楼设置电梯不应少于两台；一般每台电梯服务 60～90 户。

（2）消防梯。当每层建筑面积不大于 1500m² 时，应设 1 台；大于 1500m² 不大于 4500m² 时，应设 2 台；当大于 4500m² 时，应设 3 台。消防电梯可与客梯或工作电梯兼用，但应符合消防电梯的要求。

3）电梯的布置

（1）电梯及电梯厅应适当集中，其位置应考虑使各层及层间服务半径均等。每个服务区单侧排列的电梯不宜超过 4 台，双侧排列的电梯不宜超过 2×4 台。

（2）可按电梯的运行速度，分层分区设置。超高层建筑中，要将电梯分为高、中、低层运行组。

（3）电梯厅与走廊应避免流线干扰，可将电梯厅设在凹处，但不应在转角处贴临布置。

（4）电梯候梯厅的深度应符合表 4-10 所示的规定，并不得小于 1500mm。

表 4-10 候梯厅深度

电梯类别	布置方式	候梯厅深度
住宅电梯	单台	≥B
	多台单侧排列	≥B*
	多台双侧排列	≥相对电梯 B* 之和并<3500mm
公共建筑电梯	单台	≥1.5B
	多台单侧排列	≥1.5B*，当电梯群为 4 台时应≥2400mm
	多台双侧排列	≥相对电梯 B* 之和并<4500mm
病床电梯	单台	≥1.5B
	多台单侧排列	≥1.5B*
	多台双侧排列	≥相对电梯 B* 之和

注：本表内容摘自国家标准《民用建筑设计通则》（GB 50352—2005）；B 为电梯轿厢深度，B* 为最大电梯轿厢深度。

4. 无障碍电梯

在大型公共建筑、医疗建筑和高层建筑中，无障碍电梯是残疾人最理想的垂直交通设施。高层居住建筑设置电梯，应有一台能使急救担架进入的电梯，紧急情况下将起重要作用。电梯的位置宜靠近出入口，候梯厅的面积应不小于1500mm×1500mm。自动扶梯的扶手端部外，应留有不小于1500mm×1500mm轮梯停留及回转空间及安装轮椅标志，如图4.51所示。

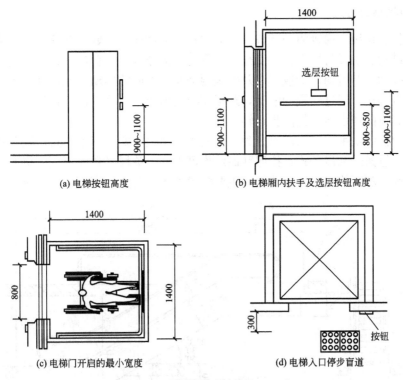

图 4.51 无障碍电梯(单位：mm)

肢体残疾人及视残疾者自行操作的电梯应采用残疾人专配设施的标准无障碍电梯，电梯候梯厅和轿厢无障碍设施与设计要求应符合以下规定。

(1) 电梯厅深度不宜小于1800mm，以满足乘轮椅者转换位置和等候的要求。

(2) 电梯厅按钮高度为900～1100mm，轿厢侧壁上设高900～1100mm带盲文的选层按钮；在轿厢三面壁上设高850～900mm的扶手。

(3) 电梯门洞口净宽度不宜小于900mm，电梯轿厢门开启净宽不应小于800mm，门扇关闭时应有安全措施。

(4) 电梯厅应设在电梯运行显示和抵达音响，轿厢在上下运行中与到达时应有清晰显示和报层音响。

(5) 每层电梯口应安装楼层标志，电梯入口处应设提示盲道。

(6) 在轿厢正面壁上距地900mm至顶部应安装镜子。

(7) 电梯轿厢的规格，应依据建筑性质和使用要求的不同而选用。最小规格为1400mm×1100mm(轮椅可直接进入电梯)，中型规模为1700mm×1400mm(轮椅可在轿厢内旋转180°，正面驶出电梯)，医疗与老人等居住建筑应选用担架可进入的电梯轿厢。

4.8.2 自动扶梯

自动扶梯也被称为滚梯，是循环运行的梯级踏步，具有连续工作、运输量大的特点，是垂直交通工具中效率最高的设备,广泛运用于人流集中的地铁、车站、机场、商店等公共建筑中。

1. 自动扶梯的组成

自动扶梯由梯级、梯级驱动装置、驱动主机、传动部件、紧张装置、扶手装置、梯级导轨、金属结构、盖板与梳齿板、安全装置及电气部分构成。自动扶梯的运行原理是,采取机电系统技术,有电动机变速器以及安全制动器所组成的推动单元拖动两条环链,每级踏板都与环链连接,通过轧辊的滚动,踏板便沿主构架中的轨道循环运转,而在踏板上面的扶手带以相应的速度与踏板同步运转。

自动扶梯按照扶手的装饰可以分为全透明式、半透明式、不透明式;按照梯级的驱动方式可以分为链条式和齿条式;按照踏面结构可以分为踏板式和胶带式;按照梯级的排列方向分为直线式和螺旋式。自动扶梯的主要技术参数如图4.52和表4-11所示。

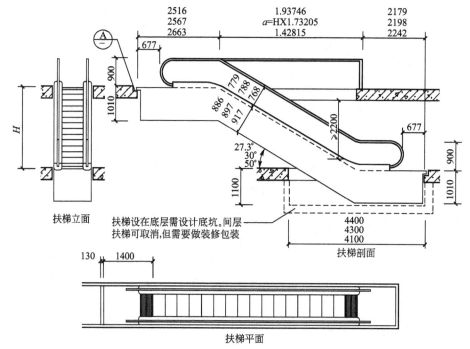

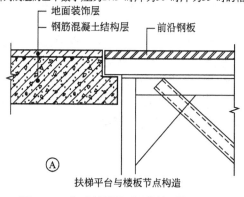

图 4.52 自动扶梯构造(单位:mm)

表 4-11 自动扶梯的主要技术参数

梯形	梯级宽度/mm	提升高度/mm	倾斜角/°	额定速度/(mm/s)	理论运送能力/(人/h)	电源
单人梯	600、800	0~60000	0、27.3、30、35	500、600	4500、6750	三相交流 380V，50Hz 功率，3.7~15kW
双人梯	1000、1200				9000	

注：提升高度 0m 的为自动人行道，提升高度 3~11m 自动扶梯用于室内，提升高度 3.5~60m 的自动扶梯用于室外。

2. 自动扶梯的设计要求

(1) 自动扶梯的布置应在合理的流线上。平面布置可单台或多台设置，可采取平行排列、交叉排列、连贯排列、集中交叉等布置方式。

(2) 自动扶梯和自动人行道不得计作安全出口。

(3) 为保障乘客安全，出入口须设置畅通区。出入口畅通区的宽度不应小于 2500mm，一些公共建筑如商场，常有密集人流穿过的畅通区，应增加人流通过的宽度。

(4) 自动扶梯的栏板应平整、光滑和无突出物；扶手带顶面距自动扶梯前缘、自动人行道踏板面或胶带面的垂直高度不应小于 900mm；扶手带外边至任何障碍物不应小于 500mm，否则应采取措施防止障碍物引起人员伤害。

(5) 扶手带中心线与平行墙面或楼板开口边缘间的距离、相邻平行交叉设置时两梯道之间扶手带中心线的水平距离不宜小于 500mm，否则应采取措施防止障碍物引起人员伤害。

(6) 自动扶梯的梯级、自动人行道的踏板或胶带上空，垂直净高不应小于 2300mm。

(7) 自动扶梯和层间相通的自动人行道单向设置时，应就近布置相匹配的楼梯。

(8) 设置自动扶梯或自动人行道所形成的上下层贯通空间，应符合防火规范所规定有关防火分区等要求。

(9) 自动扶梯的机房悬在楼板下面，因此，这部分楼板必须做成活动的，以方便安装和检修。

本 章 小 结

楼梯的构件组成	• 主要由楼梯段、楼梯平台（楼层平台和中间平台）、栏杆扶手三部分组成
楼梯的类型	• 按所在位置分：室内楼梯、室外楼梯 • 按使用性质分：主要楼梯、辅助楼梯、疏散楼梯、消防楼梯 • 按材料分：木楼梯、钢楼梯、钢筋混凝土楼梯 • 按形式分：直跑式楼梯、平行双跑式楼梯、合分式楼梯、折形式楼梯、交叉式楼梯、螺旋形楼梯、弧形楼梯
楼梯的功能	• 交通 • 支撑与安全

(续)

楼梯的设计要求	• 建筑设计的一般要求（解决垂直交通要求，楼梯数量、平面形式、踏步宽度与高度尺寸等需满足交通和疏散的要求） • 楼梯的宽度和数量要求 • 楼梯的位置要求 • 其他要求（包括防火、采光、施工、经济等要求）
楼梯的尺度	• 楼梯的人体尺度：与楼梯相关的人体工程学参数有身高、体宽、步距、脚掌尺寸、手掌尺寸、重心高度等。 • 楼梯的坡度：楼梯允许坡度范围为 20°～45°，一般 30°较为适宜 • 踏步尺度：常用踏步坡度为 1∶2 左右，常用计算踏步高度和宽度的一般公式为 $2h+b=s=600$～620mm（b 为踏步宽度，h 为踏步高度，600～620mm 为女子及儿童平均跨步长度，s 为步距） • 梯段尺度：梯段宽度应根据紧急疏散时要求通过的人流股数多少确定 • 平台尺度：平台宽度应不小于梯段宽度，并不得小于 1200mm，有特殊设计要求的平台尺度应放宽 • 梯井宽度：梯井的宽度一般为 60～200mm，设计时要根据消防的要求，幼儿及儿童少年专用活动场所的梯井宽度大于 200mm 时必须采取防止少年儿童攀滑的措施 • 栏杆扶手尺度：栏杆扶手高度应大于一般人体重心高度，垂直栏杆杆间净距不应大于 110mm • 楼梯净空高度：平台部位净高不应小于 2000mm，梯段净高不宜小于 2200mm • 楼梯尺寸计算
现浇钢筋混凝土楼梯	• 主要分为板式楼梯（普通板式楼梯、悬臂板式楼梯、扭板式楼梯）和梁板式楼梯（双梁式、单梁式）
预制装配式钢筋混凝土楼梯	• 主要分为小型构件和中、大型构件装配式两大类
楼梯的细部构造	• 踏步面层及防滑处理：一般设置防滑条避免行人行走时滑倒 • 栏杆和扶手构造：栏杆按形式可分为空花式、栏板式、混合式等类型，栏杆与扶手的连接，栏杆与梯段、平台的连接，扶手与墙体的连接应注意牢固和美观 • 楼梯的基础
台阶与坡道	• 台阶的构造：应注意台阶的尺度、面层材料防滑处理、垫层等 • 坡道的构造：应注意坡道的设置部位、无障碍坡道的尺度、汽车坡道尺度、地面材料等
电梯与自动扶梯	• 电梯：电梯的分类方法与类型，电梯的建筑部分构造组成（井道、地坑、电梯机房）的设计要求应符合不同电梯类型的特点及消防要求 • 自动扶梯：提升高度 0m 的为自动人行道，提升高度 3～11m 的自动扶梯用于室内，提升高度 3.5～60m 的自动扶梯用于室外

习 题

一、思考题

1. 楼梯由哪几部分组成？各组成部分起何作用？
2. 楼梯的坡度和踏步尺寸如何确定？在不改变梯段长度的情况下如何加宽踏面？
3. 楼梯的梯段和平台的宽度如何确定？
4. 楼梯的净空高度有哪些规定？当底层平台下做出入口时，为增加净高，常采取哪些措施？
5. 扶手高度从何处量起？一般为多少？
6. 钢筋混凝土楼梯常见的结构形式有哪几种？各自有何特点？
7. 在现浇钢筋混凝土楼梯中，板式楼梯和梁板式楼梯有何不同？
8. 小型构件装配式楼梯的预制踏步有哪几种断面形式和支撑方式？
9. 中型构件装配式楼梯的预制梯段和平台各有哪些形式？
10. 楼梯踏面面层的防滑措施有哪些？
11. 栏杆扶手在平行双跑楼梯的平台转弯处如何处理？
12. 常用电梯有哪几种？
13. 电梯机房如何设计？

二、选择题

1. 在有关楼梯扶手的规定中，下列叙述哪条不正确？（   ）
   A. 室内楼梯扶手高度自踏步面中心量至扶手顶面不宜小于0.9m
   B. 室内楼梯扶手平台处长度超过500mm时，其高度不应小于1.05m
   C. 梯段净宽达三股人流时，应两侧设扶手
   D. 梯段净宽达四股人流时，应加设中间扶手

2. 楼梯从安全和舒适的角度考虑，常用的坡度为（   ）。
   A. 10°～20°   B. 20°～25°   C. 26°～35°   D. 35°～45°

3. 以下有关楼梯设计的表述，哪一条不恰当？（   ）
   A. 楼梯段改变方向时，平台扶手处的宽度不应小于梯段净宽并不小于1.20m
   B. 每个梯段的踏步不应超过20级，也不应少于3级
   C. 楼梯平台上部及下部过道处的净高不应小于2m，梯段净高不应小于2.2m
   D. 儿童经常使用的楼梯，梯井净宽不应大于200mm，栏杆垂直杆件的净距不应大于110mm

4. 图4.53所示地面块材主要供残疾人何种用途？（   ）

图4.53 地面块材

A. 防滑块材　　　B. 拐弯块材　　　C. 停步块材　　　D. 导向块材

5. 下列有关楼梯踏步的最小宽度和最大高度，哪一组是错误的？（　　）
   A. 住宅公用楼梯踏步最小宽度 250mm，最大高度 190mm
   B. 住宅户内楼梯踏步最小宽度 220mm，最大高度 200mm
   C. 幼儿园楼梯踏步最小宽度 260mm，最大高度 150mm
   D. 商场公用楼梯踏步最小宽度 280mm，最大高度 160mm

6. 居住建筑的楼梯宽度一般供 2 人上下设计，其宽度是（　　）m。
   A. 1～1.2　　　B. 1.1～1.4　　　C. 1.1～1.8　　　D. 1～2.1

7. 下列各项中哪一项不属于电梯的设备组成部分？（　　）
   A. 轿厢　　　B. 对重　　　C. 起重设备　　　D. 井道

三、判断题

1. 楼梯按空间形式分可分为木楼梯、钢筋混凝土楼梯、钢楼梯等。　　（　　）
2. 大中学校的公共楼梯最小宽度为 260mm、最大高度为 175mm。　　（　　）
3. 无障碍坡道当采用坡度为 1/12 时，允许的坡段最大高度为 750mm，允许的坡段水平长度为 6000mm。　　（　　）
4. 电梯的建筑结构组成主要包括电梯井道、井道地坑、电梯机房。　　（　　）
5. 电梯机房除特殊需要设置在井道下部外，一般均设在井道顶板之上。（　　）

四、楼梯构造设计

1. 目的要求

通过本设计掌握钢筋混凝土平行双跑楼梯的设计。

2. 设计条件

(1) 某住宅为 6 层砖混结构，开间 2700mm，进深 5100mm，层高 2.8m，室内外高差 600mm。

(2) 楼梯间墙厚为 240mm，定位轴线对中。

(3) 楼梯间底层休息平台下设置对外出入的门洞，门洞口净高要求大于 2000mm。洞口顶部设过梁及雨篷，雨篷挑出 1000mm。门洞内的地坪标高应大于室外地坪 50mm（出入口处可设坡道）。

(4) 楼梯形式采用现浇钢筋混凝土楼梯（板式或梁板式）。楼板与平台板厚 100mm，平台梁断面尺寸 200mm×300mm（包括板厚在内）。楼地面做法自定。

3. 设计内容和深度

本设计需完成以下内容。

(1) 楼梯间底层、二层、标准层及顶层平面图，比例 1∶30～1∶50。

① 绘出楼梯间墙、门窗、踏步、平台及栏杆扶手等。底层平面图还应绘出室外台阶或坡道、部分散水的投影等。

② 标注开间方向两道尺寸线：轴线尺寸、梯段宽、梯井宽和墙内缘至轴线尺寸。

③ 标注进深方向两道尺寸线：轴线尺寸、梯段长度、平台深度和墙内缘至轴线尺寸。梯段长度的标注形式为（踏步数量－1）×踏步宽度＝梯段长度。

④ 内部标注楼层和中间平台标高、室内外地面标高，标注楼梯上下行指示线，并注明该层楼梯的踏步数和踏步尺寸。

⑤ 二层平面画出雨篷轮廓线及尺寸，底层平面图标注剖切符号。

⑥ 注写图名、比例。

(2) 楼梯间剖面图(屋顶可断开不画)，比例1：30～1：50。

① 绘出梯段、平台、栏杆扶手，室内外台阶或坡道、雨篷以及剖切到或投影所见的门窗、楼梯间墙等，剖切到的部分用材料图例表示。

② 标注水平方向两道尺寸线：轴线尺寸，梯段长度、平台宽度和墙内缘至轴线尺寸。

③ 标注垂直方向三道尺寸：建筑总高度，层高尺寸，各梯段的高度(踏步高×该梯段踏步数＝梯段高度)。

④ 标注各楼层标高、各平台标高、室内外标高。

⑤ 标注楼地面装修做法。

⑥ 注写图名、比例。

4．图纸要求

(1) 采用A2图幅，手工绘制或计算机出图。

(2) 图面要求字迹工整，图样布局均匀，线形粗细及材料图例等应符合施工图要求及建筑制图国家标准。

5．设计方法和步骤

(1) 根据楼梯间的开间、进深、层高计算每层楼梯踏步高和宽，楼梯长度和宽度，以及平台宽度。

(2) 根据上述尺寸画出楼梯底层、二层、标准层及顶层平面图的草图。

(3) 确定楼梯结构和构造方案。

① 梯段形式：板式或梁板式(矩形梯梁或锯齿形梯梁)、明步或暗步。

② 平台梁形式：等断面或变断面。

③ 平台板的布置方式：平行于平台梁或垂直于平台梁。

(4) 画出楼梯剖面并按要求标注尺寸。根据计算的踏步级数和踏步高度，首先画出全部踏步的剖面轮廓线，然后按所选定的结构形式画出梯梁高或板式梯段的板厚，确定与平台梁的连接方式(明步与暗步)，画出平台梁，布置两边的平台板，最后画出端墙及门窗。

(5) 根据剖面图调整好的尺寸，画出楼梯底层、二层、标准层及顶层平面图，并按上述要求标注尺寸。

(6) 进一步完善剖面图。

第5章 屋 顶

知识目标

- ■ 熟悉和掌握屋顶的类型。
- ■ 熟悉和掌握屋顶的功能与设计要求。
- ■ 熟悉和掌握平屋顶构造层次,防水构造中卷材防水屋面构造、刚性防水屋面构造、涂膜防水屋面构造。
- ■ 熟悉和掌握平屋顶排水构造,包括坡度形成方式、无组织排水和有组织排水构造。
- ■ 熟悉和掌握平屋顶保温构造:包括"正置式"和"倒置式"保温屋面构造、隔气层设置;隔热构造:反射隔热降温、间层通风隔热降温、蓄水隔热降温、种植隔热降温构造等。
- ■ 熟悉和掌握坡屋顶承重结构以及各种瓦屋面构造。

导入案例

对于大部分新地域主义的实践来说,普遍采用的一种策略是从形式上或从材料上的选用能够找到与本土文化传统建筑的某种关系。但马来西亚杰出的建筑师杨经文的作品并不存在任何可以捕捉到传统或乡土语言的东西,更突出了新技术的应用。在马来西亚炎热的气候里,杨经文总是巧妙地用设计手段来调节建筑小气候,他的自宅就是一个著名的例子。这个住宅南北朝向能够避免阳光射入,又能有利于主导风向的贯通;其最特别的地方就是在高低错落的屋顶上覆盖了一个大伞状的东西,用以遮阳的大屋顶与融合在住宅空间里的水池一起,成为建筑的气候调节器,住宅也因这特别的屋顶而取名为"双屋顶"。

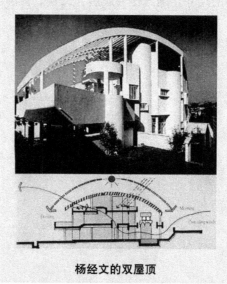

杨经文的双屋顶

5.1 概 述

屋顶是建筑物的最上层起覆盖遮蔽作用、直接抵御雨雪日晒等自然作用的外围护构件，是建筑作为庇护所(Shelter)的原形和基础。自然界的树木为原始人类和动物提供了自然界最典型的建筑——树冠，提供了被遮蔽的空间，为动物和人类的活动提供了一个调节和缓冲的空间环境。类似树冠的伞状空间也可以形成一种简单的空间遮蔽和限定。

屋顶对于建筑性能的实现，最基本的就是防水和排水，此外还要满足保温隔热的性能要求，并能够满足承重(雨雪、绿化、行人、设备荷载)和耐候、耐污、耐久的要求。由于自然界的雨、雪、阳光等的剧烈作用以及资源和造价的限制，对屋顶材料和构造的性能要求较高，还是需要定期地更换以维持必要的遮蔽能力，屋顶仍是建筑物围护体系中相对薄弱的环节。

5.2 屋顶的类型

屋顶主要由屋面、承重结构、各种形式的顶棚及保温、隔热、隔声和防火等功能所需的各种构造层次及相关设施所组成。从屋顶外部形式看，屋顶的形式与建筑的使用功能、屋面材料、结构类型及建筑造型要求等有关。由于这些因素不同，便形成了平屋顶、坡屋顶及曲面屋顶三种形式，如图5.1所示。

(a) 平屋顶　　　　　　　　　(b) 坡屋顶　　　　　　　　　(c) 曲面屋顶

图5.1 屋顶的类型

1. 平屋顶

平屋顶屋面坡度平缓，坡度宜小于10%，常用坡度为1%～3%。其主要优点是节约材料、构造简单、屋面较平阔、便于利用，大量民用建筑采用与楼板层基本类同的结构布置形式，如图5.2所示。

由于防水材料的进步、建筑空间经济性的要求，在现代混合结构和钢筋混凝土建筑中，平屋顶逐步成为了主要形式。平屋顶施工简便，占用建筑高度较小，屋顶可以综合利用(露台、晒台、屋顶绿化等)，提高屋顶上下空间的经济性。平屋顶按其使用功能可分为

图 5.2 平屋顶的形式

上人屋顶和不上人屋顶两种,按照其面层所用材料可分为柔性防水屋面、刚性防水屋面;按照室内使用要求可分保温隔热屋面和无保温隔热屋面。

2. 坡屋顶

坡屋顶屋面坡度一般大于10%,在我国广大地区有着悠久的历史和传统,它造型美观且丰富多彩,并能就地取材,至今仍被一些地区广泛应用。坡屋顶常见形式如图5.3所示。

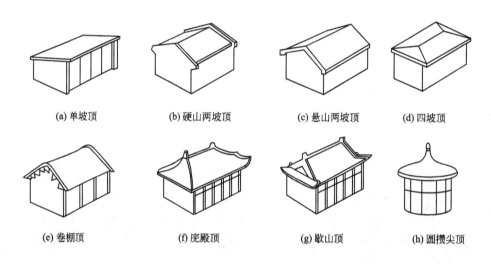

图 5.3 坡屋顶的形式

由于坡屋顶的排水迅速,便于瓦、石片的搭接,防水构造相对简单,便于施工和修补,还可以保证屋顶的透气和防止室内水蒸气的凝结。但是,由于传统屋架大且耗费材料和空间较多,特别是瓦屋顶,自重大、铺装耗费人力大,在现代城市建筑中较为少见,更多的是采用改良的大型水泥瓦、沥青瓦、彩色钢板等材料构筑坡屋顶。

3. 曲面屋顶

曲面屋顶多属于空间结构体系,如壳体、网架、悬索等。这类结构能充分发挥材料的力学性能,节约材料,但施工复杂,造价高,形态各异的空间结构在体育场馆、会展中心、影剧院、大型商场、工厂车间等大跨度的公共建筑中得到了广泛的应用,如图5.4所示。

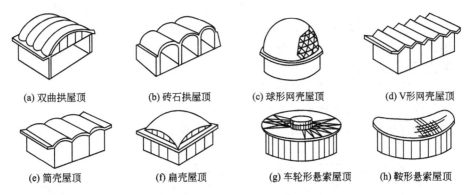

(a) 双曲拱屋顶　　(b) 砖石拱屋顶　　(c) 球形网壳屋顶　　(d) V形网壳屋顶

(e) 筒壳屋顶　　(f) 扁壳屋顶　　(g) 车轮形悬索屋顶　　(h) 鞍形悬索屋顶

图 5.4　曲面屋顶的形式

5.3 屋顶的功能与设计要求

1. 功能

屋顶主要起抵御外界自然因素如风、雨、雪、日晒等对建筑物的侵害作用，并采取相应措施消除消极影响，满足使用功能，为建筑物提供适宜的内部空间环境。同时，屋顶也是房屋顶部的承重结构，受到材料、结构、施工、经济条件等因素的制约。屋顶的型式对建筑物的空间造型起很大影响。

屋顶的最基本的功能是防水排水，因此屋顶的设计首先应满足防水要求。防水是通过选择不透水的屋面材料，以及合理的构造处理来达到目的。防水构造以"堵"为原则，即使防水覆盖材料满铺整个屋面，并做好缝隙搭接处理，以堵住雨水渗漏的可能性。

屋顶排水与防水是相辅相成的。排水可以说是防水的主要措施之一，如果排水非常通畅，则可能简化屋面构造。为了将屋面雨水迅速排除，屋面须作一定的坡度。排水以"导"为原则，利用屋面坡度及构造处理，将雨水因势利导。屋顶的防水及排水是一项综合性的技术问题，它与防水材料、屋顶坡度、承重结构的形式、屋面构造处理等问题有关，需综合加以考虑。设计中应遵循"堵"和"导"相结合的原则来解决好屋顶的防水防漏和排水问题。

屋顶具有良好的保温隔热性能，在寒冷地区的冬季，室内一般都需要采暖，屋顶应具备良好的保温性能，以保证室内温度，节约能耗，并防止内部结露或受潮。在夏季炎热地区，如果屋顶不具备良好的隔热性能，在强烈的太阳辐射和高气温作用下，大量热量就会通过屋顶传入室内，影响人们正常工作和生活。屋顶的保温，通常是采用导热系数小的材料，阻止室内热量流向室外。隔热通常是设置通风间层，利用风压和热压差带走一部分热量，或采用隔热性能好的实体材料隔热，减少传入室内的热量，以及为了达到屋顶结构坚固、稳定屋顶应能承受风、雨、雪等荷载及自重的要求。

2. 设计要求

1) 基本要求

屋顶是房屋最上层的外围护结构，用以抵御自然界的风霜雨雪、太阳辐射、气温变化和其他外界的不利因素，以使屋顶覆盖下的空间有一个良好的使用环境。屋顶在功能设计上应解决防水、保温、隔热等问题。屋面工程设计应包括以下内容。

(1) 屋面防水等级和设防要求的确定。

(2) 屋面排水系统的设计。

(3) 防水层选用的材料及其主要物理性能。

(4) 保温隔热层选用的材料及其主要物理性能。

(5) 屋面细部构造的密封防水措施选用的材料及其主要物理性能。

2) 结构设计要求

在结构上，屋顶是房屋顶部的承重结构，它既承受自身重量和屋顶的各种荷载，也具有水平支撑的作用。因此，在结构设计时，应保证屋顶构件的强度、刚度和整体空间的稳定性。

3) 耐久性要求

由于屋顶属于外围护构件，直接接受太阳辐射、雨雪侵蚀、虫鸟破坏等自然力的作用，屋顶自身的耐候性、耐久性等性能是屋顶材料及其连接方式和构件的必要条件，特别是屋顶防水材料在紫外线作用下的抗老化性能、防水材料的连接和固定的耐久性、易损防水层的保护及与垂直穿过防水层的构件的连接与密封等，均是屋顶构造设计中需要关注的要素。

4) 建筑艺术设计要求

屋顶是建筑形体的重要组成部分，其形式直接影响到建筑造型和形体的完整、均衡。我国优秀传统建筑的重要特征之一就是屋顶外形的多样变化及精美细致的装饰造型。在现代建筑设计中应注意屋顶形式的变化和细部设计，满足人们对建筑工艺方面的更高需求。

5.4 平屋顶构造

5.4.1 构造层次

平屋顶的基本组成除结构层外，根据功能要求还有防水层、保护层、保温隔热层等，在结构层上常设找平层，结构层下可设顶棚，如图 5.5 所示。不同地区的平屋顶构造也有所区别，如我国南方地区，一般不设保温层，而北方地区则很少设隔热层。

1. 找坡层

平屋面的排水坡度分结构找坡和材料找坡。结构找坡要求屋面结构按屋面坡度设置；材料找坡常利用屋面保温层铺设厚度的变化完成，如 1:6 水泥焦碴或 1:8 水泥膨胀珍珠岩。

2. 隔气层

防止室内的水蒸气渗透，进入保温层内，降低保温效果。采暖地区湿度大于 75%～80% 屋面应设置隔气层。

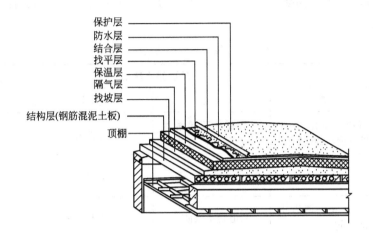

图 5.5 平屋顶基本构造层次

3. 保温层或隔热层

屋顶设置保温层或隔热层的目的是防止冬季及夏季顶层房间过冷或过热。保温层常采用的保温材料有散料类（矿渣、炉渣等）、整体类、板块类；隔热层主要有架空通风、实体材料、反射降温等形式。

4. 找平层

找平层是为了使平屋面的基层平整，以保证防水层能平整，使排水顺畅，无积水。找平层的材料有水泥砂浆、细石混凝土或沥青砂浆。找平层宜设分格缝，并嵌填密封材料。

5. 防水层

平屋面防水层有柔性防水层与刚性防水层两类。

6. 保护层

当柔性防水层置于最上层时，防止阳光的照射使防水材料日久老化，或上人屋面应在防水层上加保护层。保护层的材料与防水层面层的材料有关，如高分子或高聚物改性沥青防水卷材的保护层可用保护涂料；沥青防水卷材冷粘时用云母或蛭石，热粘时用绿豆砂或砾石，合成高分子涂膜用保护涂料；高聚物改性沥青防水涂膜的保护层则用细砂、云母或蛭石。对上人的屋面则可铺砌块材，如混凝土板、地砖等做刚性保护层。

5.4.2 防水构造

屋面功能设计要求中，防水功能设计十分重要。目前采用的有效构造措施主要有两种。一是选用适当的防水材料，形成一个封闭的防水覆盖层，即通常所说的"堵"；二是依照防水材料的不同要求，设置合理的排水坡度，使雨水尽快排离屋面，即所谓"导"。由于平屋顶防水覆盖层较严密，坡度自然较小。因此平屋顶防水是以"导"为辅，以"堵"为主，导与堵互相补充。根据建筑物的性质、重要程度、使用功能、防水层耐用年限、防水层选用材料和设防要求，将屋面防水分为四个等级，见表5-1，此表是确定防水方案的重要依据。

表5-1 屋面防水等级划分标准

项目	屋面防水等级			
	Ⅰ级	Ⅱ级	Ⅲ级	Ⅳ级
建筑物类别	特别重要或对防水有特殊要求的建筑	重要的建筑和高层建筑	一般的建筑	非永久性的建筑
防水层合理使用年限	25年	15年	10年	5年
设防要求	三道或三道以上防水设防	二道防水设防	一道防水设防	一道防水设防
防水层选用材料	宜选用合成高分子防水卷材、高聚物改性沥青防水卷材、金属板材、合成高分子防水涂料、细石防水混凝土等材料	宜选用高聚物改性沥青防水卷材、合成高分子防水卷材、合成高分子防水涂料、高聚物改性沥青防水涂料、细石防水混凝土、平瓦等材料	宜选用高聚物改性沥青防水卷材、合成高分子防水卷材、三毡四油沥青防水卷材、高聚物改性沥青防水涂料、合成高分子防水涂料、细石防水混凝土、平瓦、油毡瓦等材料	可选用二毡三油沥青防水卷材、高聚物改性沥青防水涂料等材料

注：1—本规范中采用的沥青均指石油沥青，不包括煤沥青和煤焦油等材料。
　　2—石油沥青纸胎油毡和沥青复合胎柔性防水卷材，系限制使用材料。
　　3—在Ⅰ、Ⅱ级屋面防水设防中，如仅做一道金属板材时，应符合有关技术规定。

1. 卷材防水屋面构造

卷材防水也称柔性防水，是指将防水卷材用粘结剂粘贴在屋面上，形成一个大面积的封闭防水覆盖层。这种防水层具有一定的延伸性和可变性，整体性好，能适应震动和微小变形等变化因素的影响，不易渗漏，Ⅰ~Ⅳ级屋面防水均适用。卷材防水按其使用材料的不同，可分为沥青类卷材防水屋面、高聚物改性沥青卷材防水屋面、合成高分子卷材防水屋面。

1) 柔性防水屋面的防水材料

(1) 沥青类防水卷材。

沥青类防水卷材是用原纸、纤维织物(如玻璃丝布、玻璃纤维布、麻布)等为胎体浸渍沥青而成的卷材，传统上用得最多的是纸胎石油沥青油毡。纸胎石油沥青油毡是将纸胎在热沥青中渗透浸泡两次后制成。沥青油毡屋面防水层，易产生起鼓，沥青易熔化流淌。低温条件下，油毡易脆裂，导致使用寿命缩短和防水质量下降，加之熬制沥青污染环境，近年来在实际工程中已较少采用。

(2) 高聚物改性沥青类防水卷材。

高聚物改性沥青类防水卷材是以合成高分子聚合物改性沥青为涂盖层，纤维织物或纤维毡为胎体的卷材，粉状、粒状、片状或薄膜材料等作为覆面材料制成的可卷曲防水材料，常用的有弹性体改性沥青防水卷材(SBS)、塑性体改性沥青防水卷材(APP)、改性沥青聚乙烯胎防水卷材(PEE)。高聚物改性沥青类防水卷材克服了沥青类卷材温度敏感性大、延伸率小的缺点，具有高温不流淌，低温不脆裂，抗拉强度高的特点，能够较好地适应基层开裂及伸缩变形的要求。

(3) 合成高分子类防水卷材。

合成高分子类防水卷材是以各种合成橡胶、合成树脂或两者的共混体为基料，加入适量的化学辅助剂和填充料。经不同的工序加工而成的卷曲防水材料。目前使用的品种有三元乙丙橡胶、聚氯乙烯、氯化聚乙烯等防水卷材。合成高分子类防水卷材具有拉伸强度高，断裂伸长率大，抗撕裂强度高(抗拉强度达到 2~18.2MPa)，耐热性能好，低温柔性大(适用温度在 $-20℃ \sim +80℃$)，耐老化及可以冷施工等优点，目前属于高档防水卷材。

(4) 卷材粘结剂。

① 沥青卷材粘结剂。主要有冷底子油和沥青胶等。冷底子油是 10 号或 30 号石油沥青熔于轻柴油、汽油或煤油中而制成的熔液，如图 5.6 所示。将其涂在水泥砂浆或混凝土基层上做基层处理剂，使基层表面与沥青粘结剂之间形成一层胶质薄膜，提高粘结性能；沥青胶又称玛蹄脂，是在沥青熬制过程中，为提高其耐热度、韧性、粘结力和抗老化性能，掺入适量滑石粉、石棉粉等加工制成。

② 高聚物改性沥青卷材、高分子卷材粘结剂。主要为熔剂型粘结剂。用于改性沥青类的有 RA-86 型氯丁胶粘结剂、SBS 粘结剂等；高分子卷材如三元乙丙橡胶用聚氨酯底胶基层处理剂、CX-404 氯丁橡胶粘结剂等。

2) 卷材防水屋面做法

卷材防水屋面由多层材料叠合而成，其基本构造层次按其作用分别为结构层、找平层、结合层、防水层和保护层组成，如图 5.7 所示。

 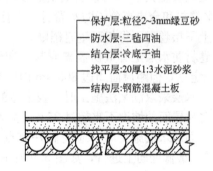

图 5.6 卷材粘结剂　　　图 5.7 卷材防水屋面基本构造(单位：mm)

(1) 结构层。通常为预制或现浇钢筋混凝土屋面板，要求具有足够的强度和刚度。

(2) 找平层。防水卷材应铺设在表面平整、干燥的找平层上，找平层一般设在结构层或保温层屋面上面，用 1:3 水泥砂浆进行找平，其厚度为 15~30mm。待表面干燥后作为卷材防水层的基层，基层不得有酥松、起砂、起皮现象。为避免找平层由于干缩、温度、受力等原因，产生变形开裂而影响卷材防水层质量，宜在找平层上留设纵横间距不大于 6m 的分格缝，缝宽为 20mm，并嵌填密封材料。屋面板为预制装配式时，分格缝应设在预制板的端缝处。分格缝上面应覆盖一层 200~300mm 宽的附加卷材，用粘结剂单边点粘，使分格缝处的卷材有较大的伸缩余地，避免开裂，如图 5.8 所示。

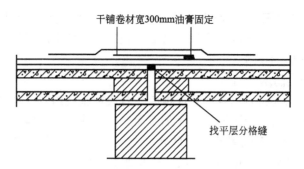

图 5.8　卷材防水屋面分格缝构造

（3）结合层。使卷材与基层牢固胶结而涂刷的基层处理剂。沥青类卷材常用冷底子油做结合层；改性沥青卷材常用改性沥青粘结剂；高分子卷材常用配套处理剂，也采用冷底子油或乳化沥青做结合层。

（4）防水层。高聚物改性沥青防水卷材常采用热熔法施工，即用火焰加热器将卷材均匀加热至表面光亮发黑，然后立即滚铺卷材使之平展并辊压牢实。厚度小于 3mm 的高聚物改性沥青防水卷材严禁采用热熔法施工。合成高分子防水卷材采用冷粘法施工。铺贴防水卷材前，基层必须干净、干燥。干燥程度的简易检验方法，是将 $1m^2$ 卷材平铺在找平层上，静置 3~4h 后掀开检查，找平层覆盖部位与卷材上未见水印即可铺设。大面积铺贴防水卷材前，要在女儿墙、水落口、管根、檐口、阴阳角等部位铺贴卷材附加层。卷材铺贴方向应符合下列规定。

① 屋面坡度小于 3% 时卷材宜平行屋脊铺贴。

② 屋面坡度在 3%~15% 时卷材可平行或垂直屋脊铺贴。

③ 屋面坡度大于 15% 或屋面受震动时，沥青防水卷材应垂直屋脊铺贴，高聚物改性沥青防水卷材和合成高分子防水卷材可平行或垂直屋脊铺贴。

④ 上下层卷材不得相互垂直铺贴。

⑤ 卷材防水层上有重物覆盖或基层变形较大时应优先采用空铺法、点粘法、条粘法或机械固定法，但距屋面周边 800mm 内以及叠层铺贴的各层卷材之间应满粘。

⑥ 防水层采取满粘法施工时，找平层的分格缝处宜空铺，空铺的宽度宜为 100mm。

⑦ 卷材屋面的坡度不宜超过 25%，当坡度超过 25% 时，应采取防止卷材下滑的措施。

⑧ 屋面防水层施工时，应先做好节点、附加层和屋面排水比较集中等部位的处理，然后由屋面最低处向上进行，如图 5.9 所示。铺贴天沟、檐沟卷材时宜顺天沟檐沟方向减

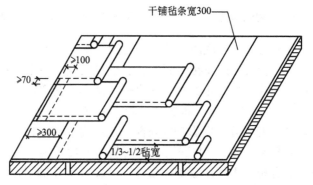

图 5.9　卷材搭接方法（单位：mm）

少卷材的搭接。铺贴卷材应采用搭接法。平行于屋脊的搭接缝应顺流水方向搭接；垂直于屋脊的搭接缝应顺年最大频率风向搭接；叠层铺贴的各层卷材，在天沟与屋面的交接处，应采用叉接法搭接，搭接缝应错开，搭接缝宜留在屋面或天沟侧面，不宜留在沟底。上下层及相邻两幅卷材的搭接缝应错开。卷材搭接宽度详见表 5-2。

表 5-2 卷材搭接宽度　　　　　　　　　　　　　　　单位：mm

卷材种类	铺贴方法	短边搭接		长边搭接	
		满粘法	空铺、点粘、条粘法	满粘法	空铺、点粘、条粘法
沥青防水卷材		100	150	70	100
高聚物改性沥青防水卷材		80	100	80	100
自粘聚合物改性沥青防水卷材		60	—	60	—
合成高分子防水卷材	胶粘剂	80	100	80	100
	胶粘带	50	60	50	60
	单缝焊	60，有效焊接宽度不小于 25			
	双缝焊	80，有效焊接宽度 10×2＋空腔宽			

（5）保护层。设置保护层使卷材不致因日照和气候等的作用而迅速老化，防止沥青类卷材的沥青过热流淌或受到暴雨的冲刷。保护层的构造做法根据屋顶的使用情况而定。

不上人屋面的构造做法，如图 5.10 所示。沥青防水屋面一般在防水层上撒粒径 3～5mm 的小石子作为保护层，称为绿豆砂保护层。为防止暴风雨的冲刷使沙粒流失而使沥青类防水卷材裸露，将石子的粒径增大到 15～25mm，厚度增加到 30～100mm，使太阳辐射温度明显下降，对提高柔性防水屋面的使用寿命有利，但是增大了屋面的自重。合成高分子卷材如三元乙丙橡胶防水屋面等通常是在卷材面上涂刷水溶型或溶剂型的浅色涂料保护层，如氯丁银粉胶等。

上人屋面构造做法（图 5.11），即是保护层又是屋面面层，故要求保护层平整耐磨。

图 5.10 不上人屋面构造（单位：mm）

做法通常有：用砂浆铺贴缸砖、大阶砖、混凝土板等块材；在防水层上现浇 30～40mm 厚的细石混凝土。块材或整体保护层均应设分格缝，位置是屋顶坡面的转折处，屋面与突出屋面的女儿墙、烟囱等的交接处。保护层分格缝应尽量与找平层分格缝错开，缝内用防水油膏嵌封。上人屋面做屋顶花园时，花池、花台等构造均应在屋面保护层上设置。为防止块材或整体屋面由于温度变形将油毡防水层拉裂，宜在保护层与防水层之间设置隔离层，隔离层可采用低强度砂浆或干铺一层油毡。

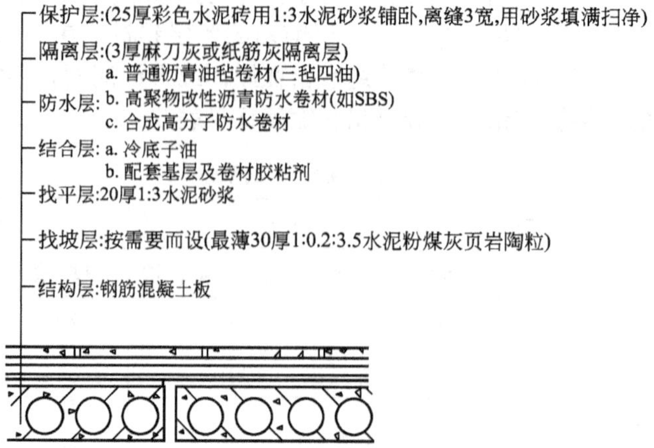

图 5.11 上人屋面构造(单位：mm)

3) 卷材防水屋面的泛水构造

泛水指屋顶上沿着所有垂直面所设的防水构造。女儿墙、山墙、烟囱、变形缝等所有与屋面防水层垂直相交的墙面，均需在穿透防水层的接缝处作泛水处理，以防漏水。不上人屋面检修孔、屋面出入口(屋顶平台入口)、屋面设备基座、管道出屋面封口等屋面开口部构造原理同一般的屋面泛水，必须保证足够的泛水高度并注意防水收头的固定密封以及防水层的保护。

(1) 女儿墙泛水构造。由于平屋顶的排水坡度较小，排水缓慢，为防止卷材收头开启、脱落造成渗漏，卷材泛水应有一定的高度。找平层在泛水处应做成弧形($R=50\sim100$mm)或 45°斜面，并一直做到墙面。凹槽距屋面找平层高度不应小于 250mm，为加强泛水处的防水能力，一般需加铺卷材一层。卷材收头处极易脱口渗水，现行做法为将卷材收头直接压在女儿墙的压顶下，如图 5.12 所示；也可以在砖墙上留凹槽，卷材收头应压入凹槽内固定密封，凹槽上部的墙体亦应做防水处理，如图 5.13 所示；当墙体材料为混凝土时，卷材的收头可采用金属压条钉压，并用密封材料封固，如图 5.14 所示。

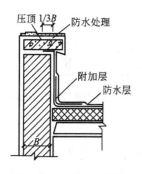

图 5.12 卷材泛水收头

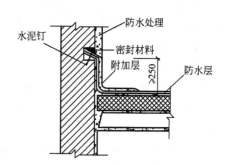

图 5.13 砖墙卷材泛水收头(单位：mm)

(2) 檐口泛水构造。当屋面采用无组织排水时，挑檐部分在 800mm 范围内卷材铺设采取满粘法；卷材收头处距挑檐端头宜不小于 100mm，并用水泥钉固定油膏密封，如

图 5.15 所示。有组织排水时，挑檐多做成天沟，天沟内应增铺附加层，当采用沥青防水卷材时应加铺一层油毡；当采用高聚物改性沥青防水卷材或合成高分子防水卷材时，宜采用防水涂膜增强层。天沟与屋面交接处的附加层宜空铺，空铺宽度应不小于200mm，如图 5.16 所示。天沟卷材收头处应用钢条压住，水泥钉钉牢，最后用油膏密封，如图 5.17 所示。

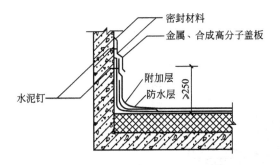

图 5.14 混凝土卷材防水收头(单位：mm)

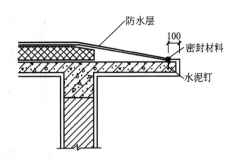

图 5.15 无组织排水檐口泛水收头(单位：mm)

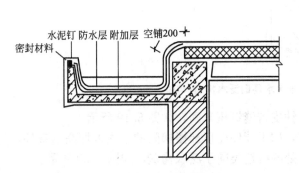

图 5.16 挑檐沟卷材泛水(单位：mm)

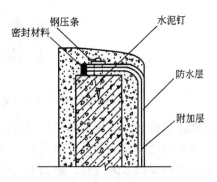

图 5.17 天沟卷材收头构造

（3）水落口泛水构造。水落口是屋面排水的关键部位，构造上要求通畅、防止渗漏和堵塞。外檐沟和内排水的水落口都是在水平结构上开洞，采用铸铁漏斗形定型件（直管），用水泥砂浆埋嵌牢固。水落口四周加铺卷材一层，并铺至漏斗内，表面涂油膏，嵌入深度不小于 50mm，顶部用铁罩（带箅）压盖。穿越女儿墙的水落口（弯管），采用侧向排水法，防水卷材应铺入弯管内不少于 50mm，管口用铁箅遮盖以防堵塞，如图 5.18 所示。有垫坡或保温层的屋面，可在雨水口直径 500mm 周围减薄，形成漏斗形，使排水更顺畅，避免积水。

（4）屋面变形缝处泛水构造。卷材防水屋面变形缝泛水构造主要分为等高屋面变形缝和高低屋面变形缝处的防水构造处理，登高屋面变形缝处泛水可在变形缝两边结构体上砌筑附加矮墙，以挡住屋顶雨水。变形缝处的泛水高度不应小于250mm，变形缝内嵌填沥青麻丝。矮墙顶部可用镀锌铁皮盖缝，也可铺一层卷材后用混凝土盖板压顶，高低屋面变形缝处泛水应在低侧屋面结构体上砌筑矮墙。当变形缝宽度较小时，可以从高侧墙上悬挑钢筋混凝土板盖缝，具体构造详见第 7 章。

（5）屋顶检修孔、屋顶出入口泛水构造。不上人屋面须设屋面检修孔。检修孔四周的孔壁可用砖立砌，也可在现浇屋面板时将混凝土上翻制成，其高度一般为250mm，壁外

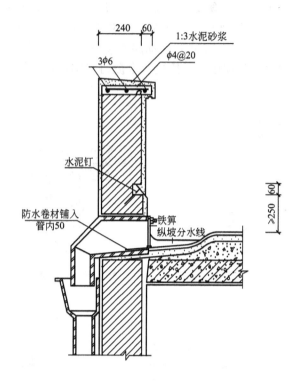

图 5.18 女儿墙外排水水落口泛水构造(单位：mm)

侧的防水层应做成泛水并将卷材用镀锌铁皮盖缝钉压牢固，如图 5.19 所示。

出屋面楼梯间一般需设屋顶出入口，如不能保证顶部楼梯间的室内地坪高出室外，就要在出入口设挡水的门槛。屋面出入口处的构造类同于泛水构造，如图 5.20 所示。

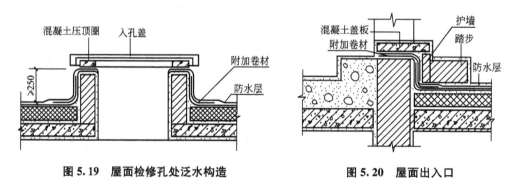

图 5.19 屋面检修孔处泛水构造　　　　图 5.20 屋面出入口

2. 刚性防水屋面构造

刚性防水屋面主要适用于防水等级为Ⅳ级的屋面防水，也可用作Ⅰ、Ⅱ级屋面多道防水设防中的一道防水层，刚性防水层不适用于受较大振动或冲击的建筑屋面。刚性防水屋面的防水层采用防水砂浆抹面或密实混凝土浇筑而成的刚性防水材料，具有施工方便、造价经济、维修方便等优点，缺点是对温度变化和结构变形较为敏感，施工技术要求较高，易产生裂缝而渗漏，必须采取防止裂缝的构造措施。

1) 刚性防水屋面的防水材料

刚性防水屋面是以防水砂浆或细石混凝土浇捣形成的屋面防水层,施工时如果用水量超过水泥水化过程所需的用水量,多余的水在混凝土硬化过程中,逐渐蒸发形成许多空隙和互相贯通的毛细孔;另外过多的水分在砂石骨料表面会形成一层游离的水,相互之间形成毛细通道。这些毛细通道都会使砂浆或混凝土收水干缩时表面开裂,形成屋面的渗水通道。由此可见,普通的水泥砂浆或细石混凝土必须经过处理才能作为屋面的刚性防水层。

(1) 掺加防水剂。防水剂系化学原料配制,通常为憎水性物质、无机盐或不溶解的肥皂,如硅酸钠(水玻璃)类、氯化物或金属皂类制成的防水粉或浆。掺入砂浆或混凝土后,能与之生成不溶性物质,填塞毛细孔道,形成憎水性壁膜,提高砂浆或混凝土密实性。

(2) 掺加膨胀剂。掺入适量的矾土水泥和二水石粉等膨胀剂配置的细石混凝土,在结硬时产生微膨胀效应,抵消混凝土的原有收缩性,以提高抗裂性。

(3) 提高密实性。控制水灰比,加强浇注时振捣,均可提高砂浆和混凝土的密实性。细石混凝土在初凝前表面用铁滚碾压,使余水压出,初凝后加少量干水泥,待收水后用铁板压平,表面打毛,然后浇水养护,从而提高了面层密实性和避免了表面龟裂。

2) 防止防水层变形开裂的措施

刚性防水屋面最大的问题是防水层在施工完成后出现裂缝而漏水。裂缝的原因很多,有气候变化和太阳辐射引起的屋面热胀冷缩,有屋面板变形挠曲、徐变及地基沉降、材料干缩对防水层的影响。为适应以上各种情况,防止防水层开裂,可以采取以下几种处理方法。

(1) 配筋。细石混凝土屋面防水层厚度不应小于40mm,混凝土强度等级不应小于C20,为提高其抗裂和应变能力,常配置直径4~6mm、间距为100~200mm的双向钢筋网片,钢筋网片在分格缝处应断开,其保护层度不小于10mm。

(2) 设置分格缝。分格缝也称分仓缝,是防止屋面不规则裂缝以适应屋面变形而设置的人工缝,如图5.21所示。

① 分格缝的作用。大面积的整体现浇混凝土防水层受气温影响产生的温度变形较大,容易导致混凝土开裂,设置一定数量的分格缝可减小单块混凝土防水层的面积,从而减小伸缩变形,有效防止和限制裂缝的产生。由于在荷载作用下屋面板会产生翘曲变形,支承端翘起,在支承端预留分格缝就可有效防止和限制裂缝的产生。刚性防水层与女儿墙的变形不一致,所以刚性防水层不能紧贴在女儿墙上,它们之间做柔性封缝处理,以防止刚性防水层开裂引起渗漏。

图5.21 屋面分格缝

② 分格缝的位置。分格缝应设置在温差变形的允许范围内和结构构件变形的敏感部位。结构变形敏感的部位主要指装配式屋面板的支承端、屋面转折处、现浇屋面板与预制屋面板的交接处、刚性防水层与女儿墙的交接处。一般情况下,分格缝纵横间距不宜大于6m。刚性防水屋面的结构层宜为整体现浇混凝土板。在预制屋面板上,分格缝应设置在板的支座等处较为有利,当建筑物进深在10m以下时可在屋脊设纵向缝;进深大于10m时最好在坡面中间某板缝处再设一道纵向分仓缝,分格缝设置如图5.22所示。

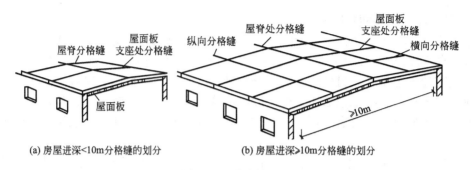

图 5.22 分格缝位置

③ 分格缝构造。分格缝的宽度宜为 5~30mm，分格缝内应嵌填密封材料，上部应设置保护层。为不使油膏下落，缝内应用弹性材料、泡沫塑料或沥青麻丝填底。刚性防水层与山墙、女儿墙、屋面变形缝两侧的墙体交接处应留宽度为 30mm 的缝隙，并应用密封材料嵌填，并应做柔性密封处理。为了施工方便，近来混凝土刚性屋面常采用将大面积细石混凝土防水层一次性连续浇筑，然后用电锯切割分仓缝。这种做法，切割缝宽度只有 5~8mm，对温差的胀缩尚可适应，但无法进行油膏灌缝，只能用干铺卷材方式进行防水处理。

3) 设置隔离层

隔离层即浮筑层，是刚性防水层与结构层之间增设的一层隔离层，它使防水层与结构层分开以适应各自的变形，减少了相互影响和制约。其具体做法为：首先在结构层上面用水泥砂浆找平（整体现浇楼板一般不同找平），然后铺纸筋灰、低标号砂浆或薄砂层上干铺一层油毡等材料作隔离层，如图 5.23 所示。

4) 刚性防水屋面的泛水构造

刚性防水屋面的泛水构造要点与卷材屋面相同的地方是泛水应有足够高度，一般不小于 250mm，泛水应嵌入立墙上的凹槽内并用压条及水泥钉固定。不同的地方是刚性防水层与屋面突出物（女儿墙、烟囱等）间须留分隔缝，另铺贴附加卷材改缝形成泛水。

(1) 女儿墙泛水构造。

一般做法如图 5.24 所示：在屋面防水层与屋面突出物间须留分格缝，缝隙应用密封材料嵌缝。泛水处应铺设卷材或涂膜附加层，卷材应一直铺贴到墙上，卷材收头应嵌入凹槽内固定密封。

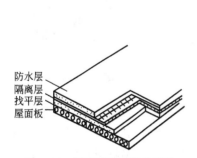

图 5.23 隔离层屋面构造层次

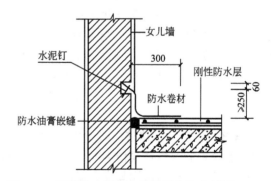

图 5.24 刚性防水屋面女儿墙泛水构造（单位：mm）

(2) 檐口泛水构造。

刚性屋面檐口的形式一般有自由落水挑檐口、挑檐沟外排水檐口、女儿墙外排水檐口、坡檐口等。

① 自由落水挑檐口。当挑檐较短时，可将混凝土防水层直接悬挑出去形成挑檐口；当所需挑檐较长时，为了保证悬挑结构的强度，应采用与屋顶圈梁连为一体的悬臂板形成挑檐，在挑檐板与屋面板上做好找平层和隔离层后浇筑混凝土防水层，两种情况都要做好檐口处滴水，檐口构造如图5.25所示。

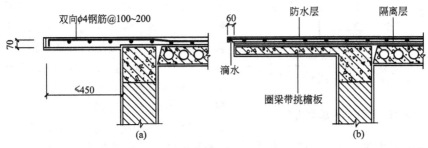

图 5.25　自由落水挑檐口构造(单位：mm)

② 挑檐沟外排水檐口。挑檐口采用有组织排水方式时，常将檐部做成排水檐沟。檐沟板断面为槽形并与屋面圈梁连成整体。如图5.26所示，沟内底部设纵向排水坡，防水层挑入沟内并做滴水，以防止爬水。

③ 女儿墙外排水檐口。刚性防水屋面应采用结构找坡，坡度宜为2‰～3‰。在跨度不大的平屋面中，当采用女儿墙外排水时，常利用倾斜的屋面板与女儿墙间的夹角做成三角形断面天沟，如图5.27所示，天沟内设有纵向排水坡。

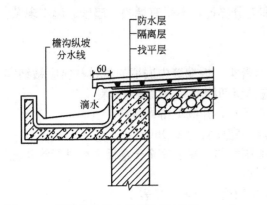

图 5.26　挑檐沟外排水檐口构造(单位：mm)

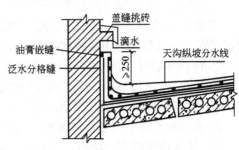

图 5.27　女儿墙外排水檐口构造(单位：mm)

（3）变形缝处泛水构造。

刚性防水屋面变形缝处泛水构造详见第7章。

3. 涂膜防水屋面构造

涂膜防水是用防水涂料直接涂刷在屋面基层上，形成一层满铺的不透水薄膜层，涂膜主要类型有高聚物改性沥青防水涂膜、合成高分子防水涂膜、聚合物水泥防水涂膜。涂膜防水主要适用于防水等级为Ⅲ、Ⅳ级的屋面，也可用作Ⅰ、Ⅱ级屋面多道防水设防中的一道。涂膜防水具有粘结力强、延伸率大、弹性好、耐腐蚀、耐老化、不燃烧、无毒、冷作业施工方便等特点，在工程中得到广泛应用，如图5.28所示。

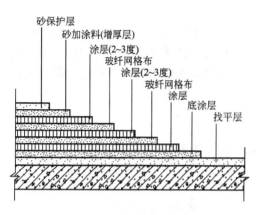

图 5.28 涂膜防水屋面构造

1) 涂膜防水材料

涂膜防水材料主要有各种涂料和胎体增强材料两大类。

（1）涂料。防水涂料的种类很多，按其溶剂或稀释的类型可分为溶剂型、水溶型、乳液型等。按施工时涂料液化方法的不同则可分为热熔型、常温型等。氯丁胶乳沥青防水涂料以氯丁胶乳和石油沥青为主要原料，选用阳离子乳化剂和其他助剂，经软化而成，是一种水乳型涂料。焦油聚氨制脂防水涂料又名851涂膜防水胶，是以异氰酸脂为主剂和以煤焦油为填料的固化剂构成的双组分高分子涂膜防水材料，其甲、乙两液混合后经化学反应能在常温下形成一种耐久的橡胶弹性体，从而起到防水的作用。塑料油膏以废旧聚氯乙烯塑料、煤焦油、增塑剂、稀释剂、防老化剂及填充材料等配置而成。

（2）胎体增强材料。某些防水涂料（如氯丁胶乳沥青涂料）需与胎体增强材料（即所谓的布）配合，以增强涂层的贴附覆盖能力和抗变形能力。目前，使用较多的胎体增强材料为 0.1mm×6mm×4mm 或 0.1mm×7mm×7mm 的中性玻璃纤维网格布或中碱玻璃布、聚酯无纺布等。

2) 涂膜防水施工构造要点

（1）基层干燥。找平层表面应压实平整，排水坡度应符合设计要求，采用水泥砂浆找平层时，水泥砂浆抹平收水后应二次压光和充分养护，不得有酥松、起砂、起皮现象。铺设屋面防水层前，基层必须干净、干燥。

（2）屋面板缝处理应符合下列规定。

① 板缝应清理干净，细石混凝土应浇捣密实，板端缝中嵌填的密封材料应粘结牢固，封闭严密，无保温层屋面的板端缝和侧缝应预留凹槽，并嵌填密封材料。

② 抹找平层时，分格缝应与板端缝对齐顺直，并嵌填密封材料。

③ 涂膜施工时，板端缝部位空铺附加层的宽度宜为 100mm。

④ 基层处理剂应配比准确充分搅拌，涂刷均匀，覆盖完全干燥后方可进行涂膜施工。

3) 高聚物改性沥青防水涂膜施工构造要点

（1）防水涂膜应多遍涂布，其总厚度应达到设计要求，见表 5-3。

表 5-3 涂膜厚度选用表

屋面防水等级	设防道数	高聚物改性沥青防水涂料	合成高分子防水涂料和聚合物水泥防水涂料
Ⅰ级	三道及三道以上设防	—	不应小于1.5mm
Ⅱ级	二道设防	不应小于3mm	不应小于1.5mm
Ⅲ级	一道设防	不应小于3mm	不应小于2mm
Ⅳ级	一道设防	不应小于2mm	—

（2）防水涂膜应分遍涂布，待先涂布的涂料干燥成膜后，方可涂布后一遍涂料，且前后两遍涂料的涂布方向应相互垂直。屋面转角及立面的涂膜应薄涂多遍不得有流淌和堆积现象。涂层的厚度，应均匀且表面平整。

（3）涂层间夹铺胎体增强材料时，宜边涂布边铺胎体，胎体应铺贴平整，排除气泡，并与涂料粘结牢固。在胎体上涂布涂料时，应使涂料浸透胎体，覆盖完全，不得有胎体外露现象。最上面的涂层厚度不应小于1.0mm。

（4）涂膜防水层应先做好节点处理，铺设带有胎体增强材料的附加层，沿找平层分格缝增设带有胎体增强材料的空铺附加层，其空铺宽度宜为100mm，然后再进行大面积涂布。

（5）涂膜防水屋面应设置保护层，保护层材料可采用细砂、云母、蛭石、浅色涂料、水泥砂浆块体材料或细石混凝土等。采用水泥砂浆块体材料或细石混凝土时，应在涂膜与保护层之间设置隔离层，水泥砂浆保护层厚度不宜小于20mm。

（6）高聚物改性沥青防水涂膜严禁在雨天、雪天施工，风力五级及以上时不得施工。

4）合成高分子防水涂膜施工

（1）可采用涂刮或喷涂施工。当采用涂刮施工时，每遍涂刮的推进方向宜与前一遍相互垂直。

（2）多组分涂料应按配合比准确计量，搅拌均匀，已配成的多组分涂料应及时使用，配料时可加入适量的缓凝剂或促凝剂来调节固化时间，但不得混入已固化的涂料。

（3）在涂层间夹铺胎体增强材料时位于胎体下面的涂层厚度，不宜小于1mm，最上层的涂层不应少于两遍其厚度不应小0.5mm。

5）涂膜防水屋面泛水构造要求

涂膜防水屋面的泛水构造要求及做法类同于卷材防水屋面。

5.4.3 屋顶排水构造

屋顶排水设计的重点是解决好屋顶排水坡度，确定排水方式和确定排水组织设计。平屋顶排水坡度形成构造方式有材料找坡和结构找坡，有组织排水应先确定外排水或和内排水方式，做好屋顶排水组织设计，以能确定排水构造方式。

1. 屋顶排水坡度的选择

1）屋顶排水坡度的表示方法

屋顶坡度常用的表示方法有角度法、斜率法和百分比法，如图5.29所示。其中坡屋顶常用斜率法，即用屋顶高度与坡面的水平投影之比表示；平屋顶多用百分比法，即用屋顶高度与坡面的水平投影长度的百分比表示；而角度法虽然比较直观，但在实际工程中却难以操作，故较少使用。

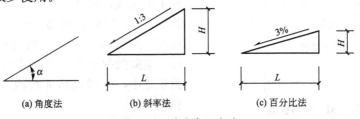

图5.29 坡度表示方法

2）影响屋顶排水坡度的因素

屋面排水若要通畅，首先应选择合适的屋面排水坡度。单纯从排水角度考虑，则屋面坡度越大越好，但从经济角度、屋面结构、施工技术及屋面利用等综合因素考虑，又必须对坡度值有所限制。屋顶的坡度大小是由多种因素决定的，它受地理位置、气候条件、结构形式、防水材料、构造做法、施工方法方面的影响，此外屋面是否上人、是否蓄水等也是影响坡度大小的因素，其中最主要的因素是防水材料和自然气候条件的影响。

（1）屋顶防水材料与坡度的关系。一般情况下，屋面覆盖材料面积越小，厚度越大（如瓦材），其拼接缝隙比较多，漏水的可能性增加。这时应加大屋面坡度，使水的流速加快，以减少漏水的机会，如瓦屋面其坡度较陡，形成坡屋顶。反之，若屋面防水材料的面积越大（如卷材），则屋面排水坡度可减小很多，如卷材防水、刚性防水、涂膜防水等。因其排水坡度小，约为1‰～3‰，故形成平屋顶形式，如图5.30所示。

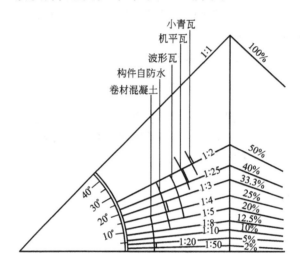

图5.30　各种屋面防水材料的常见坡度

（2）降雨量大小与坡度的关系。降雨量分为年降雨量和小时最大降雨量，我国气候多样，各地降雨量差异较大。就年降雨量而言，南方地区较大，一般在1000mm以上；北方地区较小，多在700mm以下。小时降雨量各地也不相同，有的地区高达100mm以上，有的仅有5mm，大多数地区为20～90mm。降雨量大的地区，屋顶的坡度应陡些，使水流加快，防止屋面积水过深，反之，屋面坡度宜小些。

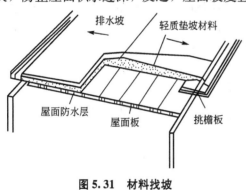

图5.31　材料找坡

3）平屋顶排水坡度形成方式

（1）材料找坡。其是用材料垫置形成坡度，屋顶结构层保持水平，可用轻质材料或保温层找坡，坡度一般为2%，最薄处宜垫置20mm厚。材料找坡适用于坡向长度较小的屋面，如图5.31所示。材料找坡室内天棚平整，空间效果较好，多用于住宅建筑和公共建筑之中，但增加屋面荷载，消耗人工、材料较多。

(2)结构找坡。其指屋面结构层自身带有一定坡度,将支承屋面板的墙或梁做成一定的坡度,屋面板铺设在其上之后就形成相应的坡度,然后再铺设防水层。例如,顶面倾斜的横梁上放置屋面板,即呈现倾斜坡面,如图 5.32(a)所示;如纵向布置的脊梁顶面高于两端的纵墙,然后在上面放置屋面板,其表面即呈倾斜坡面,如图 5.32(b)所示。这种做法不需另设找坡层,屋顶荷载减轻,造价低,但屋面顶棚稍有倾斜,空间效果不够规整,多用于有吊顶的建筑、单层、双层工业厂房等。

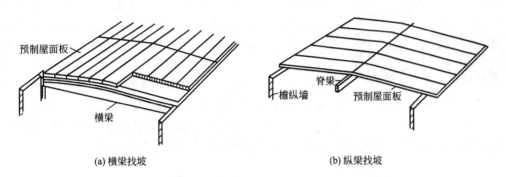

图 5.32 结构找坡

2. 屋顶排水方式

屋顶排水方式分为无组织排水和有组织排水两类。

1) 无组织排水

无组织排水是利用挑出外檐的构造方式,屋面的雨水经檐口自由落下至地面。这种做法构造简单、经济,排水顺畅,但落水时在檐口处形成水帘,雨水落地四溅,必然侵蚀外墙勒脚,影响建筑物坚固耐久性,同时造成出入建筑物的不方便。一般适用于低层及雨水较少的地区,在积灰严重、腐蚀性介质较多的工业厂房中也经常采用,如某些金属冶炼厂等,在生产过程中会散发大量腐蚀性介质,造成排水管道等设施腐蚀,应采用无组织排水,如图 5.33 所示。

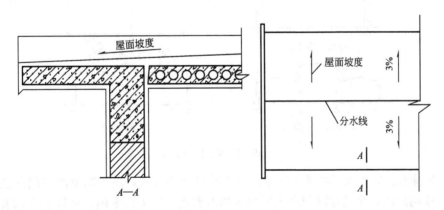

图 5.33 无组织排水

2) 有组织排水

有组织排水是将雨水经由天沟、雨水口、雨水管等排水装置引导至地面或地下管沟,

图 5.34　有组织排水

最后排入城市地下排水系统的排水方式，如图 5.34 所示。有组织排水克服了无组织排水方式存在的问题，得到广泛应用，如火力发电厂、铸造车间、炼钢炼铁车间、锅炉房等，容易产生大量粉尘积于屋面造成排水管道堵塞，因而不宜采用有组织排水。

有组织排水又分为外排水和内排水两种。在年降雨量小于或等于 900mm 的地区，檐口高度大于 10m 时；或年降雨量大于 900mm 的地区，当檐口高度大于 8m 时，应采用有组织排水。在年降雨量小于或等于 900mm 的地区，檐口高度不大于 10m 时；或年降雨量大于 900mm 的地区，当檐口高度不大于 8m 时，应采用无组织排水。有组织排水广泛应用于多层及高层建筑，高标准底层建筑，临街建筑及严寒地区的建筑。内排水多用于多跨房屋，高层建筑以及有特殊需要的建筑。其他建筑宜优先考虑采用外排水方式，如图 5.35 所示。

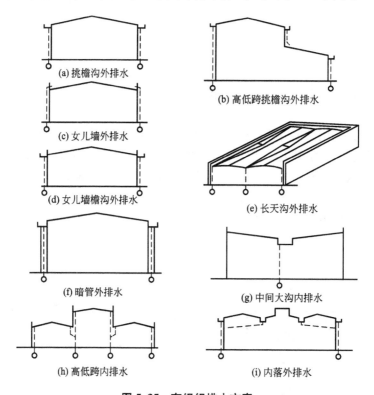

图 5.35　有组织排水方案

（1）外排水。外排水是指排水管道沿建筑物外墙面设置，不影响室内空间的使用，减少渗漏，使用广泛，尤其在降雨量大的地区和沿街建筑应优先采用。外排水方式通常有檐沟外排水和女儿墙外排水两种方案。檐沟外排水是使屋面雨水直接流入挑檐沟内，沿沟内纵坡流入雨水口，再流入水落管。檐沟外排水是一种常用的排水方案，其排水通畅，但施工较为麻烦。女儿墙外排水是将女儿墙与屋面交接处做出 1% 的纵坡，雨水沿此纵坡流向雨水口，再流入水落管。女儿墙外排水也是一种常用的排水方案，施工较为简便，经济性较好，建筑体型简洁，但排水不畅，易渗漏。

（2）内排水。内排水是指排水管道沿建筑物内墙面、柱面或管道竖井设置，主要用于高层建筑、严寒地区的建筑和屋面宽度过大的建筑。高层建筑外排水不宜维修且不安全。严寒地区外排水管道易造成管道冻结。屋面宽度过大的建筑，采用外排水无法排除屋面雨水。

3. 屋顶排水组织设计

屋面排水组织设计指的是将屋顶划分为若干个排水区，将各区的雨水分别引向雨水管。屋面排水组织设计的目的是使屋面雨水排水顺畅，排水路线短，避免屋面积水造成屋面渗漏。排水组织设计的重点是划分屋面的排水区、确定排水坡度、天沟、落水管设置数量、管径等，然后综合考虑，并绘制出屋顶平面排水组织平面图。

1）划分排水区域

排水区域划分应尽可能规整，面积大小应相当，以保证每个水落管排水面积负荷相当。在划分排水区域时，每块区域的面积宜小于 $200m^2$，以保证屋面排水通畅，防止屋面雨水积蓄。划分排水区域时，要考虑到雨水口设置位置。要注意尽量避开门窗洞口和入口的垂直上方位置，一般设置在窗间墙部位，雨水口间距一般在 18~24m 之间。

2）确定排水坡面数和坡度值

一般平屋面宜采用双坡排水，以缩短雨水水流路线。进深较小的临街建筑常采用单坡排水，进深较大的建筑物为避免水流线路过长，宜采用双坡。坡屋顶则顺其造型为单坡、双坡或四坡排水。平屋面的常用排水坡度为 2%~3%，为减轻屋面荷载结构找坡时屋面坡度宜为 3%，材料找坡时屋面坡度宜为 2%。

3）天沟的构造

天沟即屋面的排水沟，位于外檐边的又称檐沟。天沟的功能是汇集屋面雨水，使雨水迅速排离屋面。天沟的宽度不应小于 200mm，天沟上口距纵坡分水线的距离不应小于 120mm。天沟檐沟纵向坡度通常为 0.5%~1%，沟底水落差不超过 200mm，天沟檐沟排水不得流经变形缝和防火墙，如图 5.36 所示。

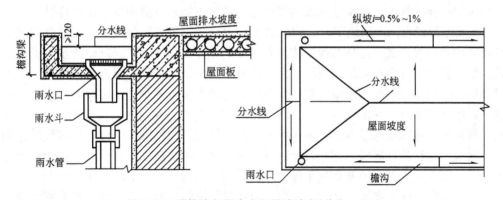

图 5.36 挑檐沟断面大小和纵坡坡度（单位：mm）

4）水落管的设置

因水落管的材料有铸铁、聚氯乙烯塑料、陶土管、镀锌铁皮等，目前常用聚氯乙烯塑料管，一般民用建筑常用 75～100mm 管径。水落管距墙面不应小于 20mm 且不应大于 200mm，水落管应用管箍与墙面固定。雨水管的数量与雨水口相等，雨水管的最大间距应予以控制，为防止垫置纵坡材料过厚而增加天沟的荷载，水落口距分水线不得超过 20m，即水落管间距不超过 40m（水落管的常用间距宜控制在 18～24m 以内）。

5.4.4 保温隔热构造

屋顶作为建筑重要的围护结构，在冬季寒冷地区，为了保证室内环境的舒适，减少维持室内环境的能耗和隔绝自然界恶劣天气的影响，需要在屋顶中增加保温隔热层。对于夏季天气炎热的地区，则需要考虑设置隔热层达到降温的效果。屋面保温隔热的基本原理即为减少直接作用于屋顶表面的太阳辐射热，或利用空气对流带走屋顶热量。

1. 屋顶的保温

在寒冷地区或装有空调设备的建筑中，冬季室内外温差大，室内热量必然通过围护结构向外散失。为防止室内热量或冷气散失过快，须在围护结构中设置保温层，以满足室内有一个适合于人们生活和工作的环境。保温层的材料和构造方案是根据使用要求、气候条件、屋顶的结构形式、防水处理方法、施工条件等综合考虑而确定。

1) 屋面保温材料

屋面保温材料一般选用空隙多、表观密度轻、导热率小的材料，主要分为散料、现场浇筑的拌合物、板块料等三大类。

（1）散料保温层。如膨胀珍珠岩、炉渣、矿渣之类的工业废料。如果上面做卷材防水层时，必须在散状材料上先抹水泥砂浆找平层，再铺卷材。

（2）现浇式保温层。一般在结构层上用轻骨料（矿渣、陶粒、蛭石、珍珠岩等）与石灰或水泥拌和、浇筑而成。

（3）板块保温层。常见的有预制膨胀珍珠岩、膨胀蛭石板、加气混凝土块、泡沫塑料等块材或板材与水泥、沥青、水玻璃等胶结而成。

2) 屋顶保温层设置位置

屋顶中按照结构层、防水层和保温层所处的位置不同，可分为以下几种情况。

（1）保温层设在防水层之下，结构层之上，也称"正置式"保温层面，这种形式是目前广泛采用的一种形式。屋顶的保温构造有多个构造层次，如图 5.37(a)所示。保温层与结构层组合设置，保温层与结构层组成复合板材，既是结构构件，又是保温构件。一般有两种做法：一种是在预制槽形板内设置保温层，这种做法可减少施工工序，提高工业化施工水平，但成本偏高，如图 5.37(b)、(c)所示。其中把保温层设在结构层下面者，由于产生内部凝结水，会降低保温效果。另一种为保温材料与结构层融为一体，如加气的钢筋混凝土屋面板，这种构件既能承重，又能达到保温效果，简化施工，降低成本，但其板的承载力较小，耐久性较差，因此适用于标准较低且不上人的屋顶，如图 5.37(d)所示。

（2）保温层设置在防水层上面，也称"倒置式"保温屋面。其构造层次为保温层、防水层、结构层，如图 5.38 所示。这种构造优点是防水层被掩盖在保温层之下，而不受阳光及气候变化的影响，热温差较小，同时防水层不易受到来自外界的机械损伤。该屋面保温材料宜采用吸湿性小的憎水材料，如聚苯乙烯泡沫塑料板或聚氨酯泡沫塑料板，而加气

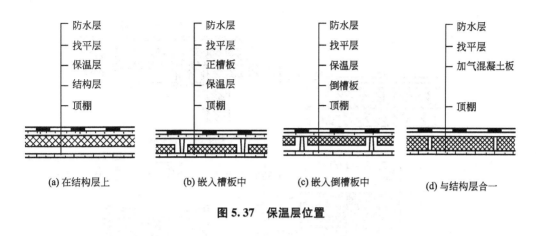

图 5.37 保温层位置

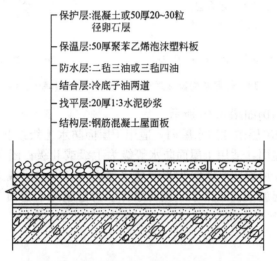

图 5.38 倒置式油毡保温屋面(单位：mm)

混凝土或泡沫混凝土吸湿性强,不宜选用。在保温层上应设保护层,以防表面破损及延缓保温材料的老化过程。保护层应选择有一定荷载并足以压住保温层的材料,使保温层在下雨时不致漂浮,可选择大粒径的石子或混凝土做保护层,而不能采用绿豆砂做保护层。

(3) 隔气层的设置。根据规范的要求,在我国北纬40°以北地区且室内空气湿度大于75%,或其他地区室内空气湿度常年大于80%时,保温层下面应设置隔气层。

保温层设在结构层上面,直接在保温层上做防水层时,在保温层下面要设置隔气层。隔气层的目的是防止室内水蒸气透过结构层,渗入保温层内,使保温材料受潮,影响保温效果。

隔气层一般做法是在20mm厚1:3水泥砂浆找平层上刷冷底子油两道作为结合层,结合层上做一毡两油或两道热沥青隔气层。保温层下设隔气层,上面设置防水层,保温层的上下两面均被油毡封闭住。而在施工中往往保温材料或找平层未干透,其中残存一定的水气无法散发。可以采取以下构造措施:即在保温层上加一层砾石或陶粒作为透气层,或者在保温层中间设排气通道,如图5.39所示。排汽通道纵横设置间距宜为6m,屋面面积每36m²宜设一个排气孔,排气孔应做防水处理。

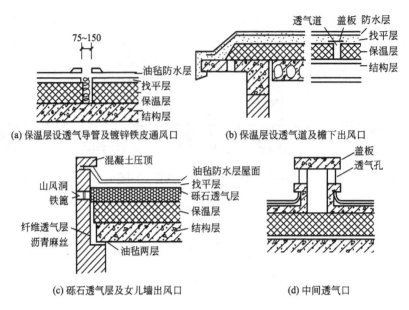

图 5.39 保温层内设置透气层及通风口构造(单位：mm)

平屋顶构造设计举例如图 5.40 所示。

图 5.40(a)为无保温层柔性防水屋面，适用于屋面防水Ⅰ级或Ⅱ级；图 5.40(b)、(c)为有保温层柔性防水屋面，适用于屋面防水等级为Ⅰ级或Ⅱ级；图 5.40(e)为细石防水混凝土面层屋面，适用于屋面防水等级为Ⅲ级防水屋面，有保温层或无保温层；图 5.40(f)有架空板的隔热、保温屋面，适用于屋面防水等级为Ⅲ级防水屋面，有保温层或隔热层；图 5.40(g)、(h)为倒置式保温层柔性防水层(或组合防水层)屋面。

2. 屋顶的隔热

夏季，特别是南方炎热地区，太阳的辐射热使得屋顶的温度升高，从屋顶传入室内大量热量，影响室内的环境温度。因此，需要对屋顶进行隔热构造处理，以降低屋顶热量对室内的影响。

屋顶隔热降温主要是通过减少热量对屋顶表面的直接作用来实现。主要方法有反射隔热降温、间层通风隔热降温、蓄水隔热降温、种植隔热降温等。

1) 反射隔热降温

利用屋顶表面材料的颜色和光洁度对热辐射的反射作用，对屋顶的隔热降温有一定的效果。屋面材料光滑，色彩淡，则热辐射反射率就高。屋面受到太阳辐射后，一部分辐射热量为屋面材料所吸收，另一部分被反射出去。反射的辐射热与入射热量之比称为屋面材料的反射率(用百分比表示)。这一比值的大小取决于屋面表面材料的颜色和粗糙程度。

太阳隔热反射涂料是通过反射外部太阳光的能量，并通过大气窗口将物体表面的能量辐射到外层空间，从而物体降温。太阳隔热反射涂料是由有机树脂和具有反射太阳能功能的填料及助剂组成。如在吊顶棚通风隔热层中加铺一层铝箔纸板，其隔热效果更加显著，因为铝箔的反射率在所有材料中是最高的，常见不同材料不同颜色屋面反射率见表 5-4。

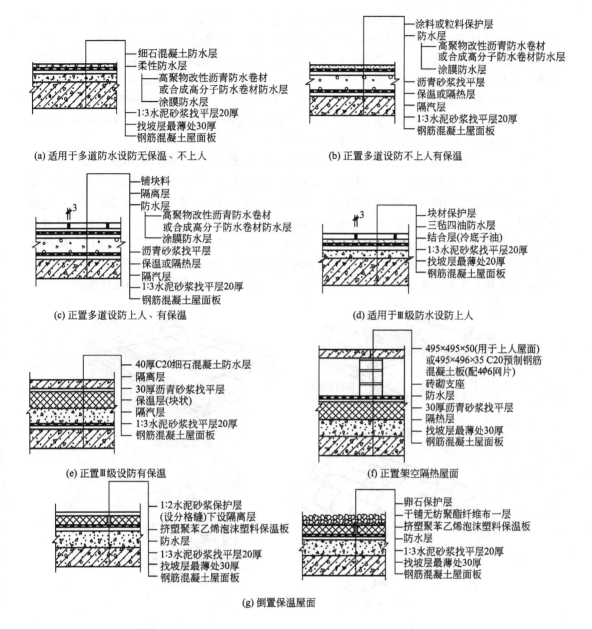

图 5.40　平屋顶构造设计类型(单位：mm)

表 5-4　各种屋面材料的反射率

屋面材料与颜色	反射率/%	屋面材料与颜色	反射率/%
沥青、马蹄脂	15	石灰刷白	80
油毡	15	砂	59
镀锌薄钢板	35	红	26
混凝土	35	黄	65
铝箔	89	石棉瓦	34

2）间层通风隔热降温

间层通风隔热降温就是在屋顶中设置通风的空气间层，使其上层表面可遮挡太阳辐射热，利用风压和热压作用把间层中的热空气不断带走，使通过屋顶传入室内的热量减少，从而达到降低室内的温度。如果在通风屋顶中的基层加一层反射隔热材料铝箔，则可利用其第二次反射作用，对隔热效果有进一步的改善，通风隔热层有两种设置方式。

（1）架空通风隔热降温间层。该层设于屋顶防水层上，它对结构层和防水层有保护作用。一方面利用架空层遮挡直射阳光，另一方面架空层内被加热的空气与室外空气产生对流，将间层内的空气不断排走，从而降低室内温度。

架空层一般有平面和曲面两种。平面做法为大阶砖或混凝土平板，用垫块支架。实际工程中用砖墩支在板的四角，架空层内空气流通容易形成紊流，影响风速，此做法较适用于夏季主导风向不稳定的地区。如果在架空板下做成砖垄墙，使气流进出正负压关系明显，气流更为通畅，此做法较适用于夏季主导风向稳定的地区。一般尽可能将进风口布置在正对着夏季白天主导风向。当房屋进深大于10m时，中部需设通风口，以加强效果。架空层的隔热高度宜为180～300mm，架空板与女儿墙的距离不宜小于500mm，如图5.41所示。曲面形状通风层，可以用水泥砂浆做成槽形、弧形或三角形预制板，盖在平屋顶上作为通风屋顶。

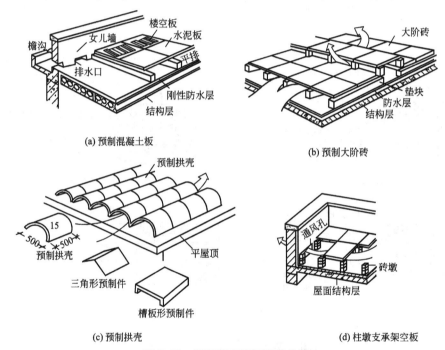

图5.41 屋顶架空通风隔热构造

（2）顶棚通风隔热降温。利用吊顶棚与屋顶形成的空间做通风间层。它的优点是减少构件减轻荷载，缺点是屋顶防水层、结构层易受气温变化的作用而变形。吊顶棚通风隔热层设计应满足以下要求：吊顶棚通风层应有足够的净空高度，一般为500mm，需在外墙设置一定的通风孔，通风孔应考虑防雨雪飘入措施，如图5.42所示。

3）蓄水隔热降温

蓄水隔热降温屋顶利用平屋顶蓄积的水层达到隔热降温的目的。蓄水层能反射阳光，减少阳光辐射对屋顶的热作用；蓄水层能吸收大量的热，部分水由液体蒸发为气体，从而

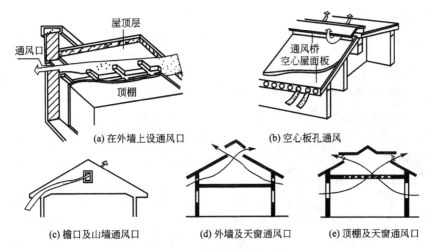

图 5.42 顶棚通风隔热降温

将热量散发到空气中，减少屋顶吸收的热量，因此，它的隔热效果较好。若在水层中养殖水生植物，利用植物吸收阳光进行光合作用和植物叶片遮挡阳光的作用，它的隔热降温效果更好。另外水对屋面有保护作用，如细石混凝土防水层在水的养护下，可以减少由于温度变化引起的裂缝并延缓混凝土的碳化。但蓄水屋面不便用作上人屋面的隔热，因此，其屋顶的利用受到影响。

蓄水隔热屋面构造要点如图 5.43 所示。合适的蓄水深度，一般为 150～200mm；根据屋面面积划分蓄水分区，每区的边长一般不大于 10m；足够的泛水高度，至少高出水面 100mm；合理设置溢水孔和泄水孔，并应与排水檐沟或水落管联通，以保证多雨季节不超过蓄水深度和检修屋面时能将蓄水排除；注意做好管道的防水处理。

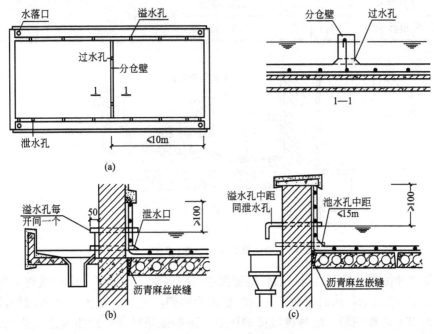

图 5.43 蓄水屋面(单位：mm)

4）种植隔热降温

屋顶绿化是利用植物的蒸发和光合作用，吸收太阳辐射热，达到隔热降温的作用，如图 5.44 所示。种植隔热根据栽培介质层构造方式的不同可分为一般种植隔热和蓄水种植隔热两类。

图 5.44　屋顶种植隔热

（1）一般种植隔热屋面。其在屋面防水层上直接铺填种植介质，栽培各种植物。构造要点为：选择适宜的种植介质，一般选用轻质材料作为栽培介质，常用的有谷壳、蛭石、泥炭等，即无土栽培介质。栽培介质的厚度应满足屋盖所栽种的植物正常生长需要，但一般不宜超过 300mm，见表 5-5。种植床内外用 1∶3 水泥砂浆抹面，高度宜大于种植层 60mm 左右。每个种植床应在其床梗的根部设不少于两个的泄水孔，泄水孔处需设滤水网，如图 5.45 所示，种植屋面应有一定的排水坡度（1％～3％），在靠近屋面低侧的种植床与女儿墙间留出 300～400mm 的距离，利用所形成的天沟组织排水。

表 5-5　种植层深度　　　　　　　　　　　　　　　单位：mm

植物种类	种植层深度	备注
草皮	150～300	前者为该类植物的最小生存深度，后者为最小开花结果深度
小灌木	300～450	
大灌木	450～600	
浅根乔木	600～900	
深根乔木	900～1500	

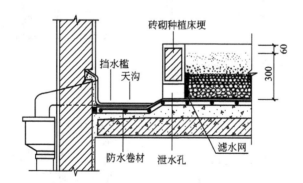

图 5.45　种植屋面构造示意（单位：mm）

（2）蓄水种植隔热屋面。与一般种植屋面主要的区别是增加了一个连通整个屋面的蓄水层，如图 5.46 所示，从而弥补了一般种植屋面隔热不完整、对人工补水依赖较多等缺点，又兼具有蓄水屋面和一般种植屋面的优点，隔热效果更佳，但相对来说造价也较高。几种屋面的内表面温度比较见表 5-6。

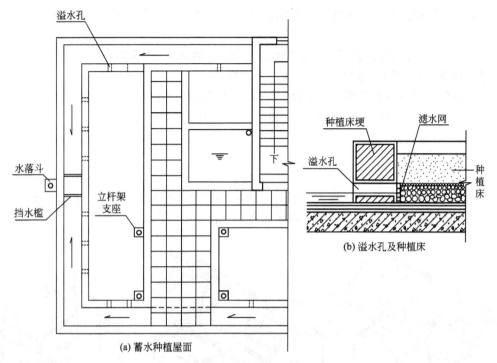

图 5.46 蓄水种植屋面

表 5-6 几种屋面的内表面温度比较

隔热方案	时间温度/℃ 15:00	16:00	17:00	18:00	19:00	20:00	内表面最高温度/℃	优劣次序
蓄水种植	31.3	31.9	32.0	31.8	31.7		32.0	1
一般种植	33.5	33.6	33.7	33.5	33.2		33.7	2
蓄水		34.4	35.1	35.6	35.3	34.6	35.6	3
双层屋面板通风	34.9	35.2	36.4	35.8	35.7		36.4	4
架空小板通风		36.8	38.1	38.4	38.3	38.2	38.4	5

5.5 坡屋顶构造

坡屋面常采用瓦材防水，瓦材块小，接缝多，易渗漏，因此坡屋顶的坡度一般大于10°，通常取 30°左右。由于坡度大，排水快，防水功能好，且屋顶构造高度大。因此，它不仅消耗材料较多，其所受风荷载、地震作用也相应增加，尤其当建筑体型复杂时，其交叉错落处屋顶结构较难处理。

5.5.1 坡屋顶的组成

坡屋顶一般由承重结构和坡屋面面层两部分组成，必要时还设顶棚及保温层或隔热层等。

(1) 承重结构主要承受屋面荷载并把它传到墙或柱上，一般有椽子、檩条、屋架或大梁等。

(2) 屋面是屋顶上的覆盖层，直接承受风、雪、雨和太阳辐射等大自然气候的作用。它包括屋面盖料(如瓦)和基层(如挂瓦条、屋面板等)。

(3) 顶棚可使室内上部平整，能反射光线和具有装饰作用。

(4) 保温或隔热层可设在屋面层或顶棚处，视具体情况而定。

5.5.2 承重结构

坡屋顶与平屋顶相比坡度较大，因此它的承重结构的顶面是一斜面。承重结构可分为山墙承重(硬山搁檩)、屋架承重和梁架承重等，如图 5.47 所示。

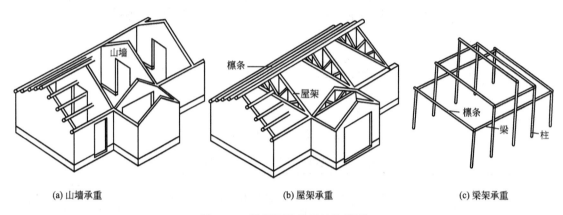

图 5.47 坡屋顶的承重结构类型

1) 山墙承重

山墙指房屋两端的横墙，利用山墙砌成尖顶形状直接搁置檩条以承载屋顶重量。这种结构形式的优点是做法简单、经济、适合多数相同开间并列的房屋，如宿舍、办公室等。

2) 屋架承重

一般常采用三角形屋架，用来架设檩条以支承屋面荷载，屋架一般搁置在房屋的纵向外墙或柱子上，使建筑有较大的使用空间。多用于要求有较大空间的建筑，如食堂、教学楼。

3) 梁架承重

以柱和梁形成梁架来支承檩条，每隔 2~3 根檩条设立一根柱子。梁、柱、檩条把整个房屋形成一个整体骨架，墙只起到围护和分隔作用，不承重。

5.5.3 坡屋面构造

坡屋顶是在承重结构上设置保温、防水等构造层，一般是利用各种瓦材，如平瓦、波形瓦、小青瓦等作为屋面防水材料，近年来有不少采用金属瓦屋面、彩色压型钢板屋面等。

瓦屋面常用平瓦，即粘土瓦，是根据防水和排水需要用粘土模压制成凹凸楞纹后熔烧而成的瓦片。一般尺寸为380～420mm长，230～250mm宽，20～25mm厚。瓦装有挂钩，可以挂在挂瓦条上，防止下滑，中间有突出物穿有小孔，风大的地区可以用铅丝扎在挂瓦条上。其他如水泥瓦、硅酸盐瓦，均属此类平瓦，但形状与尺寸稍有变化。平瓦屋面根据使用要求和用材不同，一般有以下几种铺法。

1. **冷滩瓦屋面**

冷滩瓦屋面是平瓦屋面中最简单的做法，即在檩条上钉椽条，然后在椽条上钉挂瓦条后直接挂瓦，如图5.48所示。挂瓦条尺寸视椽条间距而定，椽子间距越大时，挂瓦条的尺寸就越大。冷滩瓦屋面构造简单、经济，但往往雨雪容易从瓦缝中飘入，屋顶的保温效果差，通常用于南方地区质量要求不高的建筑。

2. **屋面板瓦屋面**

一般平瓦的防水主要靠瓦与瓦之间相互拼缝搭接，但在斜风夹雨雪时，往往会使雨水或雪花飘入瓦缝，形成渗水现象。为防止这种现象，一般采用屋面板瓦屋面，如图5.49所示是在檩条上铺钉15～20mm屋面板，屋面板可采取密铺法或稀铺法（屋面板件留20mm左右宽的缝），在屋面板上可按平行于屋脊方向铺设一层油毡，从檐口铺到屋脊，搭接不小于80mm，并用板条（称压毡条或顺水条）钉牢。板条方向与檐口垂直，上面再钉挂瓦条，这样使挂瓦条与油毡之间留有空隙，以利排水。

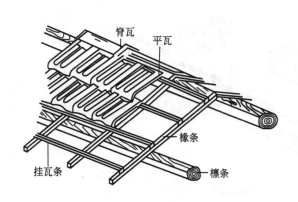

图5.48　冷滩瓦屋面

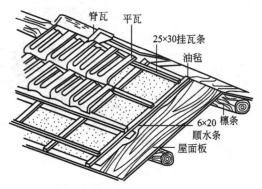

图5.49　屋面板瓦屋面（单位：mm）

3. **钢筋混凝土挂瓦板平瓦屋面**

钢筋混凝土挂瓦板为预应力或非预应力混凝土构件，是将檩条、屋面板、挂瓦条三个构件的功能结合为一体。钢筋混凝土挂瓦板基本截面形式有单T形、双T形、F形，在肋根部留泄水孔，以便排除渗漏的雨水，挂瓦板与山墙或屋架的连接构造，用水泥砂浆坐浆，预埋钢筋套接，如图5.50所示。

4. **钢筋混凝土板瓦屋面**

钢筋混凝土板瓦屋面，如图5.51所示，主要满足防火或造型等的需要，在预制钢筋混凝土空心板或现浇平板上面盖瓦。盖瓦的方式有两种：一种是在找平层上铺油毡一层，将压毡条钉在嵌在板缝内的木楔上，再钉挂瓦条挂瓦；另一种是在屋顶板上直接粉刷防水水泥砂浆并贴瓦。

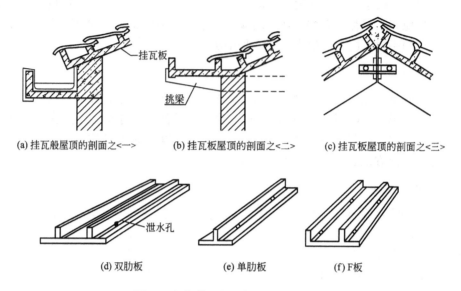

图 5.50　钢筋混凝土挂瓦板平瓦屋面

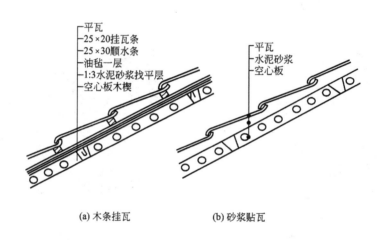

图 5.51　钢筋混凝土板瓦屋面(单位：mm)

5. 平瓦屋面细部构造

平瓦屋面应作好檐口、天沟、屋脊等部位的细部处理。

1) 檐口构造

（1）纵墙檐口根据构造要求做成挑檐或封檐。纵墙檐口的几种挑檐构造做法，如图 5.52 所示。挑檐时屋面出挑部分，对外墙起保护作用。一般南方雨水较多，出挑较大，北方雨水较少，出挑较小。当出挑较小时可用砖挑檐，如图 5.52(a)所示，即在檐口处每次两皮砖高外挑，挑出 1/4 砖长，挑出总长度不大于墙厚的 1/2。

当出挑长度较大时，应采取木料挑檐方法，通常分为以下几种情况：用屋面板出挑檐口，由于屋面板较薄(一般为 15～20mm)，出挑长度不宜大于 300mm，如图 5.52(b)所示；若能在横墙中砌入挑檐木(或利用屋架托木)，挑檐木的端头与屋面板和封檐板结合，则挑檐可较硬朗，出挑长度可适当增大，挑檐木要防腐，压入墙内要大于出挑长度的两倍，如图 5.52(c)所示；如图 5.52(d)所示为利用横墙中置挑檐木或屋架下弦设托木与檐檩和封檐板结合的做法；利用已有椽子出挑，出挑尺寸视椽子尺寸计算确定，如图 5.52(e)所示；在采用檩条承重的屋顶檐边另加椽子挑出作为檐口的支托，出挑尺寸视椽子尺寸计算确定，如图 5.52(f)所示。在现浇钢筋混凝土板瓦面中多采用屋面板出挑方式，如图 5.52(g)所示。

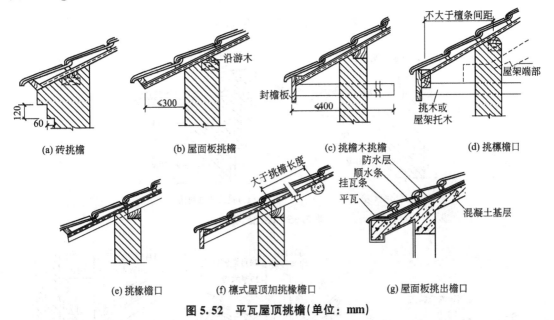

图 5.52 平瓦屋顶挑檐(单位：mm)

有些坡屋顶将檐墙砌出屋面形成女儿墙包檐口构造，此时在屋面与女儿墙处必须设天沟。天沟最好采用预制天沟板，沟内铺卷材防水层，并将卷材一直铺到女儿墙上形成泛水。泛水做法与卷材屋面基本相同。

(2) 山墙檐口按屋顶形式分为挑檐和封檐两种。

山墙挑檐也称悬山，一般用檩条出挑，檩条端部钉木封檐板，用水泥砂浆做出拨水线，将瓦封固，如图 5.53 所示。山墙封檐包括硬山、出山两种情况，出山是指将山墙升起包住檐口，女儿墙与屋面交接处应做泛水处理。女儿墙顶做压顶，保护泛水，如图 5.54 所示；硬山为山墙与屋面平齐，或挑出一二皮砖，水泥砂浆抹压边瓦出线，如图 5.55 所示。

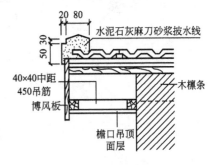

图 5.53 山墙挑檐(单位：mm)

(3) 天沟和斜沟构造。在等高跨和高低跨相交处，常常出现天沟，而两个相互垂直的屋面相交处则形成斜沟，如图 5.56 所示。沟应有足够的断面尺寸，上口宽度不宜小于 300～500mm，一般用镀锌铁皮铺于木基层上，镀锌铁皮伸入瓦面下面至少 150mm。高低跨和包檐天沟若采用镀锌铁皮做防水层时，应从天沟内延伸到立墙上形成泛水。

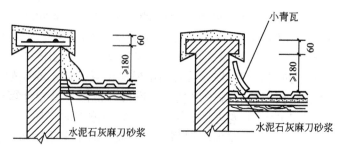

图 5.54 出山封檐(单位：mm)

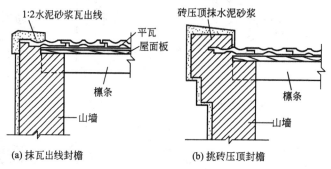

图 5.55 硬山封檐

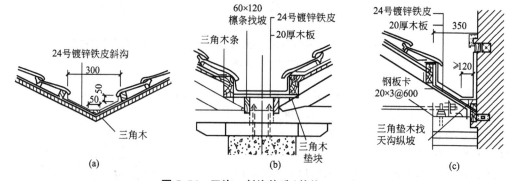

图 5.56 天沟、斜沟构造(单位：mm)

本 章 小 结

屋顶的类型	• 平屋顶 • 坡屋顶 • 曲面屋顶
屋顶的功能与设计要求	• 功能：防水排水、保温隔热、坚固耐用 • 设计要求：基本要求、结构设计要求、耐久性要求、建筑设计艺术要求

(续)

平屋顶构造	• 构造层次：除结构层外，根据功能要求还有防水层、保护层、保温隔热层等，在结构层上常设找平层，结构层下可设顶棚 • 防水等级：Ⅰ级，Ⅱ级，Ⅲ级，Ⅳ级 • 卷材防水屋面构造：Ⅰ～Ⅳ级屋面防水均适用，基本构造层次按其作用分别为结构层、找平层、结合层、防水层和保护层组成；注意女儿墙、山墙、烟囱、变形缝等处的泛水构造 • 刚性防水屋面构造：适用于防水等级为Ⅳ级的屋面防水，也可用作Ⅰ、Ⅱ级屋面多道防水设防中的一道防水层，刚性防水层不适用于受较大振动或冲击的建筑屋面。刚性防水屋面是以防水砂浆或细石混凝土浇捣形成的屋面防水层，设计时要注意采取防止防水层变形开裂的措施 • 涂膜防水屋面构造：适用于防水等级为Ⅲ、Ⅳ级的屋面，也可用作Ⅰ、Ⅱ级屋面多道防水设防中的一道。涂膜防水是用防水涂料直接涂刷在屋面基层上，形成一层满铺的不透水薄膜层，主要有各种涂料和胎体增强材料 • 屋顶排水构造：排水坡度表示方法、影响屋顶排水坡度的因素、平屋顶排水坡度形成方式、无组织排水和有组织排水构造 • 屋顶的保温："正置式"与"倒置式"保温层设置的优缺点，隔气层设置时需注意透气层和通风口构造 • 屋顶的隔热：反射隔热降温、间层通风隔热降温、蓄水隔热降温、种植隔热降温构造
坡屋顶构造	• 坡屋顶的组成 • 承重结构 • 坡屋面构造：冷滩瓦屋面、屋面板瓦屋面、钢筋混凝土挂瓦板平瓦屋面、钢筋混凝土板瓦屋面以及檐口、天沟屋脊等细部构造

习 题

一、思考题

1. 屋顶有哪些类型？
2. 屋顶的功能是什么？其设计要求有哪些？
3. 屋顶由哪几部分所组成？
4. 平屋顶构造层次通常包括哪几部分？各有何特点？
5. 什么是卷材防水？构造层次如何？
6. 平屋顶卷材防水屋面的泛水构造如何处理？
7. 画图说明卷材防水屋面做法。
8. 什么是刚性防水？其优、缺点是什么？
9. 刚性防水屋面构造有何特点？
10. 刚性防水屋面的分格缝有何作用？对分格缝设置位置有何要求？
11. 平屋顶的保温构造主要有哪两种类型？各构造层次如何？
12. 屋顶的隔热有哪些做法？各做法分别有些什么要求？
13. 什么叫无组织排水和有组织排水？它们的优缺点和适用范围是什么？
14. 常见的有组织排水方案有哪几种？各适用于何种条件？

15. 坡屋顶由哪几部分所组成？
16. 坡屋顶承重结构可分为哪几种？各有何特点？

二、选择题
1. 倒置式平屋面是指下列哪两个构造层次相互倒置？（　　）
   A. 保温层与找坡层　　　　　　　B. 保温层与找平层
   C. 保温层与防水层　　　　　　　D. 找坡层与找平层
2. 屋面的泛水通常指屋面与垂直墙交接处的哪种构造？（　　）
   A. 滴水　　　B. 披水　　　C. 油毡上卷　　　D. 散水
3. 有关细石混凝土刚性防水层的构造，以下哪一条是错误的？（　　）
   A. 主要适用于Ⅲ级防水屋面
   B. 不适用于采用松散材料保温层的屋面及受较大振动或冲击的建筑的屋面
   C. 细石混凝土防水层的最小厚度为30mm，并配置$\phi 4 \sim \phi 6$、间距$100 \sim 200mm$的双向钢筋网片
   D. 细石混凝土中粗骨料最大粒径为不大于15mm
4. 以下有关屋面防水工程设防的表述，哪一条不恰当？（　　）
   A. 屋面防水工程应根据建筑物的性质、重要程度、使用功能及防水年限等划分为四个等级
   B. Ⅰ、Ⅱ、Ⅲ、Ⅳ防水等级，其防水层要求耐用年限分别为25年、15年、10年、5年
   C. 当采用沥青防水卷材防水层时，Ⅰ、Ⅱ防水等级工程应选用三毡四油做法、Ⅲ、Ⅳ防水等级工程可采用二毡三油做法
   D. 屋面防水工程的设防要求，Ⅰ级防水等级屋面应采用三道及三道以上防水设防；Ⅱ级应采用二道设防；Ⅲ、Ⅳ级可采用一道防水设防
5. 特别重要建筑的设计使用年限与屋面防水等级应属于下列中哪一组？（　　）
   A. Ⅱ级、2类　　B. Ⅱ级、3类　　C. Ⅰ级、4类　　D. Ⅰ级、2类
6. 卷材屋面的坡度不宜超过（　　）。
   A. 45%　　　B. 40%　　　C. 30%　　　D. 25%
7. 保温屋面隔气层的作用，下列哪一个说法是正确的？（　　）
   A. 防止顶层顶棚受潮　　　　　　B. 防止屋盖结构板内结露
   C. 防止室外空气渗透　　　　　　D. 防止屋面保温层结露
8. 下列有关屋面构造的条文中，哪一条是不确切的？（　　）
   A. 隔气层的目的是防止室内水蒸气渗入防水层影响防水效果
   B. 隔气层应用气密性好的单层卷材，但不得空铺
   C. 水落管内径不应小于100mm，一根水落管的最大汇水面积宜小于$200m^2$
   D. 找平层宜设置分格缝，纵横缝不宜大于6m

三、判断题
1. 屋顶排水坡度的表示方法主要有角度法、斜率法、百分比法。（　　）
2. 将屋面板水平搁置，其上用轻质材料垫置起坡，这种方法叫做结构找坡。（　　）
3. 水落口负荷可按每个水落口排除$500m^2$屋面积水面积的雨水量进行估算。（　　）

4. 卷材屋面的坡度不宜超过25%,当坡度超过25%时应采取防止卷材下滑的措施。
( )

5. 涂膜防水主要适用于防水等级为Ⅲ、Ⅳ级的屋面防水,也可用作Ⅰ、Ⅱ级屋面多道防水设防中的一道防水。
( )

四、屋顶构造设计

1. 目的要求

通过本设计让学生了解和掌握民用建筑屋顶构造设计的程序、内容和方法。

2. 设计条件

某办公楼为6层砖混结构,建筑平面如图5.57所示。底层地面标高为±0.000,室外标高为−0.750m,顶层地面标高为12.300m,屋面标高为15.300m。所有墙体厚度均为240mm,定位轴线与墙体中线相重合。屋面板为不上人钢筋混凝土现浇板屋面,无特别的使用要求,防水层采用卷材防水。当地年降雨量情况可查当地资料。

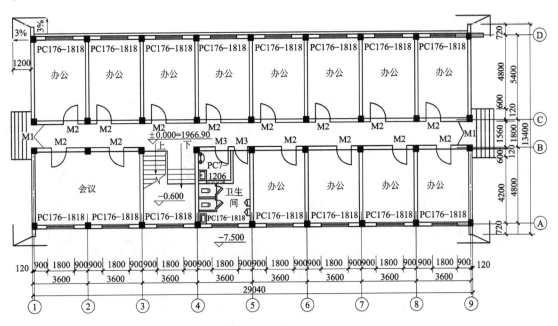

图 5.57 办公楼首层平面图(单位:mm)

3. 设计内容和深度

本设计需完成以下内容。

(1) 屋顶平面图比例1:200。

① 绘制出屋面构造的基本平面形状并用定位尺寸明确表示出其平面位置。

② 设计屋面排水系统,标注各部位标高。绘制出屋顶的分水线、檐沟轮廓线、檐口边线或女儿墙的轮廓线,并标注其位置。

③ 绘制出雨水口的位置。

④ 标注屋顶各坡面的坡度方向和坡度值。

⑤ 标注详图索引符号。

(2) 屋面详图2~3个比例1:10~1:20。

详图可选择泛水、雨水口、屋面检修口构造等。要标注出详图符号和比例。

4. 图纸要求

(1) 采用 A3 图幅，手工绘制或计算机出图。

(2) 图面要求字迹工整，图样布局均匀，线形粗细及材料图例等应符合施工图要求及建筑制图国家标准。

5. 设计方法和步骤

(1) 根据提供的建筑平面图确定其屋顶平面图的形状及大小。

(2) 确定排水方式、雨水口数量及位置。

(3) 完成屋顶构造设计，绘制节点详图。

(4) 核对标注尺寸，仔细检查、进一步完善各项内容。

第 6 章 地基与基础

知识目标

- 熟悉和掌握地基与基础的概念和关系。
- 了解和掌握地基的类型。
- 熟悉和掌握基础埋深的影响因素。
- 熟悉和掌握基础的几种类型,掌握刚性基础的构造和特点,掌握条形基础、独立基础、筏形基础、箱形基础、桩基础的构造特点和适用范围。

导入案例

我国国家大剧院是目前亚洲最大的剧院综合体,总占地面积 11.89 万 m^2,总建筑面积约 16.5 万 m^2,高 46.68m,基础最深部分达到 -32.5m,有 10 层楼那么高,由法国建筑师保罗·安德鲁主持设计。

国家大剧院外部为钢结构壳体呈半椭球形,壳体由 18000 多块钛金属板经过特殊氧化处理拼接而成,其表面金属光泽极具质感,中部为渐开式玻璃幕墙,椭球壳体外环绕面积达 3.55 万 m^2 的人工湖,湖面各种通道和入口都设在水面下。行人需从一条 80m 长的水下通道进入演出大厅。国家大剧院造型独特、前卫,构思新颖,是传统与现代、浪漫与现实的有机结合。

国家大剧院

6.1 概　　述

人类的脚掌、动物的脚爪、树木的根茎是自然界存在的基础形态。建筑物的基础是建筑物的下部结构,是建筑的重要组成部分,是建筑地面以下的承重构件,它承受建筑物上部结构传递下来的全部荷载,并把这些荷载连同基础的自重一起传给地基,如图 6.1 所示。

基础主要解决的问题有两个：一个是将上部荷载有效地传递到大地，同时锚固建筑物，防止建筑物的下沉和失稳；一个是隔绝地面水分对室内环境和建筑构件的侵蚀，保证人居环境的健康和建筑物的耐久性。

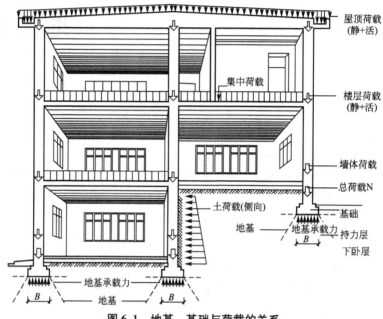

图 6.1　地基、基础与荷载的关系

6.2　概念与设计要求

6.2.1　概念

在建筑工程中，建筑物与土层直接接触的部分称为基础，支承建筑物重量的土层叫地基。基础是建筑物的组成部分，位于建筑物的最下部，它承受着建筑物的全部荷载，并把这些荷载连同本身的重量一起传到地基上。地基在基础之下，不是建筑物的组成部分，是承受由基础传来的建筑物荷载而发生应力和应变的土层，如图 6.2 所示。

6.2.2　地基、基础及其与荷载的关系

地基承受建筑物荷载而产生的应力和应变随着土层深度的增加而减小，在达到一定深度后就可忽略不计。具有一定的地耐力，直接支承基础，持有一定承载能力的土层称

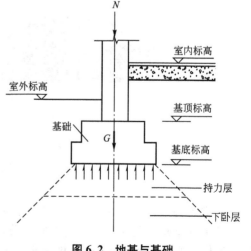

图 6.2　地基与基础

为持力层；持力层以下的土层称为下卧层。地基土层在荷载作用下产生的变形，随着土层深度的增加而减少，到了一定深度则可忽略不计，地基每平方米所能承受的最大压力，称为地基承载力，它是由地基土本身的特性决定的。当基础传给地基的压力超过了地基承载力时，地基将会出现较大的沉降变形或失稳，甚至会出现地基土层的滑移，直接威胁到建筑物的安全，因此基础底面的平均压力不得超过地基承载力。

基础传给地基的荷载用 N 来表示，基础底面积用 A 来表示，地基承载力用 f 来表示，则三者的关系如下：

$$A \geqslant N/f$$

可见，地基承载力不变时，荷载越大，基础底面积也应越大。

6.2.3 地基、基础的设计要求

1. 地基基础设计等级

地基基础设计必须坚持因地制宜、就地取材、保护环境和节约资源的原则；根据岩土工程勘察资料，综合考虑结构类型、材料情况与施工条件等因素，精心设计。根据地基复杂程度，建筑物规模和功能特征以及由于地基问题可能造成建筑物破坏或影响正常使用的程度，按《建筑地基基础设计规范》（GB 50007—2011），将地基基础设计分为三个设计等级，设计时应根据具体情况选用，见表6-1。

表6-1 地基基础设计等级

设计等级	建筑和地基类型
甲级	1. 重要的工业与民用建筑物 2. 30层以上的高层建筑 3. 体型复杂，层数相差超过10层的高低层连成一体建筑物 4. 大面积的多层地下建筑物（如地下车库、商场、运动场等） 5. 对地基变形有特殊要求的建筑物 6. 复杂地质条件下的坡上建筑物（包括高边坡） 7. 对原有工程影响较大的新建建筑物 8. 场地和地基条件复杂的一般建筑物 9. 位于复杂地质条件及软土地区的二层及二层以上地下室的基坑工程 10. 开挖深度大于15m的基坑工程 11. 周边环境条件复杂、环境保护要求高的基坑工程
乙级	1. 除甲级、丙级以外的工业与民用建筑物 2. 除甲级、丙级以外的基坑工程
丙级	1. 场地和地基条件简单，荷载分布均匀的七层及七层以下民用建筑，以及一般工业建筑物；次要的轻型建筑物 2. 非软土地区且场地地质条件简单、基坑周边环境条件简单、环境保护要求不高、开挖深度小于5.0m的基坑工程。

2. 地基基础的设计要求

1) 承载能力、稳定性和均匀沉降的要求

基础位于建筑物的最底部，是建筑物承载系统的重要组成部分，对建筑物的安全起着

根本性的作用;而地基虽然不是建筑物的组成部分,但它直接支承着整个建筑,对整个建筑物的安全使用起着保证作用,应具有较高的承载力。因此,基础本身应该具有足够的承载能力来承受和传递整个建筑物的荷载,而地基则应该具有足够的地耐力和良好的稳定性,并保证建筑物的均匀沉降。

2) 耐久性的要求

基础是建筑物的重要承重构件,又是埋于地下的隐蔽工程,常年处在土的潮湿环境中,易受潮,且很难观察、维修、加固和更换。因此,在构造形式上必须使其具备足够的强度和与上部结构相适应的耐久性,防止基础提前破坏,对整个建筑物带来严重的后患。

3) 经济方面的要求

基础工程约占建筑总造价的10%~40%,要使工程总投资降低,首先要降低基础工程的投资。当建筑物的建造场地确定之后,如果选择不同的地基方案和采用不同的基础构造,其工程造价也将产生很大的差别。一般应尽可能选择良好的天然地基,争取做浅基础,采用当地产量丰富、价格低廉的材料和先进的施工技术,就地就近取材,节省运输费用,当地段不允许选择时,尽量采用恰当的基础形式及构造方案,使地基和基础的设计符合经济合理的要求,以节约工程投资。

4) 技术规范的要求

房屋基础的设计,除了保证基础本身具有足够的承载能力以外,还应确定合理的埋置深度和基础底面宽度,并根据基础的埋置深度和基础底面宽度选择基础的材料和断面形式。

6.3 地　　基

作为建筑地基的岩土,可分为岩石、碎石土、砂土、粉土、粘性土和人工填土。建筑物的场地首先应尽可能选在地基承载力高且分布均匀的地段,如岩石类、碎石类、砂性土类和粘性土类等地段,尽可能避开暗塘、河沟以及地震断裂带等基地。如果地基土质分布不均匀或处理不好,极易使建筑物发生不均匀沉降,引起墙身开裂、房屋倾斜其至破坏。地基按不同的特点,分为下面几类。

1. 天然地基

凡天然土层具有足够的承载力,不需经过人工加固,可直接在其上建造房屋的称为天然地基,天然地基是由岩石风化破碎成松散颗粒的土层或是呈连续整体状的岩层。

1) 岩石

岩石为颗粒间牢固联结,呈整体或具有节理裂隙的岩体。地基承载力高,如花岗岩、石灰岩等,其地基承载力可达4000kPa以上。页岩、云母岩等地基承载力也不低于200kPa。

2) 碎石土

碎石土是粒径大于2mm的颗粒含量超过50%的土。碎石土抗冲刷力强,含水率增加时不影响其物理性能。碎石土容许承载力因密实程度的不同而变化,一般为200~1000kPa。

3) 砂土

砂土是粒径大于 2mm 的颗粒含量不超过全重 50%、粒径大于 0.075mm 的颗粒超过全重 50%的土。砂土中的砂砾、粗砂、中砂的地基承载力只与密实度有关，其容许承载力为 180~500kPa，细砂、粉砂的容许承载力除与密实度有关外，还与含水量的大小有关，它们的容许承载力为 140~340kPa。

4) 粉土

粉土的塑性指数小于 10，性质介于砂土和粘土之间，容许承载力与粉土的空隙比及天然含水量有关。空隙比大、天然含水量大的粉土承载力低，反之承载力高。粉土承载力一般为 100~410kPa。

5) 粘性土

粘性土的粘性及塑性大，根据粘土类型的不同，承载力一般在 40~500kPa 范围内。

6) 人工填土

人工填土是经过人工堆填而成的土。土层分布无规律、不均匀，压缩性高、浸水后湿陷。根据其组成和成因可分为素填土、压实填土、杂填土、冲填土等。人工填土的承载力标准值为 65~160kPa。

2. 人工地基

当建筑物上部的荷载较大或地基土层的承载能力较弱，缺乏足够的稳定性，须预先对土壤进行人工加固后才能在上面建造房屋的称人工地基，如淤泥、淤泥质土、各种人工填土等，一般都具有孔隙比大、压缩性高、强度低的特性。常用的人工加固地基的方法有压实法、换土法、振冲法、深层搅拌法，此外，还有化学加固法、排水法和热学加固法等，如图 6.3 所示。

1) 压实法

土的压实法是采用重锤、压路机、振动压实机等压实机械对地基土层进行压实加固以提高其承载力的方法。其基本原理是，通过减小土颗粒间的孔隙，把细土粒压入大颗粒间的孔隙中去，并及时排去孔隙中的空气，从而增加土的密实度，减少土的压缩性，达到提高地基承载力的目的。

压实法加固地基的优点是，不需增加额外的建筑材料，对提高地基承载力收效较大。压实法常用于处理由建筑垃圾或工业废料组成的杂填土地基，以及地下水位以上的粘土、砂类土和湿陷性黄土等。

2) 换土法

当地基持力层比较软弱，或部分地基有一定厚度的软弱土层，如淤泥、淤泥质土、冲填土、杂填土或其他高压缩性土层构成的地基，这种地基土质无法通过压实达到提高承载力的目的，这时可将软弱土层的部分或全部挖去，然后回填以强度较大的砂、碎石或灰土等，并夯至密实，这种方法称为换土法。

换土法处理地基的特点是，能够充分利用地方材料，节约钢材、木材、水泥等三材。换土法能减少基础沉降量，调整基础间的不均匀沉降，提高地基强度和稳定性，减小基础埋置深度。

3) 振冲法

振冲法是振动水冲击法的简称，按不同土类可分为振冲置换法和振冲密实法两类。振

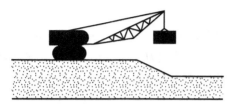

(a) 重锤夯实　　　　　　　　　(b) 机械碾压

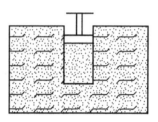
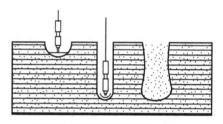

(c) 灰土井桩　　　　　　　　　(d) 振动冲水

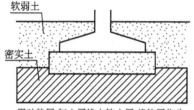
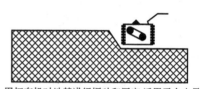

(e) 换土垫层　　　　　　　　　(f) 振动压实

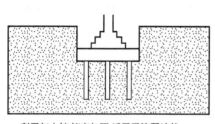

(g) 灰土密桩　　　　　　　　　(h) 砂桩

图 6.3　常用的人工加固地基的方法

冲法在粘性土中主要起振冲置换作用,置换后填料形成的桩体与土组成复合地基;在砂土中主要起振动挤密和振动液化作用。振冲法的处理深度可达 10m 左右。

4）深层搅拌法

深层搅拌法是利用水泥或其他固化剂通过特制的搅拌机械，在地基中将水泥和土体强制拌和，使软弱土硬结成整体，形成具有水稳性和足够强度的水泥土桩或地下连续墙，处理深度可达 8～12m。

近几十年来，国内外在地基处理技术方面发展迅速，老方法得到改进，新方法不断涌现，如土工加筋法、振动水冲法、真空预压法、高压喷射注浆法等，这些方法极大地推动了建筑地基处理技术的进步。

6.4 基 础

6.4.1 基础的类型

基础的类型较多，如图 6.4 所示。按基础所采用材料和受力特点分，有刚性基础和柔性基础；按构造形式分，有墙下条形基础、独立基础、柱下条形基础、筏形基础、箱形基础、整体式基础、桩基础等。按基础的埋置深度分，可分为浅基础和深基础。

(a) 独立基础　　(b) 整体式基础

图 6.4 基础实例

6.4.2 基础的埋置深度

室外设计地面至基础底面的垂直距离称为基础的埋置深度，简称基础的埋深，如图 6.5 所示。埋深大于或等于 5m 的称为深基础；埋深小于 5m 的称为浅基础；当基础直接做在地表面上的称不埋基础。从施工和造价方面考虑，在满足地基稳定和变形要求的前提下，一般民用建筑的基础应优先选用浅基础，当上层地基的承载力大于下层土时，宜利用上层土作持力层。除岩石地基外，基础埋深不宜小于 0.5m，否则，地基受到压力后可能将四

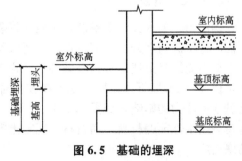

图 6.5 基础的埋深

周土挤走,使基础失稳,或受各种侵蚀、雨水冲刷、机械破坏而导致基础暴露,影响建筑安全。

6.4.3 影响基础埋深的因素

选择基础的埋置深度是基础设计工作中的重要环节,因为它关系到地基是否可靠、施工的难易及造价的高低。影响基础埋深选择的因素很多,设计时要善于从实际情况出发,抓住主要因素进行考虑。基础的埋置深度按下列影响因素确定。

1. 作用在地基上的荷载大小和性质

高层建筑基础的埋置深度应满足地基承载力、变形和稳定性要求。在抗震设防区,除岩石地基外,天然地基上的箱形和筏形基础其埋置深度不宜小于建筑物高度的1/15;桩箱或桩筏基础的埋置深度(不计桩长)不宜小于建筑物高度的1/18。位于岩石地基上的高层建筑,其基础埋深应满足抗滑稳定性要求。多层建筑物要根据地下水位及冻土深度来确定埋深。

2. 工程地质条件

基础底面应尽量选在常年未经扰动而且坚实平坦的土层或岩石上,俗称"老土层"。当基础埋置在易风化的岩层上,施工时应在基坑开挖后立即铺筑垫层,如图6.6所示。

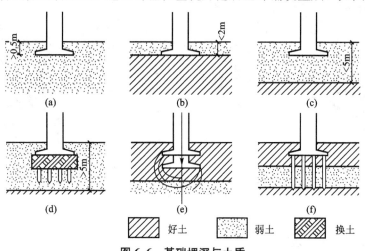

图 6.6 基础埋深与土质

3. 水文地质条件

确定当地的水文地质条件,一般宜将基础落在地下常年水位和最高水位之上,这样可不需进行特殊防水处理,节省造价,还可防止或减轻地基土层的冻胀,如图6.7(a)所示。

如不能满足上述要求,基础必须埋置在地下水位以下时,应将基础底面埋置在低于地下水位200mm以下,采取地基土在施工时不受扰动的措施,使基础避免因水位变化,而受到水中浮力的影响,如图6.7(b)所示。埋在地下水位以下的基础,在材料上要选择具有良好耐水性能的材料,如石材、混凝土等,当地下水中含有腐蚀性物质时,基础应采取防腐措施。

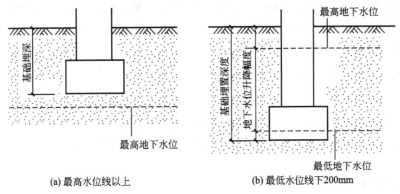

(a) 最高水位线以上 　　　(b) 最低水位线下200mm

图 6.7　地下水位与基础埋深

4. 地基土冻胀和融陷的影响

冻结土与非冻结土的分界线，称为冰冻线。土的冻胀会把基础抬起，而解冻后，基础又将下沉。在这个过程中，冻融是不均匀的，致使建筑物周期性地处于不均匀的升降状态中势必会导致建筑物产生变形、开裂、倾斜等一系列的冻害。因此，应根据当地的气候条件了解土层的冻结深度，一般基础应埋置在冰冻线以下 200mm 的地方，当冻土深度小于 500mm 时，基础埋深不受影响，如图 6.8 所示。

5. 相邻建筑物的基础埋深

当存在相邻建筑物时，新建建筑物的基础埋深不宜大于原有建筑基础。当埋深大于原有建筑基础时，两基础间应保持一定净距，其数值应根据原有建筑荷载大小、基础形式和土质情况确定。可使两基础间留出相邻基础底面高差的 1~2 倍距离，以保证原有房屋的安全，如图 6.9 所示。若新旧建筑间不能满足此条件时，可通过对新建房屋的基础进行处理（如做悬挑梁）来解决。

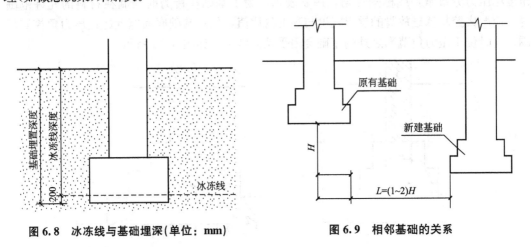

图 6.8　冰冻线与基础埋深（单位：mm）　　　图 6.9　相邻基础的关系

6. 建筑物的用途及功能要求

某些建筑物需要具备一定的使用功能或宜采用某种基础型式，这些要求常成为其基础埋置深度选择的先决条件。例如，必须设置地下室或设备层、地下管沟的建筑物、需建造带封闭侧墙的筏式基础或箱形基础的高层或重型建筑、带有地下设施的建筑物、半埋式结构物、或具有地下部分的设备基础等，烟囱、水塔和筒体结构的基础埋置深度也应满足抗倾覆稳定性的要求。

7. 其他因素对基础埋深的影响

基础的埋深除与以上几种影响因素有关外，还和一些因素相关。如当地面上有较多的硫酸、氢氧化钠、硫酸钠等腐蚀性液体作用时，基础埋置深度不宜小于 1.5m，必要时，需对基础作防护处理。另外，基础的形式和构造也对基础埋深有影响。

6.4.4 基础的分类与构造

1. 按所用材料及受力特点分

1）刚性基础

采用砖、毛石、混凝土或毛石混凝土、灰土和三合土等刚性材料组成的墙下条形基础或柱下独立基础，称为刚性基础(无筋扩展基础)，这些材料建造的基础的共同点是：它们的抗压强度很好，但抗拉、抗弯、抗剪等强度却远不如它们的抗压强度，适用于多层民用建筑和轻型厂房。

从基础受力角度考虑，由于土壤单位面积的承载能力小，上部结构通过基础将其荷载传给地基时，须将基础底面积扩大，使得地基承载能力大于基础底面的承载力，才能适应地基受力的要求。如果地基承载能力小于基础传来的承载力，建筑物会整体下沉或倾斜，所以在设计时，基础底面的大小是根据地基承载能力而定的，基底宽 B 一般大于上部墙宽，为了保证基础不被拉力、剪力而破坏，基础必须具有相应的高度。从基础传力角度考虑，根据试验得知，上部结构(墙或柱)在基础中传递压力是沿一定角度分布的，这个传力角度称压力分布角，或称刚性角，用 α 表示。为了基础在传力时控制在材料的允许范围内，应严格控制基础放脚的挑出宽度与高度的比值，如果基础底面宽度超过压力角控侧范围，这时位于压力角范围之外的基础会因受拉而破坏，如图 6.10 所示。

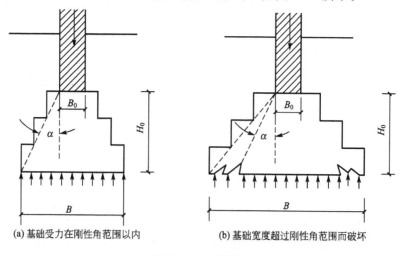

(a) 基础受力在刚性角范围以内　　(b) 基础宽度超过刚性角范围而破坏

图 6.10　刚性基础

不同材料基础的刚性角是不同的,可按《建筑地基基础设计规范》来划分,如图 6.11 和表 6-2 所示,以确保基础底面不产生较大的拉应力,避免基础底面出现裂缝以至遭到破坏。

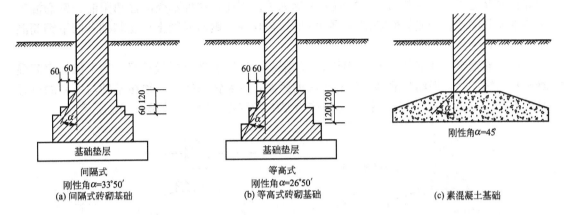

图 6.11　常见刚性基础的刚性角(单位:mm)

表 6-2　无筋扩展基础台阶宽高比的允许值

基础材料	质量要求	台阶宽高比的允许值		
		$pk \leqslant 100$	$100 < pk \leqslant 200$	$200 < pk \leqslant 300$
混凝土基础	C15 混凝土	1:1.00	1:1.00	1:1.25
毛石混凝土基础	C15 混凝土	1:1.00	1:1.25	1:1.50
砖基础	砖不低于 MU10、砂浆不低于 M5	1:1.50	1:1.50	1:1.50
毛石基础	砂浆不低于 M5	1:1.25	1:1.50	
灰土基础	体积比为 3:7 或 2:8 的灰土,其最小干密度: 粉土 1550kg/m³ 粉质粘土 1500kg/m³ 粘土 1450kg/m³	1:1.25	1:1.50	
三合土基础	体积比 1:2:4~1:3:6(石灰:砂:骨料),每层约虚铺 220mm,夯至 150mm	1:1.50	1:2.00	

注:1—pk 为荷载效应标准组合基础底面处的平均压力值(kPa)。
　　2—阶梯形毛石基础的每阶伸出宽度,不宜大于 200mm。
　　3—当基础由不同材料叠合组成时,应对接触部分做抗压验算。
　　4—混凝土基础单侧扩展范围内基础底面处的平均压力值超过 300kPa 的混凝土基础,还应进行抗剪验算;对基底压力集中于立柱附近的岩石地基,应进行局部受压承载力验算。

2) 非刚性基础

当建筑物的荷载较大而地基承载能力较小时,基础底面 B 必须加宽,如果仍采用砖、石、灰土、混凝土材料做基础,由于基础刚性角的限制,势必加大基础的深度,这样既增加了基础材料的用量,又使土方工程量大大增加,对工期和造价都十分不利。如果在混凝土基础的底部配以受拉钢筋,利用钢筋来承受拉应力,使基础底部能够承受较大的弯矩。这时,由于不受基础大放脚宽高比的限制,基础底面积的增加不需要以加大基础高度和基础埋置深度为代价,基础的适应性就大大提高了。因此,这种不受刚性角限制的钢筋混凝土基础为非刚性基础或柔性基础(扩展基础),包含柱下钢筋混凝土独立基础和墙下钢筋混凝土条形基础。

钢筋混凝土柔性基础由于不受刚性角的限制,所以基础应尽量浅埋。为了保证钢筋混凝土基础施工时,钢筋与地基之间有足够的距离,以免钢筋锈蚀,须在基础与地基的设置厚度不宜小于70mm,混凝土强度等级应为C10的混凝土垫层,如图6.12所示。

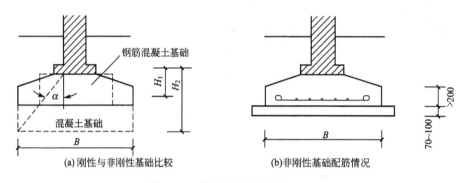

图6.12 非刚性基础(单位:mm)

2. 按基础的构造形式分

基础是结构墙体和柱在地下的延伸部分,但由于地基承载力相对较低,使得结构墙体和柱在地下的部分形成了向外侧扩展的放脚形式。显然,基础的构造形式是与其上部的结构形式(墙或柱)分不开的,尤其是地基承载力比较高的天然地基,这种上、下部分的结构特征的一致性是十分明显的。但是,若地基承载力比较低的时候,就要通过扩大基础的底面积,以至形成各部分基础的连续和融合,以满足地基承载力和均匀沉降的要求。下面分别介绍各种不同构造形式的基础类型。

1) 条形基础

(1) 墙下条形基础。

条形基础主要用于墙承载结构中。当建筑物上部的结构墙体延伸到地下时,基础沿墙体走向设置成长条形的形式,因而称为条形基础。当地基条件较好,基础埋置深度较浅时,墙承式结构的建筑多采用条形基础,用以传递连续的条形荷载,如图6.13所示。这种基础有较好的整体性,空间刚度较好,可减缓局部不均匀沉降。条形基础常用砖、石、混凝土等建造,当地基承载力较小,荷载较大时,承重墙下也可用钢筋混凝土条形基础。

(2) 柱下条形基础。

独立基础可节约基础材料,减少土方工程量,但基础与基础之间无构件连接,整体刚度较差。当地基条件较差、或上部荷载不均匀、或配置柱下单独基础又在平面某个方向尺寸上受到限制、尤其是当各柱的荷载或地基压缩性分布不均匀时,为了提高建筑物的整体性,防止柱子之间产生不均匀沉降,在柱列下配置抗弯刚度较大的条形基础,能收到一定的效果。柱下条形基础常用于软弱地基上框架结构或排架结构,属于连续基础的一种类

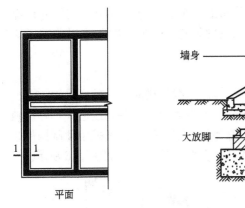
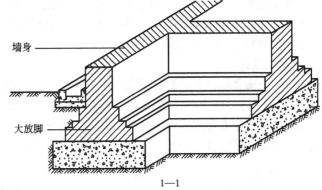

图 6.13 墙下条形基础

型,主要有以下几类。

① 柱下单向条形基础沿柱列单向平行配置,称为柱下单向条形基础,如图 6.14(a)所示。

② 如果柱下单向条形基础的底面积已能满足地基承载力的要求,只须减少基础之间的沉降差,则可在另一方向加设联梁,组成联梁式交叉条形基础,联梁不着地,但需要有一定的刚度和强度,否则作用不大,如图 6.14(b)所示。

③ 柱下井格基础:将柱下基础沿纵横两个方向扩展并连接起来,双向相交于柱位处形成交叉条形基础,也称为柱下十字交叉基础,如图 6.14(c)所示。柱下井格基础适用于

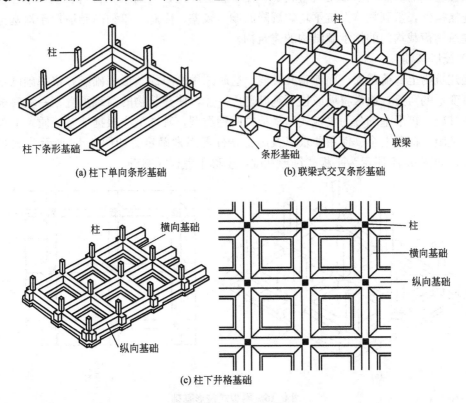

图 6.14 柱下条形基础

柱网下的地基软弱、土的压缩性或各柱荷载的分布沿两个柱列方向都很不均匀的情况，一方面需要进一步扩大基础面积，另一方面又要求基础具有足够的空间刚度以调整不均匀沉降，采用柱下井格基础就比较有效。

2) 独立式基础

当建筑物上部主体结构为框架结构或排架结构等柱承载结构时，基础常采用方形、矩形或圆形(均取决于柱的断面形式)的单独基础，这类基础称为独立式基础或柱式基础。独立式基础是柱下基础的基本形式。常用的断面形式有阶梯形、锥形等。当柱采用预制构件时，则基础做成杯口形，然后将柱子插入并嵌固在杯口内，故称杯形基础，如图 6.15 所示。

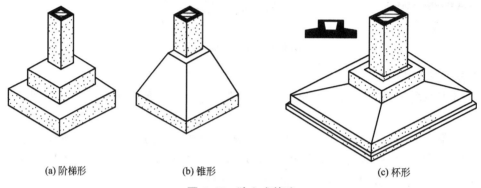

图 6.15 独立式基础

单独基础的优点是土方工程量较少，便于管道穿过，节约基础材料。但各单独基础之间无连接构件，基础整体抵抗不均匀沉降的能力较差，因此，单独基础适用于地基土质均匀、建筑物荷载均匀的柱承载结构的建筑物。

3) 筏形基础

当建筑物上部荷载大，而地基又较弱，这时采用简单的条形基础或井格基础已不能适应地基变形的需要，通常将墙或柱下基础连成一片，使建筑物的荷载承受在一块整板上成为筏形基础。筏形基础分为梁板式和平板式两种类型，其选型应根据地基地质、上部结构体系、柱距、荷载大小、使用要求以及施工条件等因素确定。如图 6.16 所示为梁板式筏形基础，如图 6.17 所示为平板式筏形基础，也称不埋板式基础。

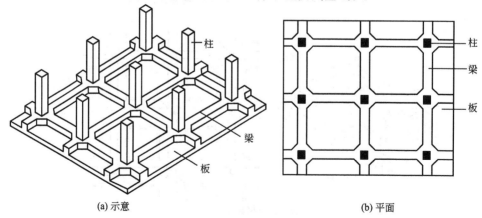

图 6.16 梁板式筏形基础

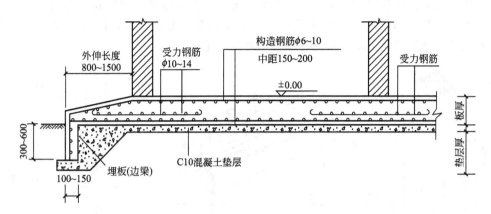

图 6.17　平板式筏形基础（单位：mm）

筏形基础以其成片覆盖于建筑物地基的整个面积和完整的平面连续性为明显特点，它不仅易于满足软弱地基承载力的要求，减少地基的附加应力和不均匀沉降，还具有前述条形基础、独立式基础等所不完全具备的良好功能。

4）箱形基础

当板式基础做得很深时，常将基础改做成箱形基础。箱形基础是由钢筋混凝土底板、顶板和若干纵、横隔墙组成的整体结构，基础的中空部分可用作地下室（单层或多层的）或地下停车库。箱形基础整体空间刚度大，整体性强，能抵抗地基的不均匀沉降，较适用于高层建筑、在软弱地基上建造的重型建筑物或对不均匀沉降有严格限制的建筑物，如图 6.18 所示。它和筏形基础共称为整体式基础（满堂基础），属于连续基础的另一大类型。

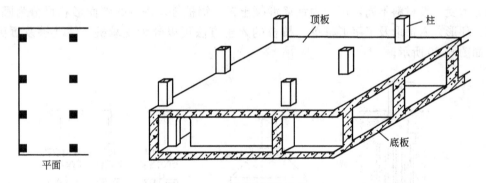

图 6.18　箱形基础

箱形基础的平面尺寸应根据地基承载力、地基变形允许值以及上部结构的布局和荷载分布等条件确定；平面形状则应力求简单，以便获得较好的整体刚度。其宽阔的基础底面使地基受力层范围大大地扩展，较大的埋置深度和中空的结构型式使开挖卸去的土重抵偿了上部结构传来的部分荷载在地基中引起的附加应力。所以，其与条形基础、单独基础等一般实体基础相比，箱形基础能显著提高地基稳定性，降低基础沉降量。

5）桩基

桩基也称为桩基础，是地基加固的一种方式，也是深基础的一种，如图 6.19 所示。

当建筑物荷载大、层数多或建筑物高度大的情况下,如果地基土层较弱,采用浅埋基础不能满足地基承载力的要求,这时建筑物可以采用桩基,即通过柱形的桩,穿过深达十几米、甚至几十米的软弱土层,直接支承在坚硬的岩层上。

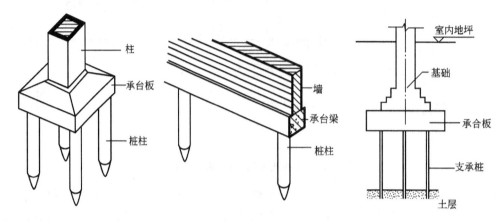

图 6.19 桩基的组成

桩基包括混凝土预制桩和混凝土灌注桩低桩承台基础,由设置于岩土中的桩和连接于桩顶端的承台组成的基础组成,桩基的桩数不止一根,各桩在桩顶通过承台连成一体。桩基具有承载力高、沉降量小而均匀等特点,能承受竖向荷载、水平荷载、上拔力及由机器产生的振动和各种动荷载的作用。但是,当地基上部为坚实土层,下部为软弱土层时,不宜采用桩基。

桩基础的类型很多,竖向受压桩,按桩的性状和竖向受力情况可分为摩擦型桩和端承型桩,摩擦型桩的桩顶竖向荷载主要由桩侧阻力承受;端承型桩的桩顶竖向荷载主要由桩端阻力承受。按材料不同,可分为钢筋混凝土桩、钢桩等。按桩的断面形状可分为圆形、方形、环形、六角形及工字形桩等。按桩的入土方法可以分为支承桩、钻孔桩及爆破桩等,如图 6.20 所示。

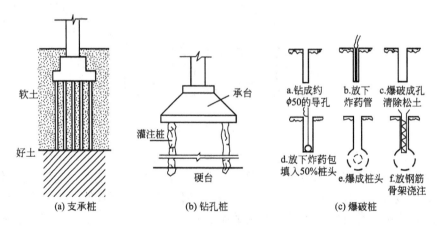

图 6.20 桩基的分类

6) 其他形式的基础

(1) 壳体基础。烟囱、水塔、贮仓、中小型高炉等各类筒形构筑物基础的平面尺寸较一般独立基础大，为节约材料，同时使基础结构有较好的受力特性，常将基础做成壳体形式，称为壳体基础。其常用形式有方壳、圆壳、条形壳等，如图6.21所示。

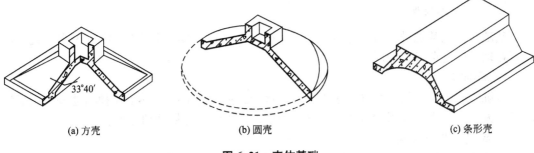

图 6.21 壳体基础

（2）岩石锚杆基础。其适用于直接建在基岩上的柱基，以及承受拉力或水平力较大的建筑物基础。锚杆基础应与基岩连成整体。

6.5 防止建筑物不均匀沉降的措施

建筑物一般都有不同程度的沉降，当建筑物中部沉降大于两端时，出现中部下凹的拱曲变形，墙面出现八字裂缝，如图6.22(a)所示。当建筑物两端沉降大于中部时，出现中部上凸的拱曲变形，墙面出现倒八字裂缝，如图6.22(b)所示。

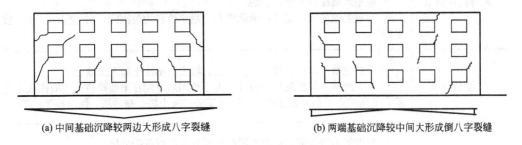

图 6.22 八字裂缝

防止建筑物不均匀沉降，首先应找出产生不均匀沉降的原因，在设计和施工采取相应的措施。常用的方法有以下几种。

1. 按地基容许变形来进行设计

为达到沉降的目的，必须按低级变形调整基础的宽度和深度，在软土层厚度较大的区域，将基础底面适当加宽或将基础埋置深度适当加大，为基础获得均匀沉降创造条件。

2. 提高基础和上部结构的刚度

基础本身的刚度是整个建筑物刚度的重要组成部分。采用刚度好的基础材料和基础形式是提高建筑物整体性、调节建筑物不均匀沉降量的有效措施。混合结构中常用刚性墙基础和基础圈梁的办法提高建筑物的整体性。

3. 设沉降缝

根据建筑物变形的可能设置沉降缝，沉降缝内容详见第 7 章内容。

4. 地基局部处理

基础在开挖基坑(槽)后，可能会发现池塘、河沟等。如深度不大，则可采用下列方法进行处理，以避免或减少局部沉降。

1) 局部换土法

将坑中软土层挖除，通常挖成踏步形，踏步高宽比为 1∶2。然后更换与地基土压缩性相近的天然土，也可以用砂石灰土等材料回填，回填时应分层回填夯实。

2) 跨越法与挑梁法

对地基发现的废井等洞穴，除了可用局部换土法外，还可设过梁或拱券跨越井穴。

3) 橡皮土的处理

地基土含水量大有橡皮土现象时，应避免直接在地基上夯打，而是采用降水法降低含水量，或根据具体情况铺以碎石、卵石，将其压入土中，将土挤实。

本 章 小 结

概念与设计要求	• 建筑物与土层直接接触的部分称为基础，支承建筑物重量的土层叫地基 • 地基、基础及其与荷载的关系：$A \geqslant N/f$ • 地基基础设计等级：三级 • 地基基础的设计要求：承载能力、稳定性和均匀沉降；耐久性；经济；技术规范
地基	• 天然地基：岩石、碎石土、砂土、粉土、粘性土和人工填土 • 人工地基：须预先对土壤进行人工加固后才能在上面建造房屋的称人工地基，常用的人工加固地基的方法有压实法、换土法、振冲法、深层搅拌法等
基础	• 基础的类型较多，可按不同的分类方式进行基础分类 • 基础的埋置深度：埋深大于或等于 5m 的称为深基础；埋深小于 5m 的称为浅基础 • 影响基础埋深的因素：作用在地基上的荷载大小和性质；工程地质条件；水文地质条件；地基土冻胀和融陷的影响；相邻建筑物的基础埋深；建筑物的用途及功能要求；其他因素 • 基础的分类与构造：按所用材料及受力特点分为刚性基础和非刚性基础；按基础的构造形式分为条形基础、独立基础、筏形基础、箱形基础、桩基础、其他形式的基础
防止建筑物不均匀沉降的措施	• 按地基容许变形来进行设计 • 提高基础和上部结构的刚度 • 设沉降缝 • 地基局部处理

习 题

一、思考题

1. 如何区分地基与基础?
2. 如何理解地基、基础与荷载三者之间的关系?
3. 什么是天然地基?什么是人工地基?
4. 人工加固地基有哪些常见的方法?各种方法的适用条件是什么?
5. 对地基基础设计有哪些基本要求?
6. 什么叫基础的埋置深度?影响基础埋置深度的因素有哪些?
7. 什么是深基础?什么是浅基础?
8. 基础与地下结构都有哪些不同的类型?各种基础类型的特点、设计要求、适用条件如何?
9. 各种类型基础的构造做法和设计要求如何?

二、选择题

1. 埋置深度大于( )的基础称为深基础。
   A. 3m   B. 4m   C. 5m   D. 6m
2. 建筑工程的地面应铺设在均匀密实的基土上。下列各组中,那组可填作基土?( )
   A. 淤泥、冻土   B. 膨胀土、耕植土
   C. 砂土、粘土   D. 垃圾土、腐殖土
3. 有关基础埋深的叙述,哪一项是正确的?( )
   A. 由室外的设计地面到基础底面的距离称为基础埋深
   B. 由室外的设计地面到基础垫层底面的距离称为基础埋深
   C. 由室内的设计地面到基础垫层底面的距离称为基础埋深
   D. 由室内的设计地面到基础底面的距离称为基础埋深
4. 刚性基础的受力特点是( )。
   A. 抗拉强度大、抗压强度小   B. 抗拉、抗压强度均大
   C. 抗剪切强度大   D. 抗压强度大、抗拉强度小
5. 基础必须埋置在地下水位以下时,应将基础底面埋置在低于地下水位( )mm以下。
   A. 100   B. 200   C. 300   D. 400
6. 基础埋深不宜小于( )m。
   A. 0.2   B. 0.5
   C. 0.7   D. 1.0
7. 按基础的材料及受力特点,分为( )。
   A. 刚性基础和柔性基础
   B. 条形基础、独立基础、柱下条形基础、筏形基础、箱形基础
   C. 浅基础和深基础
   D. 旧基础和新基础

三、判断题

1. 地基基础设计等级分为四级。　　　　　　　　　　　　　　　　（　）
2. 在同等情况下，应优先选用人工地基。　　　　　　　　　　　　（　）
3. 当存在相邻建筑物时，新建建筑物的基础埋深不宜大于原有建筑基础。（　）
4. 桩基也称为桩基础，是地基加固的一种方式，属于浅基础的一种。（　）
5. 筏形基础分为梁板式和平板式两种类型。　　　　　　　　　　　（　）

第7章 变 形 缝

知识目标

- 了解和掌握变形缝的功能和设计要求。
- 熟悉和掌握变形缝的概念、分类、相互之间的区别及设置原则。
- 熟悉和掌握伸缩缝、沉降缝、防震缝的常用构造做法。
- 熟悉和掌握建筑的不同部位变形缝的常用构造做法。
- 了解不设缝的处理措施。

导入案例

埃伯斯沃德技术学院图书馆坐落于一块近似矩形的地块上,是从一组19世纪的建筑中划分出来的,尽管它们在尺度和形式上都有着不同的考虑。设计者雅克·赫尔佐格和皮埃尔·德梅隆发掘了其中美丽的古典景观。用地中两个还没有被建造房屋的角落是被原有建筑所限定出的,由此,这两个新的元素都要建立在现有城市结构的基础上,并且使用不同的形式。新的图书馆是一个平行六面体,由连续的水平混凝土带和玻璃带组成。由这些面板组成的表皮被一些陷入墙中的窗户和变形缝所打断,这些窗户在平面上正好与每层设置的阅览位置相对应,一个温和的景观设计将这个新建筑和边上的老房子联系起来。

埃伯斯沃德技术学院图书馆

7.1 概 述

建筑物由于受外界气温变化、地基不均匀沉降以及地震等因素的影响,其结构内部产生附加应力和变形,如处理不当,将会造成建筑物的破坏,产生裂缝甚至倒塌,影响使用与安全。因此在设计时，事先将建筑物分成几个独立的部分，预先在这些变形敏感部位将结构断开，留出一定的缝隙，使各部分自由变形，以保证各部分建筑物在这些缝隙中有足够的变形宽度而不造成建筑物的破损。这种将建筑物垂直分开的预留缝隙称为变形缝，是建筑中的一种安全防范措施，如图7.1所示。

图7.1 变形缝

7.2 变形缝的功能和设计要求

设置了变形缝之后，建筑物从结构的角度看，其独立单元的平面尺寸变小，复杂的结构体型变得简单，不同类型的结构之间相对独立，每个独立的结构单元下的地基土质承载能力的差距也相对减小。这样，当环境温度的变化、建筑物的沉降、地震作用等情形出现时，建筑物不能正常使用、甚至结构遭到严重破坏等后果就可以避免了。

变形缝的设置，实际上是将一个建筑物从结构上划分成了两个或两个以上的独立单元。但是，从建筑的角度来看，它们仍然是一个整体。为了防止外界自然条件(风、雨、冷热空气、灰尘等)对建筑物的室内环境的侵袭，避免因设置了变形缝而出现房屋的保温、隔热、防水、隔声等基本功能降低的现象，影响建筑物的正常使用和耐久性，也为了变形缝处的外形美观，应采用合理的缝口形式，并做盖缝和其他一些必要的构造处理。在保证其在充分发挥自身功能的同时，使变形缝两侧结构单元的水平或竖向相对位移和变形不受限制。以保证房屋从建筑的角度(建筑空间的连续性、建筑保温、防水、隔声等围护功能的实现)上仍然是一个整体。

变形缝虽然将一个建筑物从结构上断开，但由于不同变形缝两侧的结构单元之间的相对位移和变形的方式不同，不同种类变形缝的结构处理、盖缝构造做法等也是有差异的，不同变形缝各自不同的变形特征则是导致其盖缝形式产生差异的主要原因。在变形缝盖缝材料的选择时，应注意根据室内外环境条件不同以及使用要求区别对待。例如，建筑物外侧表面的盖缝处理(如外墙外表面以及屋面)必须考虑防水要求，因此，盖缝材料必须具有良好的防水能力，一般多采用镀锌铁皮、防水油膏等材料；建筑物内侧表面的盖缝处理(如墙内表面、楼和地面上表面以及楼板层下表面)则更多地考虑满足使用、舒适性、美观等方面的要求，因此，墙面及顶棚部位的盖缝材料多以木制盖缝板(条)、铝塑板、镀锌铁皮装饰板等为主，楼和地面处的盖缝材料则常采用各种块状板材、橡胶止水带、弹性材料等。

7.3 变形缝的类型与设置原则

根据建筑变形缝设置的不同原因,一般将其分为三种类型,即温度伸缩缝(简称伸缩缝)、沉降缝、防震缝。

7.3.1 伸缩缝

建筑物处于温度变化之中,在昼夜温度循环和较长的冬夏季节循环作用下,其形状和尺寸因热胀冷缩而发生变化,在结构内部产生温度应力;当建筑物长度超过一定限度、建筑平面变化较多或结构类型变化较大时,建筑物也会因热胀冷缩变形较大而产生开裂。为避免这种情况的发生,常常沿建筑物长度方向每隔一定距离或结构变化较大处预留缝隙,将建筑物断开,这种因温度变化而设置的缝隙就称为伸缩缝或温度缝。

伸缩缝要求把建筑物的墙体、楼板层、屋顶等地面以上部分全部断开,基础部分因受温度变化影响较小,不需断开,这样做可保证伸缩缝两侧的建筑构件能在水平方向自由伸缩。为了防止房屋在正常使用条件下,由于温差和墙体收缩引起的竖向裂缝,伸缩缝应设在因温度和收缩变形可能引起的应力集中、砌体产生裂缝可能性最大的地方。

伸缩缝的宽度一般在20~40mm,设置间距即建筑物的容许连续长度与结构所用的材料、结构类型、施工方式、建筑所处的位置和环境有关,《砌体结构设计规范》(GB 50003—2011)和《混凝土结构设计规范》(GB 50010—2010)对砌体建筑和钢筋混凝土结构建筑中伸缩缝最大间距做了相应的规定,见表7-1和表7-2。

表7-1 砌体房屋伸缩缝的最大间距   单位:m

屋盖或楼盖类别		间距
整体式或装配整体式钢筋混凝土结构	有保温层或隔热层的屋盖、楼盖	50
	无保温层或隔热层的屋盖	40
装配式无檩体系钢筋混凝土结构	有保温层或隔热层的屋盖、楼盖	60
	无保温层或隔热层的屋盖	50
装配式有檩体系钢筋混凝土结构	有保温层或隔热层的屋盖	75
	无保温层或隔热层的屋盖	60
瓦材屋盖、木屋盖或楼盖、轻钢屋盖		100

注:1—对烧结普通砖、多孔砖、配筋砌块砌体房屋取表中数值;对石砌体、蒸压灰砂砖、蒸压粉煤灰砖和混凝土砌块、混凝土普通砖和混凝土多孔砖房屋取表中数值乘以0.8的系数。当墙体有可靠外保温措施时,其间距可取表中数值。
2—在钢筋混凝土屋面上挂瓦的屋盖应按钢筋混凝土屋盖采用。
3—层高大于5m的烧结普通砖、多孔砖、配筋砌块砌体结构单层房屋,其伸缩缝间距可按表中数值乘以1.3。
4—温差较大且变化频繁地区和严寒地区不采暖的房屋及构筑物墙体的伸缩缝的最大间距,应按表中数值予以适当减小。
5—墙体的伸缩缝应与结构的其他变形缝相重合,缝宽度应满足各种变形缝的变形要求。在进行立面处理时,必须保证缝隙的伸缩作用。

表 7-2　钢筋混凝土结构伸缩缝的最大间距　　　　　　　　　　　单位：mm

结构类别		室内或土中	露天
排架结构	装配式	100	70
框架结构	装配式	75	50
	现浇式	55	35
剪力墙结构	装配式	65	40
	现浇式	45	30
挡土墙、地下室墙壁等类结构	装配式	40	30
	现浇式	30	20

注：1—装配整体式结构房屋的伸缩缝间距，可按具体情况取表中装配式结构和现浇式结构之间的数值。
　　2—框架—剪力墙结构或框架—核心筒结构房屋的伸缩缝间距，可根据结构的具体布置情况取表中框架结构与剪力墙结构之间的数值。
　　3—当屋面无保温或隔热措施时，框架结构、剪力墙结构的伸缩缝间距宜按表中露天的情况取值。
　　4—现浇挑檐、雨篷等外露结构的伸缩缝间距不宜大于 12m。
　　5—对下列情况，本表中的伸缩缝最大间距宜适当减小。
　　（1）柱高（从基础顶面算起）低于 8m 的排架结构。
　　（2）屋面无保温或隔热措施的排架结构。
　　（3）位于气候干燥地区、夏季炎热且暴雨频繁地区的结构或经常处于高温作用下的结构。
　　（4）采用滑模类施工工艺的各类墙体结构。
　　（5）混凝土材料收缩较大、施工期外露时间较长的结构。
　　6—对下列情况，如有充分依据和可靠措施，本表中的伸缩缝最大间距可适当增大。
　　（1）采用低收缩混凝土材料，采取跳仓浇筑、后浇带、控制缝等施工方法，并加强施工养护。
　　（2）采用专门的预加应力措施或增配构造钢筋的措施。
　　（3）采取减小混凝土收缩或温度变化的措施。
　　7—当增大伸缩缝间距时，尚应考虑温度变化和混凝土收缩对结构的影响。

从表 7-1 和表 7-2 中可以看出，各种类型建筑物设置温度伸缩缝的限制条件有很大的差别，小到平面尺寸超过 20m 就应设缝，大到平面尺寸达到 100m 时才要设缝。造成这种差别的原因，首先是结构材料的不同，其材料的伸缩率以及材料的极限强度（主要是抗拉极限强度）也就不同，如砖、石、混凝土砌块等形成的砌体与钢筋混凝土材料的差别，钢筋混凝土材料与木材的差别等；其次是结构构造整体程度上的差别，也会造成其抵抗由附加应力引起的变形能力上的差异，如现浇整体式结构对附加应力的敏感程度比预制装配式结构的就大得多；再次就是建筑物的屋顶是否设有保温层或隔热层等，其结构系统对温度变化而引起的附加应力的敏感程度显然也会有明显的不同。

7.3.2　沉降缝

由于地基的不均匀沉降，结构内将产生附加的应力，使建筑物某些薄弱部位发生竖向错动而开裂，沉降缝就是为了避免建筑物因不均匀沉降而导致某些薄弱环节部位错动开裂而设置的变形缝。如图 7.2 所示，在高低相差悬殊或重量相差悬殊，或地基土壤不均匀时(包括新老地基间)须设沉降缝，使各区能各自沉降。

沉降缝与伸缩缝最大的区别在于伸缩缝只需保证建筑物在水平方向的自由伸缩变形，而沉降缝主要应满足建筑物各部分在垂直方向的自由沉降变形，故应将建筑物从基础到屋顶全部断开。同时，沉降缝也应兼顾伸缩缝的作用，故应在构造设计时满足伸缩和沉降的双重要求。

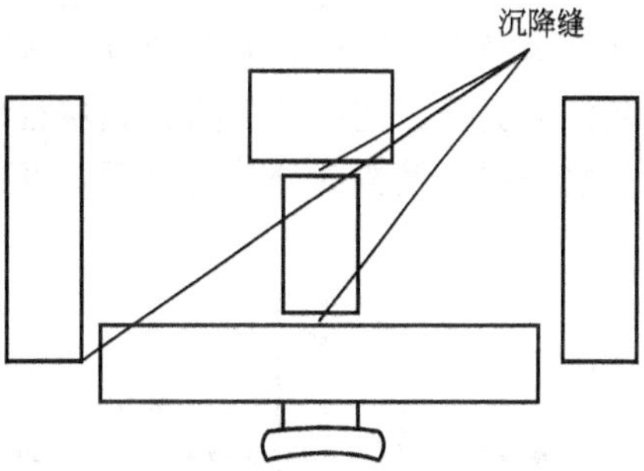

《建筑地基基础设计规范》规定，凡是遇到下列情况的，宜考虑设置沉降缝。

(1) 建筑平面的转折部位。
(2) 高度差异或荷载差异处，如图7.3(a)所示。
(3) 长高比过大的砌体承重结构或钢筋混凝土框架结构的适当部位，如图7.3(b)所示。
(4) 地基土的压缩性有显著差异处。
(5) 建筑结构或基础类型不同处。
(6) 分期建造房屋的交界处，如图7.3(c)所示。

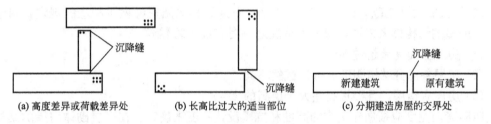

图7.2 沉降缝的设置

(a) 高度差异或荷载差异处　(b) 长高比过大的适当部位　(c) 分期建造房屋的交界处

图7.3 沉降缝的设置部位示意

沉降缝应有足够的宽度，沉降缝宽度可按表7-3选用。

表7-3 房屋沉降缝的宽度

房屋层数	缝宽/mm
2~3层	50~80
4~5层	80~120
5层以上	不小于120

7.3.3 防震缝

在抗震设防地区建造房屋，必须充分考虑地震对建筑造成的影响。为此，我国制定了相应的建筑抗震设计规范。为了防止建筑物各部分在地震时由于整体刚度不同、变形差异过大而引起的相互牵拉和撞击引起破坏，应在变形敏感部位设置变形缝，将建筑物分割成若干规整的结构单元，每个单元的体形规则、平面规整、结构体系单一，以防止在地震作用下建筑物各部分相互挤压、拉伸而造成破坏，这种考虑地震作用而设置的变形缝就称为防震缝。

防震缝应沿建筑物全高设置，通常基础可不断开，但对于平面形状和体型复杂的建筑物，或与沉降缝合并设置时，基础也应断开。防震缝应尽量与伸缩缝、沉降缝结合布置，并应同时满足三种变形缝的设计要求，其构造原则是保证建筑物在缝的两侧，在垂直方向能自由沉降，在水平方向又能左右移动。防震缝的两侧应布置墙或柱，形成双墙、双柱或一墙一柱，使各部分结构封闭，以提高其整体刚度，如图7.4所示。

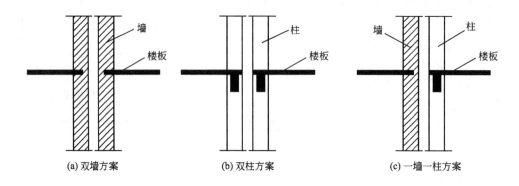

图 7.4　防震缝两侧结构布置

《建筑抗震设计规范》（GB 50011—2010）对建筑物的防震缝做了相应的规定，对于多层砌体房屋的结构体系来说，遇下列情况之一时宜设置防震缝。

（1）房屋立面高差超过6m。

（2）房屋各部分结构刚度、重量截然不同。

（3）房屋有错层，且楼板高差大于层高的1/4。

防震缝的宽度应根据建筑物的高度和抗震设计烈度来确定。在多层砌体房屋的结构体系中，防震缝的缝宽可采用70～100mm。在钢筋混凝土房屋的结构体系中设置的防震缝的缝宽应符合下列要求。

（1）框架房屋（包括设置少量抗震墙的框架结构），当高度不超过15m时不应小于100mm；当高度超过15m时，6°、7°、8°、9°分别增加高度5m、4m、3m、2m，宜加宽20mm。

（2）框架—抗震墙结构房屋的防震缝宽度不应小于（1）中规定数值的70%，抗震墙结构房屋的防震缝宽度不应小于（1）中规定数值的50%，且均不宜小于100mm。

（3）防震缝两侧结构类型不同时，宜按需要较宽防震缝的结构类型和较低房屋高度确定缝宽。

7.4　墙体变形缝

7.4.1　墙体伸缩缝

墙体伸缩缝一般可做平缝、错口缝和企口缝等形式，位置有外墙平缝、内墙转角、外墙转角、内墙平缝。如图7.5所示，缝口形式主要根据墙体材料、厚度以及施工条件而定。

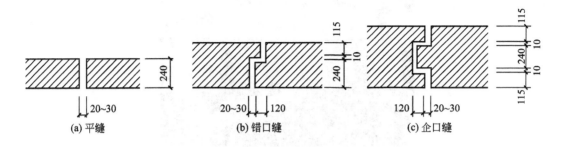

图7.5 墙体伸缩缝缝口截面形式（单位：mm）

为避免外界自然因素对室内的影响，变形缝外墙一侧常用防水、保温和防腐性能的弹性材料，如改性沥青麻丝、泡沫塑料条、橡胶条、油膏等嵌缝。当缝口较宽时，缝口用铝板、不锈钢板、彩色钢板等金属调节片进行盖缝处理，以保证伸缩缝两侧的结构在水平方向的自由伸缩，如图7.6和图7.7所示。外墙内侧及内墙缝口通常用具有一定装饰效果的铝塑板、铝合金装饰板、木质盖缝(板)条等遮盖，盖缝材料固定在缝口的一侧，如图7.8所示。

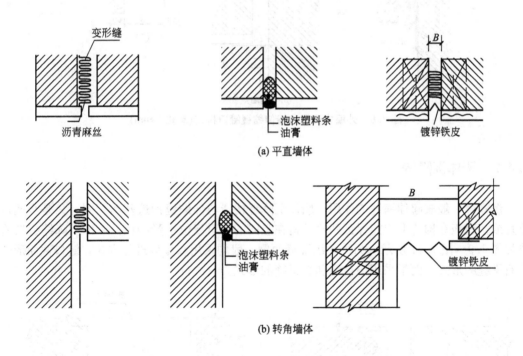

图7.6 外墙外侧伸缩缝缝口构造

图 7.7 设置金属盖缝板的墙体伸缩缝

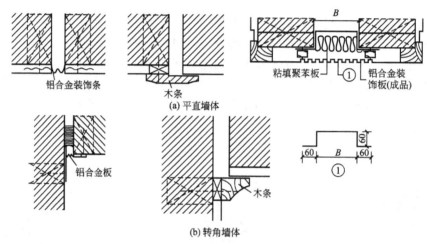

图 7.8 外墙内侧及内墙伸缩缝缝口构造(单位:mm)

7.4.2 墙体沉降缝

沉降缝一般兼起伸缩缝的作用。墙体沉降缝构造与伸缩缝构造基本相同,只是金属调节片或盖缝板在构造上应能保证两侧结构在竖向的相对变位不受约束。墙体沉降缝缝口构造如图 7.9～图 7.11 所示。另外,沉降缝两侧一般均采用双墙处理的方式,缝口截面形式只有平缝的形式,而不采用错口缝和企口缝的形式。

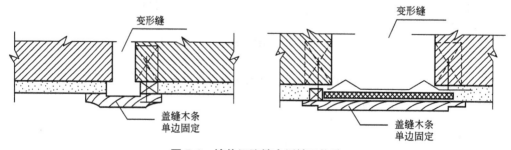

图 7.9 墙体沉降缝内侧缝口构造

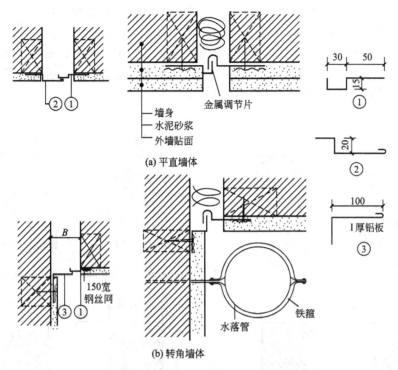

图 7.10 墙体沉降缝外侧缝口构造(单位:mm)

图 7.11 新旧建筑间的墙体沉降缝

7.4.3 墙体防震缝

墙体防震缝构造与伸缩缝和沉降缝构造基本相同,只是防震缝一般较宽,构造上更应注意盖缝的牢固、防风、防水等措施，且不应做成错口缝或企口缝的缝口形式。外缝口一般用镀锌铁皮覆盖，如图7.12所示；内缝口常用木质盖缝板遮盖，如图7.13所示。寒冷地区的墙体防震缝缝口内尚须用具有弹性的软质聚氯乙烯泡沫塑料、聚苯乙烯泡沫塑料等保温材料填嵌，如图7.14所示。考虑到防震缝对建筑立面的影响，通常将其布置在外墙转折部位，或利用雨水管遮挡住，做隐蔽处理。

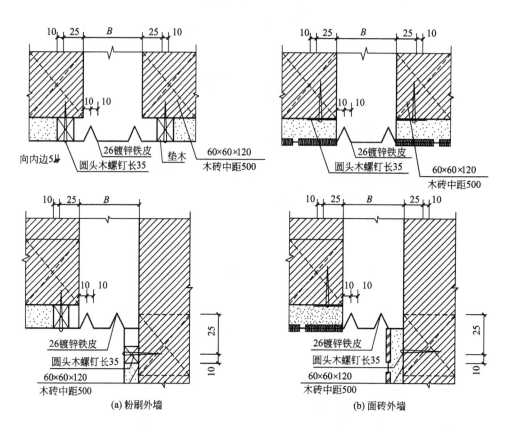

图7.12 墙体防震缝外侧缝口构造(单位：mm)

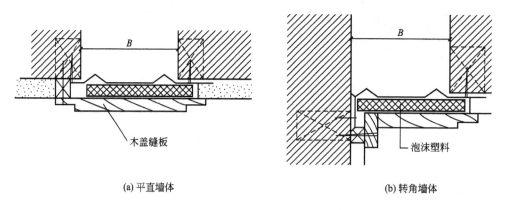

图7.13 墙体防震缝内侧缝口构造

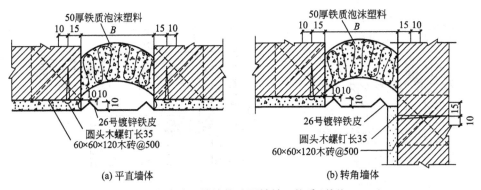

(a) 平直墙体　　　　　　　　(b) 转角墙体

图 7.14　寒冷地区的墙体防震缝缝口构造(单位：mm)

7.5　楼地面变形缝

楼地面处的变形缝，缝内可采用具有较好伸缩变形的材料进行嵌缝，如弹性油膏、沥青麻丝、橡胶等，如图 7.15 所示为地面变形缝构造，图 7.16 和图 7.17 所示为楼面变形缝构造，下表面(即顶棚部位)的盖缝材料及做法，与内墙变形缝的盖缝做法一样，盖缝板(条)固定于缝口的一侧，以保证变形缝两侧的结构能自由伸缩和沉降变形，如图 7.18 和图 7.19 所示为顶棚变形缝构造。

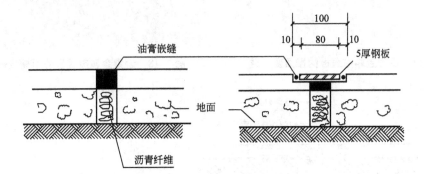

图 7.15　地面变形缝缝口构造(单位：mm)

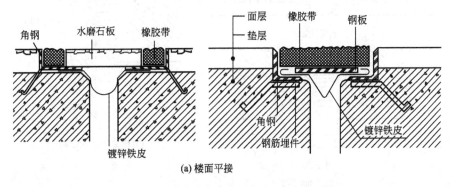

(a) 楼面平接

图 7.16　楼面变形缝缝口构造(单位：mm)

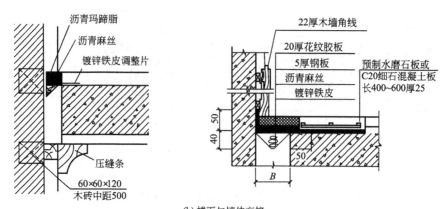

(b) 楼面与墙体交接

图 7.16　楼面变形缝缝口构造(单位：mm)(续)

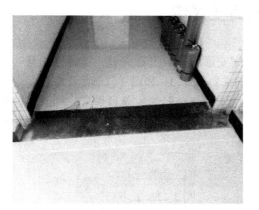

图 7.17　设置金属盖缝板的楼面变形缝

图 7.18　设置金属盖缝板的顶棚变形缝

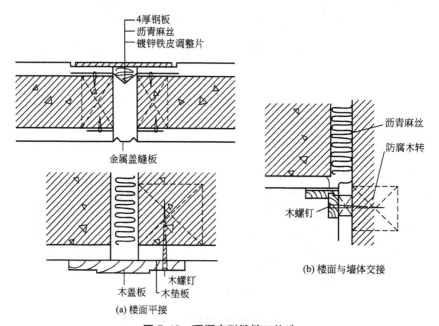

(a) 楼面平接

(b) 楼面与墙体交接

图 7.19　顶棚变形缝缝口构造

7.6 屋面变形缝

屋面变形缝的构造处理原则：既不能影响屋面的变形，又要防止雨水从变形缝渗入室内。屋面变形缝的位置和缝宽应与墙体、楼地层的变形缝一致。缝内用沥青麻丝、金属调节片等材料填缝和盖缝。屋顶变形缝一般设于建筑物高度不同的变化处（如沉降缝和防震缝的情况），也有设于两侧屋面处于同一标高处（如伸缩缝的情况）。不上人屋顶通常在缝的两侧加砌矮墙，按屋面泛水构造要求将防水层材料沿矮墙上做至矮墙顶部，然后用镀锌铁皮、铝片、钢筋混凝土板或瓦片等在矮墙顶部变形缝处覆盖。屋顶变形缝盖缝做法应在保证变形缝两侧结构自由伸缩或沉降变形的同时而不造成屋顶渗漏雨水，寒冷地区在变形缝缝口处应填以岩棉、泡沫塑料或沥青麻丝等具有一定弹性的保温材料。上人屋顶因使用要求一般不设置矮墙，变形缝缝口处一般采用防水油膏填嵌，以免雨水渗漏并适应缝两侧结构变形的需要。屋顶变形缝的节点构造如图 7.20～图 7.22 所示。

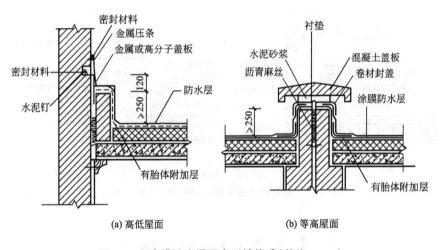

图 7.20 涂膜防水屋面变形缝构造（单位：mm）

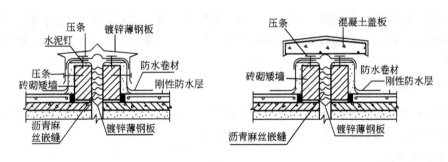

图 7.21 刚性防水屋面变形缝构造（单位：mm）

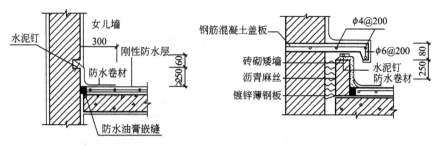

(b) 高低屋面

图 7.21　刚性防水屋面变形缝构造(单位：mm)(续)

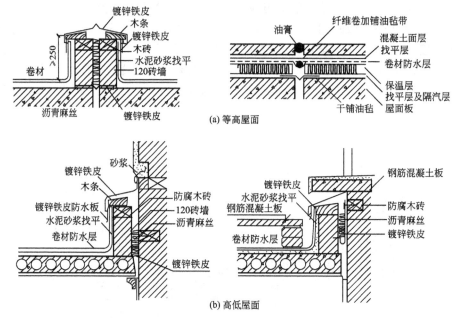

(b) 高低屋面

图 7.22　卷材防水屋面变形缝构造(单位：mm)

7.7　基础变形缝

为了消除基础不均匀沉降，应按要求设置基础沉降缝，基础沉降缝应避免因不均匀沉降造成的相互干扰。常见的砖墙条形基础处理方法有双墙基础、交叉式基础、悬挑式基础三种方案。

1. 双墙基础

建筑物沉降缝两侧各设有承重墙，墙下各自有基础，整体刚度大，但基础-偏心受力，并在沉降时产生一定的挤压力，如图 7.23(a)所示。

2. 交叉式基础

沉降缝两侧的基础交叉布置，在各自的基础上支撑基础梁，墙体砌在基础梁上，地基受力将有所改善，如图 7.23(b)所示。

3. 悬挑梁基础

能使沉降缝两侧基础分开较大距离，相互影响较少。当沉降缝两侧基础埋深相差较大或新建筑与原有建筑毗连时，宜采用此方案，如图 7.23(c)所示。

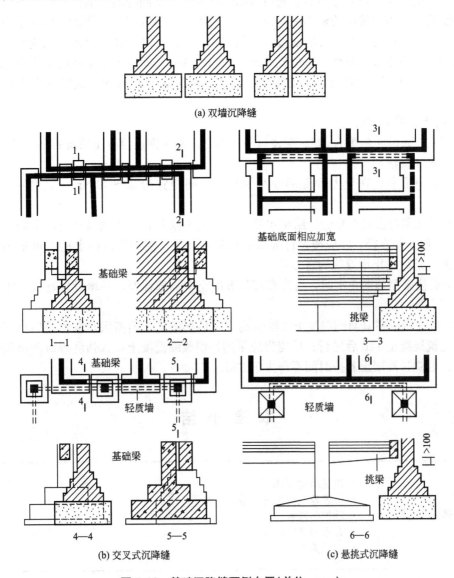

图 7.23 基础沉降缝两侧布置(单位：mm)

7.8 不设变形缝对抗变形

以上三种变形缝的设置，解决了建筑物由于受温度变化、地基不均匀沉降以及地震作用的影响而可能造成的各种破坏，但是，由于变形缝的构造复杂也给建筑物的设计和施工带来了一定的难度，因此设置变形缝不是解决此类问题的唯一办法。目前，不设变形缝对抗变形的措施主要有以下几种方法。

1）加强建筑物的整体刚度

通过加强建筑物的整体性和整体刚度来抵抗各种因素引起的附加应力的破坏作用，可以通过改变引起结构附加应力的影响因素状态的方式达到同样的目的。例如，可以采用附加应力钢筋，加强建筑物的整体性，来抵抗可能产生的温度应力，使之少设或不设温度伸缩缝；在工程设计时，应尽可能通过合理的选址、地基处理、建筑物体型的优化、结构类型的选择和计算方法的调整来避免或克服不均匀沉降，从而达到不设或尽量少设沉降缝的目的；对于多层和高层钢筋混凝土房屋来说，宜通过选用合理的建筑结构方案而不设防震缝。

2）后浇带施工方法

通过施工程序上的配合（如高层建筑与裙房之间采用钢筋混凝土后浇带的办法）来代替变形缝，具体做法如下。

（1）后浇带应设在受力和变形较小的部位，间距宜为 30～60mm，宽度宜为 700～1000m。

（2）后浇带可做成平直缝，结构主筋不宜在缝中断开，如必须断开时，主筋搭接长度应大于 45 倍主筋直径，并应按设计要求加设附加钢筋。后浇带的防水构造可采用遇水膨胀止水条，外贴式止水带等构造方式。

（3）后浇带需超前止水时，后浇带部位混凝土应局部加厚，并增设外贴式或中埋式止水带。

（4）后浇带应在其两侧混凝土龄期达到 42d 后再施工，但高层建筑物的后浇带应在结构顶板浇筑混凝土 14d 后进行；后浇带应采用补偿收缩混凝土，其强度等级不得低于两侧混凝土；后浇带混凝土养护时间不得少于 28d。

本 章 小 结

变形缝的功能	• 避免结构破坏 • 保证建筑物为一个整体 • 围护与密封 • 合理的缝口形式 • 立面美观
变形缝的类型与设置原则	• 变形缝是伸缩缝、沉降缝、防震缝的总称 • 按国家相应的设计规范确定间距和具体设置部位 • 伸缩缝是为防止建筑物因温度变化热胀冷缩出现的不规则破坏而设置的变形缝 • 沉降缝是为了避免建筑物因不均匀沉降而导致某些薄弱环节部位错动开裂而设置的变形缝 • 防震缝是考虑地震的影响而设置的变形缝，防震缝的两侧应采用双墙、双柱

(续)

墙体变形缝	• 填缝或盖缝材料及其盖缝构造应保证变形缝两侧的墙体在水平方向的自由伸缩
楼地面变形缝	• 注意上下盖缝处理
屋面变形缝	• 注意防水 • 高低屋面和平直屋面的不同处理方式
基础变形缝	• 基础沉降缝应避免因不均匀沉降造成的相互干扰
不设变形缝对抗变形	• 加强建筑物的整体刚度 • 后浇带施工方法

习 题

一、思考题

1. 何谓变形缝？三种缝各有何作用、特点？它们在构造上有何不同？
2. 建筑物哪些部位需设伸缩缝，缝宽是多少？简述内、外墙伸缩缝构造。
3. 哪些建筑需设沉降缝？
4. 建筑物哪些部位需设沉降缝，缝宽是多少？简述内、外墙沉降缝构造。
5. 哪些建筑需设抗震缝？
6. 建筑物哪些部位需设抗震缝，缝宽是多少？简述内、外墙抗震缝构造。
7. 各种变形缝的盖缝构造做法的原则是什么？
8. 各种变形缝的盖缝构造做法在室内和室外有什么不同？
9. 相同部位不同类型的变形缝有哪些构造做法上的差别？

二、选择题

1. 不属于建筑物变形缝的是下列哪个？（　　）
   A. 防震缝　　　B. 伸缩缝　　　C. 施工缝　　　D. 沉降缝
2. 关于变形逢的构造做法，下列哪个是不正确的？（　　）
   A. 当建筑物的长度或宽度超过一定限度时，要设伸缩缝
   B. 在沉降缝处应将基础以上的墙体、楼板全部分开，基础可不分开
   C. 当建筑物竖向高度相差悬殊时，应设伸缩缝
   D. 防震缝在抗震设防地区考虑设置
3. 伸缩缝是为了防止（　　）对建筑物的不利影响而设的。
   A. 温度变化　　　　　　　　　　B. 地基不均匀沉降
   C. 地震　　　　　　　　　　　　D. 大气污染
4. 15m 高框架结构房屋，必须设防震缝时，其最小宽度应为（　　）。
   A. 8cm　　　　　B. 9cm　　　　　C. 10cm　　　　　D. 11cm
5. 在地震区地下室用于沉降的变形缝宽度，以下列何值为宜？（　　）
   A. 20～30mm　　　　　　　　　B. 40～50mm
   C. 70mm　　　　　　　　　　　D. 等于上部结构防震缝的宽度

6. 砌体房屋(整体式结构、无保温层)伸缩缝的最大间距是(　　)。
   A. 30m　　　　B. 40m　　　　C. 50m　　　　D. 60m
7. 后浇带的宽度一般(　　)。
   A. 200～400mm　　　　　　　　B. 500～700mm
   C. 700～1000mm　　　　　　　D. 800～1200mm

三、判断题

1. 伸缩缝从基础到上部要全部断开。　　　　　　　　　　　　　　　(　)
2. 基础变形缝常用的有双墙基础、悬挑式基础、交叉式基础三种方案。　(　)
3. 对抗建筑物的变形，只有设置变形缝这一种方法。　　　　　　　　(　)
4. 寒冷地区的墙体防震缝缝口构造和一般地区的一样。　　　　　　　(　)
5. 变形缝内填充沥青麻丝、泡沫塑料条等是为了防尘。　　　　　　　(　)

第 8 章 门窗

知识目标

- ■ 熟悉和掌握门窗的类型和尺度。
- ■ 了解和掌握门窗的功能和设计要求。
- ■ 熟悉和掌握门窗的组成和各部分的名称及功能。
- ■ 熟悉和掌握几种典型门窗：平开木门、钢门窗、铝合金门窗、彩板门窗、塑料门窗的细部构造。
- ■ 熟悉和掌握遮阳的类型和构造。

导入案例

尼德兰大厦位于布拉格市历史文化保护区内，面向伏尔塔瓦河，并在交通要道的转角处。基地周围云集了中世纪、文艺复兴、巴洛克和新艺术运动时期的建筑。尼德兰大厦的重点是其独特的转角处理，盖里采用双塔造型，一虚一实，象征一男一女，男的直立坚实，女的流动透明、腰部收缩、上下向外倾斜，犹如衣裙。虽然建筑的形式特别，但在材料上以及门窗的尺度上与周围环境取得了一致性，获得了似突兀又和谐共处的效果。盖里的作品也越发显现出鲜明的动感，在形式的把握与功能的完善之间达到了精致的平衡，确立了一种新时代的建筑美学。

盖里的布拉格尼德兰大厦

8.1 概　述

门窗是装设在墙洞中可启闭的建筑构件，门窗面积占整个建筑面积的 1/4 左右，占建筑总造价的 15% 左右，是重要的交通和交流——人流、阳光、空气、视线的通过和调控构件。门的主要功能是满足室内外人与物的交通联系，窗的主要功能是采光和通风。门窗同时作为围护结构的一部分，是装在围护构件——墙体或屋顶的开口部位的可开闭调空的围护构件，其主要性能要求是对声、光、热、空气、视线、人及动物进行通过与阻断的控制与调节，是解决通过与阻隔矛盾的产物，是一种特殊的墙体构件。

8.2 门窗的类型与尺度

8.2.1 门窗的类型

1. 按开启方式分类

1) 门的开启方式分类

(1) 平开门。其门扇的一侧与铰链相连装于门框上，通过门扇沿铰链的水平转动实现开合的门，有单扇、双扇、子母扇。平开门的构造简单、制作方便、开关灵活、关闭密实、通行便利，是最常用的一种门。由于门扇实际上是悬挑于门的铰链，门扇受力不均，因此不适用于过大的门。一般平开木门的门扇宽度小于 1000mm，超过这个尺寸的一般采用金属门框，或采用推拉、折叠等形式。由于平开门的开启方向与人的运动方向相同，开启迅速，因此特别适用于紧急疏散的出口，在冲撞或挤靠中都可以顺利开启，平开门也是唯一可以用作疏散出口门的形式，如图 8.1(a)、(b)所示。

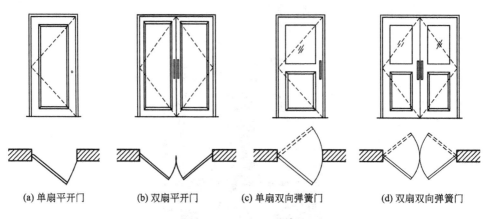

(a) 单扇平开门　　(b) 双扇平开门　　(c) 单扇双向弹簧门　　(d) 双扇双向弹簧门

图 8.1　平开门、弹簧门

(2) 弹簧门、自关门。弹簧门是平开门的一种，它在门的铰链中安装弹簧铰链或重力铰链、气压阀，借助弹簧或重力、气压等推动门扇的转动，达到自动关闭或开启的目的。选用弹簧时应注意其型号必须与门扇的尺寸和重量相适应，如图 8.1(c)、(d)所示。

(3) 推拉门。推拉门是在门的上方或下方预装滑轨，通过门扇沿滑轨的运动达到开启、关闭的作用。推拉门有单扇、双扇和多扇之分，滑轨有单轨、双轨和多轨之分，按门扇开启后的位置可以分为交叠式、面板式、内藏式三种，滑轨也有上挂式、下滑式、上挂下滑式三种。推拉门由于沿滑轨水平左右移动开闭，没有平开门的门扇扫过的面积，节省空间，但密闭性能不好，构造复杂，开关时有噪声，滑轨易损，因此多用于室内对隔声和私密性要求不高的空间分隔，如图8.2所示。

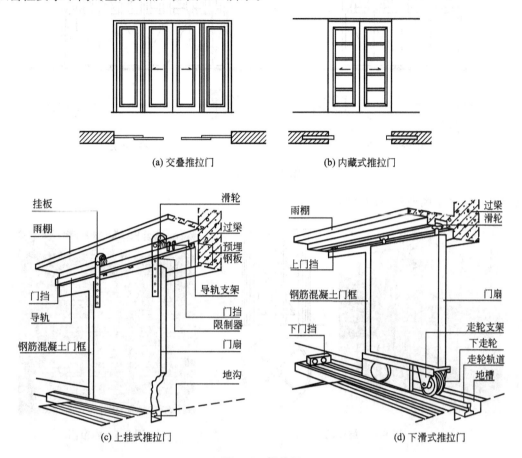

图8.2 推拉门

（4）折叠门。折叠门可以分为侧挂折叠门、侧悬折叠门和中悬折叠门。侧挂折叠门无导轨，使用普通铰链，但一般只能挂一扇，不适用于宽大的门洞。侧悬折叠门的特点是有导轨，滑轮装在门的一侧，开关较为灵活省力。中悬折叠门设有导轨，且滑轮装在门扇的中间，可以通过一扇牵动多扇移动，但开关时较为费力。折叠门开启时可以节省占地，但构造较为复杂，一般用于商业建筑的大门或公共空间的隔断，如图8.3所示。

（5）旋转门。旋转门是由固定的弧形门套和绕垂直轴转动的门扇组成的，门扇可以有三扇或四扇。旋转门密闭性好，可以有效地减少由于门的开启引起的室内外空气交换，防风节能，适用于采暖建筑，可以节省门斗空间，但由于人使用的空间为扇形空间，一般需要直径较大的转门，多用于宾馆、饭店、写字楼等人流不太集中的建筑。由于不便于疏散，根据消防规范，在其两旁还需设置平开门以利于人员疏散，如图8.4所示。

（6）卷帘门。卷帘门由条状的金属帘板相互铰接组成，门洞两侧设有金属导轨，开启时由门洞上部的卷动滚轴将帘板卷入上端的滚筒，如图8.5所示。卷帘有手动、电动、自动等启动方式，具有防火、防盗的功能，且开启不占室内空间，但须在门的上部留有卷轴

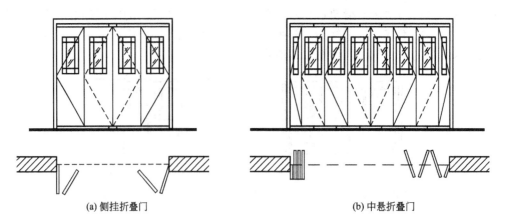

(a) 侧挂折叠门　　　　　　　　(b) 中悬折叠门

图 8.3　折叠门

盒空间。常用于商业建筑的外门。

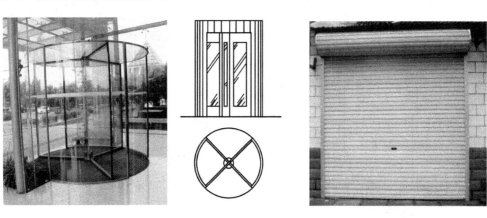

图 8.4　旋转门　　　　　　　　图 8.5　卷帘门

(7) 升降门(上翻门)。升降门由门扇、平衡装置、导向装置三部分组成，构造较为复杂，但门扇大、不占室内空间且开启迅速，适用于车库、车间货运大门等，如图 8.6 所示。

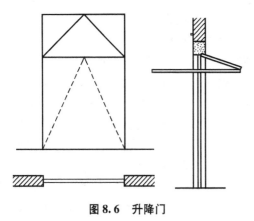

图 8.6　升降门

(8) 伸缩门。一般采用电动或手动方式，用于区域的室外围墙或围栏的大门，多与值班门卫室相连，如图 8.7 所示。由于一般大门车道的宽度较大，伸缩门收缩后仍需占用一定的长度，在设计中需要考虑。

2) 窗的开启方式分类

(1) 平开窗。平开窗是指窗扇围绕与窗框相连的垂直铰链沿着水平方向开启的窗，如图 8.8(a)所示。由于构造简单、开启灵活、封闭严实，所以使用最为广泛。平开窗分为外开和内开两种，外开窗不占用室内空间，防水也较容易解决，但悬臂受力的窗框和铰链容易变形和损坏，开启扇不能过大，目前我国的高层建筑中禁止使用外开窗。内开窗占用室内空间，但安全性能好，特别是内开与内倒相结合，为室内提供了多种可能的通风效果。

（2）推拉窗。推拉窗指窗扇沿导轨或滑槽滑动的窗，按照推拉方向可以分为垂直推拉和水平推拉两种，如图 8.8(b)、(c)所示。由于受力合理，推拉窗可以做成较大的尺寸，但与平开窗相比，开启面积小，密闭性较差。

图 8.7　伸缩门

（3）固定窗。固定窗无开启扇，如图 8.8(d)所示，只供采光和眺望用，不能通风，因此构造简单、密封性好，经常与开启窗扇配合设置。

（4）悬窗。悬窗指窗扇沿水平轴的铰链旋转，沿垂直方向开启的窗。按照铰链的位置可分上悬窗、中悬窗和下悬窗，如图 8.8(e)、(f)、(g)所示。上悬窗指铰链安装在上部的窗，上悬窗外开窗防雨性能好，但通风性能差；中悬窗是指在窗扇中部安装水平转轴，开启时窗扇上部向内、下部向外的方式，防雨通风性能均好，但占用室内空间，一般用于高侧窗；下悬窗的铰链在下部，一般为下悬内倒，占用室内空间且不宜防雨，使用得较少。

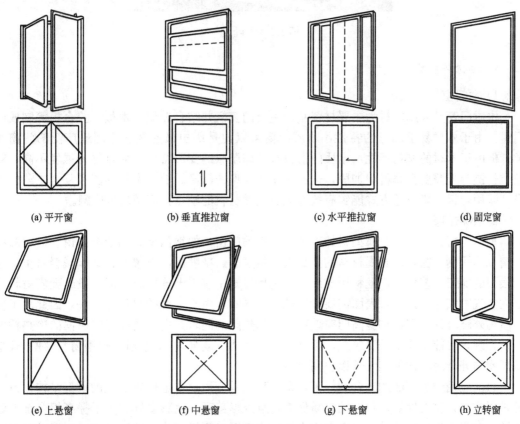

图 8.8　窗的开启方式

（5）立转窗。如果将平开窗的开启轴由一侧移动至窗扇的中央部位，窗户在开启时沿中轴转动，一部分内开，一部分外开，结合了平开外窗和内窗的特点，如图8.8(h)所示。

（6）百叶窗。利用木材或金属的薄片制成的密集排列的格栅，可以在保证自然通风的基础上防雨、防盗、遮阳，在玻璃没有普及以前是一种标准的窗扇形式，现在一般用于需要控制室内外视线和太阳辐射的位置，如图8.9所示。按照百叶是否可调节角度可分为固定和可动百叶，按照调节方式可以分为手动、电动或自动百叶，按照功能可以分为防雨百叶、遮阳百叶、降噪百叶、装饰百叶等。

图8.9 百叶窗

2. 按材料分类

1）木门窗

木质门窗是采用木材为主要材料制作主要门窗框并结合玻璃、木板、胶合板等制成的门窗。由于木材易于加工的特性，木质门窗可以说是历史最悠久、应用最广泛的门窗种类。但由于木材的材料特性，木质门窗也有干缩湿胀的变形特性，而且材料强度不高，转角、铰链等处需要金属材料加固，也不适用于大型的门窗。随着木材加工和复合工艺的提升，采用合板、集成等方式能够有效地克服天然材料的缺点，应用前景广阔。

2）型材门窗

型材门窗是指采用金属型材加工制作框料的门窗，如钢门窗、铝合金门窗、镀锌彩板门窗、不锈钢门窗等。金属材料的型材大多强度高、精度高，空腹型材又能减轻自重，金属表面的加工工艺多样，框料用材细，在现代建筑中应用十分广泛。但一般的金属材料易于在空气中氧化，因此，表面需要特殊处理。同时，由于金属的热传导性好，因此为了保证室内外环境的调空，在提高门窗玻璃部分的热阻的同时，也需要注意门窗框的冷热桥的断桥处理，目前主要采用浇筑式、插条式、垫片式、复合式（铝木窗、塑钢窗）几种方式来切断室内外金属框体的连续性以提高热阻。

目前应用最为广泛的铝合金门窗，是一种利用变形铝合金挤压成型的薄型结构，自重轻，强度高，密封性好，耐腐蚀，易保养，且外形美观，色彩多样。为了提高铝合金的耐蚀性、耐磨性和美观性，一般会在铝合金的表面通过阳极氧化、喷涂漆膜、烤瓷镀膜等方式进行处理，可以形成丰富的色彩和表面质感。铝合金门窗的安装使用要特别注意金属的电蚀作用。铝门窗的固定件、连接件除了铝型材和不锈钢外，均应做防腐处理，在与铝材的接触面上加设塑料或橡胶垫片。铝门窗也不能与水泥、混凝土等材料直接接触，铝门窗的安装采用预留洞口后装法，根据饰面材料的不同，每边预留 20~60mm 的安装间隙，铝门窗框与墙体之间的缝隙一般采用玻璃棉毡条或发泡聚氨酯填塞，外表留 5mm 以上的槽口嵌填嵌缝油膏（不得以采用水泥砂浆填缝时，铝材与砂浆接触的表面涂沥青胶或满贴厚度 1mm 以上的三元乙丙橡胶软质胶带）。

3）玻璃门窗

玻璃经过强化、贴膜等高强度化、安全化处理后，可以代替金属框料的结构支撑作用形成通透性极强的全玻璃门窗。

4）复合门窗

复合门窗是利用多种材料的特性复合而成的门窗的框料制成的门窗，如采用铝合金和木材制成的铝木门窗，既有铝合金门窗的精密和强度，又有木质的质感和绝热性能，特别适用于古代建筑的修复和高标准的装修，塑钢门窗是将钢材的高强度和聚氯乙烯材料（PVC，一般使用硬质聚氯乙烯或聚氯乙烯钙塑两种材料）的密封性、绝热性、耐蚀性、耐候性相结合，外形美观，保温隔热性能好，价格便宜，在住宅中应用广泛。

3. 按功能分类

1）无障碍门窗

供残疾人使用的门应符合下列规定。

（1）应采用自动门，也可采用推拉门、平开门、小力度弹簧门或折叠门。行动不方便者使用的门，顺序为自动门、推拉门、折叠门、平开门，不宜采用力度大的弹簧门和旋转门。

（2）如果入口采用旋转门，则应在旋转门的一侧另设残疾人使用的门。

（3）轮椅通行门的净宽应符合自动门大于 1000mm、推拉和折叠门大于 800mm、平开门大于 800mm、弹簧门（小力度）大于 800mm。

（4）乘轮椅者开启的推拉门和平开门，在门把手一侧的墙面，应留有不小于 500mm 的墙面净宽度，如图 8.10 所示。

（5）乘轮椅者开启的门扇，应安装视线观察玻璃、横执把手和关门拉手，在门扇的下方应安装高 350mm 的护门板。

（6）门扇在一只手操纵下应易于开启，门槛高度及门内外地面高差不应大于 15mm，并应以斜面过渡。

2）防盗门窗

防盗是门窗的基本功能之一，一般采用金属材料和防盗五金制成。

3）防火门窗

防火门窗分为甲、乙、丙三级，其耐火极限分别为 1.2h、0.9h、0.6h，根据不同的消防要求设置，透明部分采用防火玻璃制成。

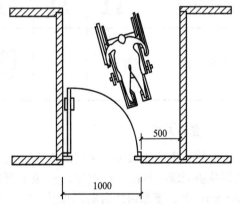

图 8.10　门把手一侧墙面宽度（单位：mm）

4）隔声门窗

用于需要特别隔绝不同空间之间声波传递的门窗，如演播室、影剧院等，多采用多层复合结构和吸声材料以隔绝空气震动传声。

5）其他特种门窗

如密闭门窗、防辐射门窗、抗冲击波门窗、卸暴门窗等。

8.2.2 门窗尺度

1. 门的尺度

门的尺度通常是指门洞的高、宽尺寸。门作为交通疏散通道，其尺度取决于人体的尺寸、通行要求、要搬运的家具设备的大小等，并要符合国家标准《建筑模数协调统一标准》（GBJ 2—1986）的规定。民用建筑的门高一般为 2100～3300mm，宽度一般为 700～3300mm。公共建筑和工业建筑的门高可视需要适当提高。

一个房间开几个门，每个门的尺寸取多大，建筑物门的总宽度是多少都要满足防火规范的要求。为了使用方便，一般民用建筑的门均编制成标准图集，供设计时按需要选用。表 8-1 列举了常用民用建筑平开门的尺寸。

表 8-1 民用建筑平开门尺寸参考表　　　　　　　　　　　　单位：mm

高＼宽	700	800	900	1200	1500	1800	2400	3000	3300
2100	门	门	门						
2400	门	门	门	门					
2700		门	门	门	门				
3000				门	门	门	门	门	门

2. 窗的尺度

窗的尺度主要取决于房间的采光通风、构造做法、建筑造型等要求，并且要符合《建筑模数协调统一标准》的规定。一般平开窗的窗扇高度为 800～1200mm，宽度不宜大于 600mm；上、下悬窗的窗扇高度为 300～600mm，中悬窗的窗扇高度不宜高于 1200mm，宽度不宜大于 1000mm；推拉窗的高、宽均不宜大于 1500mm。各类窗的高度与宽度尺寸通常采用扩大模数 3M 数列作为洞口的标志尺寸，如表 8-2 所示。

表 8-2 平开木窗尺寸参考表　　　　　　　　　　　单位：mm

高＼宽	600	900	1200	1500 1800	2100 2400	3000 3300
900 1200	□	□	□	□	□	
1200 1500 1800	□	□	□	□		
2100			□	□	□	□
2400				□	□	□

窗的布置应注意以下几点。

(1) 当窗台高度低于 800mm（住宅建筑窗台高度低于 900mm），窗外无阳台或平台时，须有防护措施。

(2) 外窗台需要做好防水措施，要处理好窗框与窗扇、窗扇与窗扇之间的缝隙。同时，内窗台应比外窗台高出 15mm。

(3) 窗的开启形式要考虑方便使用、安全、易于清洁。底层开设的窗户需要有防护措施，开向公共走道的窗扇，其底面高度不应低于 2000mm。

8.3 门窗的功能与设计要求

8.3.1 交通与疏散

门的主要作用是供人的交通使用，同时要能够兼顾货物的搬运，并保证在紧急状态下的疏散。因此，门的尺寸、分布、开启方向等与建筑物和房间的使用性质、人流的数量、人体的尺度密切相关。门的总体分布和总体宽度应根据建筑中的使用人数来确定其总体宽度和分布。为了便于疏散和无障碍的使用，一般门均不设门槛，且向疏散方向开启。同时还需考虑以下几点。

(1) 平面布置时，两个相邻的并且经常开启的门应避免开启时相撞。

(2) 门的材料、构造和施工质量应满足保温、隔声、防风沙、防雨淋、使用方便等不同的要求。外门上方应设置门廊或雨篷，防止外门受潮变形和雨水流入室内。

(3) 建筑物的变形缝处不要用门框盖缝，且门扇开启时不能跨越门缝。

(4) 托儿所、幼儿园建筑中不宜选择弹簧门。为了避免相撞，在公共场所中门的可视部分可以安装玻璃，并采用钢化玻璃。用于疏散楼梯间的防火门，可采用单面弹簧门，并朝向疏散方向开启。

(5) 湿度大的地方不宜设置胶合板门或纤维板门。

8.3.2 采光与通风

窗主要满足室内空间的通风、采光、排烟等要求，满足更高的建筑舒适性与环境健康性的要求，窗的尺寸在传统建筑中一般较小，主要是考虑构件的加工和材料强度以及手动开启的可能性和方便性。

在传统的推拉门和现代的落地窗中，门、窗实际是相同的，不过，在目前的门窗设计中，由于开口的大小的不同使得框料的尺寸变化，因此，在一般意义上窗是指高度小于1500mm的开口。同样，由于门窗的功能定位不同，在设计规范中窗的面积是采光通风的必要条件，因此，开窗的面积与室内地面面积的比例是我们一般设计中控制建筑采光和通风量的重要指标。

建筑物各类用房采光标准可以由窗地比（房间的侧窗洞口面积与房间地面面积的比率）来控制，并以此来确定窗洞口面积。表8-3是直接天然采光的主要建筑的窗地比最低值。

表8-3 主要建筑的窗地比最低值

建筑类别	房间或部位名称	窗地比
宿舍建筑	居室	1/7
住宅建筑	卧室、起居室、厨房	1/7
	楼梯间	1/12
托幼建筑	音体活动室、乳儿室、活动室	1/5
	寝室、哺乳室、医务室、保健室、隔离室	1/6
	其他房间	1/8
文化馆	展览室、书法室、美术室、阅览室	1/4
	游艺厅、文艺厅、音乐厅、舞蹈厅、戏曲厅、排练厅、普通教室	1/5
图书馆	阅览室、装裱间、开架书库	1/5
	陈列室、报告厅、会议室、视听室	1/7
	闭架书库、走廊、门厅、楼梯、厕所	1/10
办公建筑	办公室、会议室	1/5
	设计绘图室	1/3.5

建筑窗洞口面积的确定除了窗地比的方法外，另一种是玻地比，即窗玻璃面积与房间地面面积之比。采用玻地比确定窗洞口大小时还需要除以窗的透光率。透光率是窗玻璃面积与窗洞口面积之比。小料型钢窗的透光率为80%~85%，木窗、塑钢窗、铝合金窗的透光率为70%~75%。

8.3.3 围护与密封

门窗是建筑围护构件，是墙体的开口部位和开启装置，是外围护结构上的薄弱环节，需要特别的构造来保证开口部的强度和封闭的密实，满足一定的防水、绝热、隔声、安全等围护性功能。经常采用的措施有门窗玻璃的高强绝热性能、窗框的精密加工和绝热性能、门窗闭锁的高强度五金和精密加工的窗框、防污排水的披水条、防跌防盗的围护栏杆等。

由于室内空间舒适性的要求，现代建筑的门窗在立面上所占的比例较大，而透明玻璃体受到透明的限制无法复合一般的绝热材料，因此，整体上相对于实体墙而言，绝热性能较差。采用中空与真空玻璃、热反射与低辐射玻璃、遮阳百叶、断桥等高热阻的型材提高建筑物门窗的绝热性能对于建筑物的整体节能作用巨大。

门窗与墙体之间的空隙是阻热、防水、隔声的薄弱环节，可采用挑檐、窗楣、窗台等构件强化防水、排水功能，同时采用具有保温和防水双重功效的硬性发泡聚氨酯封填，窗框之间、窗框与玻璃之间采用相交压条和密封胶填实，防止毛细作用的水分侵蚀，同时应注意门窗内冷凝水的收集和排放。

门窗框与门窗扇之间开启与闭合的精密性和切实的围护性能，主要通过门窗构件的密封、防水、绝热、隔声等性能决定。

8.3.4 节能与经济

窗墙面积比是窗户洞口面积与房间的立面单元面积（即建筑层高与开间定位轴线围成的面积）之比。在《夏热冬暖地区居住建筑节能设计标准》中，明确规定了居住建筑的外窗面积不应过大，各朝向的窗墙面积比，北向不应大于0.45；东、西向不应大于0.30；南向不应大于0.50。当设计建筑的外窗不符合上述规定时，其空调采暖年耗电指数（或耗电量）不应超过参照建筑的空调采暖年耗电指数（或耗电量）。

为了使窗的设计与建筑设计、工业化和商业化生产以及施工安装相协调，我国颁布了《建筑门窗洞口尺寸系列》这一标准。其中，窗洞口的高度和宽度（指标志尺寸）规定为3M的倍数，但考虑到某些建筑，如住宅建筑的层高不大，以3M进位作为窗洞口高度，尺寸变化过大，所以增加1400mm、1600mm作为窗洞口高度的辅助参数。

8.3.5 立面美观

窗是建筑物造型的重要组成部分，窗的尺寸和比例关系对建筑立面的影响极大，立面设计中所讲求的虚实对比手法，在很大程度上是借助于门窗洞口的数量、排列方式以及相关尺度来体现的，如图8.11所示。

图 8.11　建筑中的窗设计

8.4　门窗的一般构造

8.4.1　门的构造

门是由门框和门扇以及五金构件组成的,如图 8.12 所示。

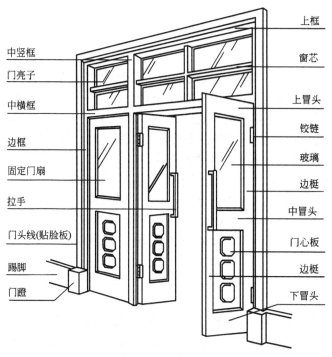

图 8.12　门的组成

1) 门框

门框是把门扇固定在围护墙体上并保证门在闭合时的定位和锁定的边框,一般由上槛、边框、中横框(有亮子时)、下槛(有门槛时)组成。

2) 门扇

门扇是由上冒头、中冒头、下冒头、边框、门芯板等组成,是代替墙体等围护构件的封闭构件,因此,可以由任何固定在可转动或移动的边框上的板构成,如木板(木门)、金属板(防盗门、防火门)、石材(门厅的装饰门)、玻璃、型材等。

3) 五金

五金是由门窗的转角加固和握持构件、铰链的转轴构件和锁定构件组成的,主要起到加固、握持、转动和固定的作用。常用的有铰链、门把手、门锁、闭门器、门碰门钩等,如图 8.13 所示。

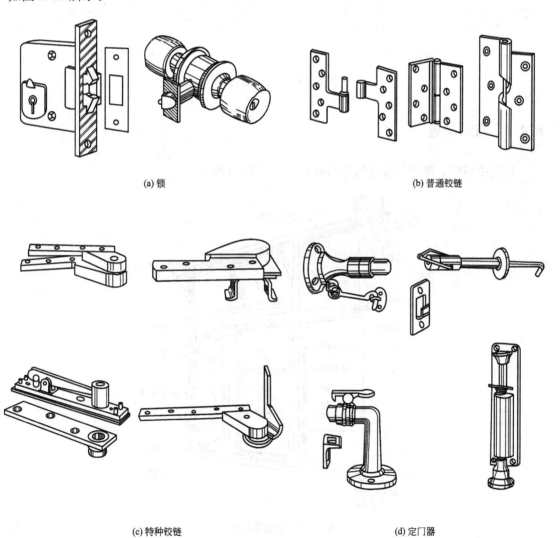

(a) 锁 (b) 普通铰链

(c) 特种铰链 (d) 定门器

图 8.13 门窗五金

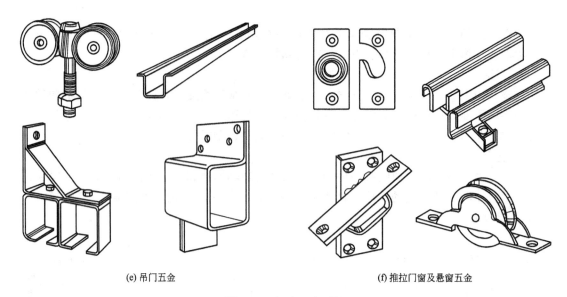

(e) 吊门五金　　　　　　　　(f) 推拉门窗及悬窗五金

图 8.13　门窗五金(续)

8.4.2　窗的构造

窗是由窗框、窗扇与五金构件构成的，如图 8.14 所示。

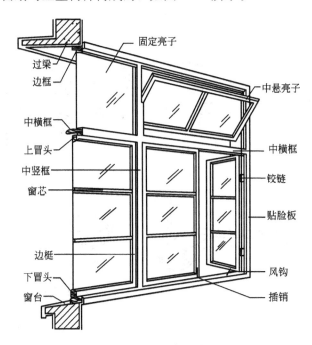

图 8.14　窗的基本构成

1) 窗框

窗框是由上槛、下槛、边框、中横框组成。木质窗框需选用加工方便、不易变形的大料。为增加窗框的严密性,须将窗框刨出宽略大于窗扇厚度,深约 12mm 的凹槽,称做铲口。也可采用钉木条的方法,叫钉口,但效果较差。

2) 窗扇

窗扇是由上冒头、下冒头、窗芯玻璃组成。为使开启的窗扇与窗框间的缝隙不进风沙和雨水,应采取相应的密封性的构造措施。如在框与扇之间做回风槽,用错口式或鸳鸯式铲口增加空气渗透阻力等。窗扇最主要的组成部分就是玻璃。窗用玻璃品种繁多,包括平板玻璃、浮法玻璃、钢化玻璃、夹丝玻璃、磨砂玻璃、吸热玻璃、压花玻璃、中空玻璃、夹层玻璃、防爆玻璃等。

3) 五金

常用门窗五金件见表 8-4。

表 8-4 常用门窗五金件

锁	拉手及执手	定位器	闭门器	铰链		轨道
				普通铰链	特种铰链	
球形锁	单头执手	橡皮头门钩	地弹簧	普通铰链	H 型铰链	铝合金轨道
直板锁	双头执手	门轧头	门顶弹簧	抽心方铰链	T 型铰链	塑料轨道
按压锁	单头拉手	定门器	(门弹弓)	圆头抽心铰链	斜面脱卸铰链	钢轨道
感应锁	双头拉手	冷库门轧头	门底弹簧	薄铰链	尼龙垫圈铰链	木滑道
特种锁	单头捺子执手	脚踏门制	(地下自动门弓)	方铰链	弹簧铰链	门用轨道
	双头捺子执手	磁性定门制		轴承铰链	翻窗铰链	窗用轨道
	叶片型执手			双袖铰链	蝴蝶铰链	单轨
	拉环执手			单旗铰链	多功能铰链	双轨等
	木门旋钮			抽心铰链	其他铰链	
	双节执手					
	钢门旋钮等					

8.5 几种典型门窗的构造

门窗的种类繁多,在这里着重介绍几种典型的门窗构造,包括平开木门、钢门窗、铝合金门窗、彩板门窗、塑料门窗等。

8.5.1 平开木门构造

1. 平开木门的组成

平开木门一般有门框、门扇、亮子、五金零件及其附件组成。门扇按其构造方式不同,有镶板门、夹板门、拼板门、玻璃门和纱门等类型。亮子又称腰头窗,在门上方,为辅助采光和通风之用,有平开、固定及上、中、下悬几种。门框是门扇、亮子与墙的联系构件。五金零件一般有铰链、插销、门锁、拉手、门碰头等。附件有贴脸板、筒子板等。

2. 平开木门的门框构造

1) 门框的断面形式

门框又称门樘,一般由上框、中横框和两根边框等组成,多扇门还有中竖框。外门有时候还要加设下框,以防风、挡水。门框的断面形式与门的类型、层数有关,同时应利于门的安装,并应具有一定的密闭性。

门框断面施工时下料要考虑抛光的磨损,毛断面的尺寸应当比净断面的尺寸大一些。一般单面抛光为3mm,双面抛光为5mm。门框的接榫应牢固,并坚实耐用。为了使门扇能够定位,关闭紧密,门框上常设有裁口,如图8.15所示。单裁口用于单层门,双裁口用于双层门或弹簧门。裁口有两种做法:一种是由整体木料切凿而成;另一种是在木枋上钉上一根木条(钉口)而成。裁口的宽度一般比门厚度大一些,裁口的深度一般为8～10mm。由于门框靠墙一面易受潮变形,常在该面开1～2道背槽,并作防潮处理,以免产生变形。在门框外侧的内外角做灰口,缝内填弹性密封材料。

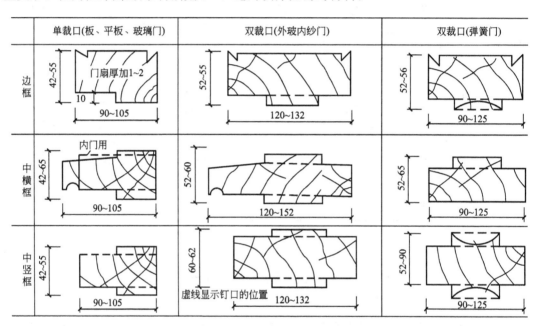

图 8.15 平开木门框的断面形式及尺寸(单位:mm)

2) 门框在墙洞中的位置

门框在墙中的位置,可在墙的中间或墙的一边平。门框内平时,门扇开启的角度最大,可以紧贴墙面,少占室内空间,所以最常采用;而较大尺寸的门为了安装牢固,多居中安装,如图8.16所示。

3) 门框的安装方式

根据施工方式分塞口和立口两种,如图8.17所示。塞口是在墙砌好后再安装门框。采用此法,洞口的宽度应比门框大20～30mm,高度比门框大10～20mm。立口(又称立樘子)是在砌墙前即用支撑先立门框然后砌墙。框与墙结合紧密,但是立樘与砌墙工序交叉,施工不便。一般情况下,除了次要门和较小尺寸的门外,门框都应当采用塞口做法,如图8.18所示。

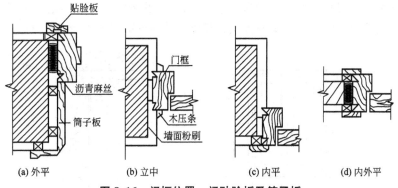

图 8.16　门框位置、门贴脸板及筒子板

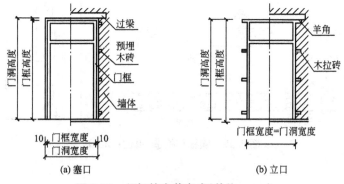

图 8.17　门框的安装方式(单位：mm)

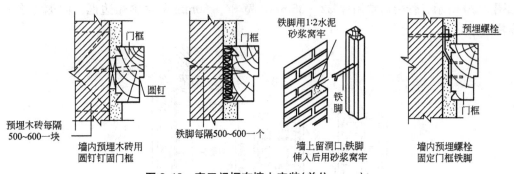

图 8.18　塞口门框在墙上安装(单位：mm)

4) 筒子板与贴脸板

筒子板是门框和墙转角间镶钉的装饰性护板，它可以遮盖门框与墙的缝隙、装饰美化门面。当门框与墙面平齐时，需要在门框与墙面或筒子板与墙面之间加上盖条，也就是贴脸板(门头线)。贴脸板具有一定的装饰效果。

3. 平开木门的门扇构造

1) 镶板门

镶板门门扇由骨架和门芯板组成，如图 8.19 所示。其中骨架由上冒头、中冒头、下冒头和两根边梃等组成，有时中间还会有一道竖向中梃。镶板门骨架的厚度一般为 40~45mm，上冒头和两边边梃的宽度一般为 75~120mm，下冒头被人撞踢的机会比较多，所以下冒头尺寸比上冒头和边梃的尺寸都大，一般为160～250mm。另外，下冒头的底部应留出5mm的空隙，以便门自由开启。门心板的镶嵌方式有暗槽、单面槽和双面压条三种方法。

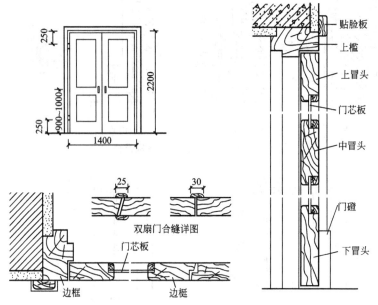

图8.19 镶板门构造（单位：mm）

2）夹板门

夹板门也称合板门，先用小木龙骨做成骨架，再在骨架两面贴胶合板或纤维板做成，如图8.20所示。骨架通常用厚32～35mm、宽34～60mm的木料做边框，内侧为格形的纵横肋条。

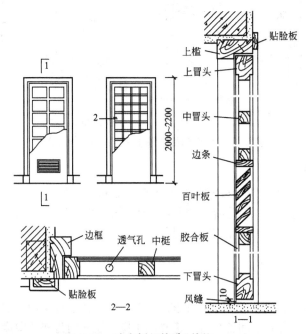

图8.20 胶合板门构造（单位：mm）

骨架有横向骨架、双向骨架、蜂窝纸骨架等多种形式。骨架要求满足一定的刚度和强度，间距满足规范的要求。为使骨架内的空气能上下对流，可在门扇的上冒头设置小型排气孔。如需要提高门的保温隔声性能，可在夹板中间填入矿物毡。

夹板门省料、美观、自重轻，保温隔声性能好，但强度小，受潮后容易变形，一般不用作卫生间门和建筑物外门。

8.5.2 钢门窗

钢制门窗与木门窗相比具有强度大、刚度大、耐水、耐火性好，外形美观以及便于工厂化生产等特点。另外，钢窗的透光系数较大，与同样大小洞口的木窗相比，其透光面积高达75%左右，但钢门窗易受酸碱和有害气体的腐蚀，气密性、水密性较差，并且由于钢材的导热系数大，钢门窗的热损耗也较多。由于钢门窗可以节约木材，并适用于较大面积的门窗洞口，故在建筑中的应用越来越广泛。当前，我国钢门窗的生产已具备标准化、工厂化和商品化的特点，各地均有钢窗的标准图供选用。

1. 钢门窗的结构类型

钢门窗通常分为实腹和空腹两大类型。门窗材料基本是一致的，仅在细部构造上略有区别。实腹式钢门窗由于金属表面外露，易于油漆，故耐腐蚀性较好，空腹式钢门窗的材料为空心材料，其心部空间的表面不便于油漆，因而门窗的耐腐蚀性不如实腹的好，但空腹式钢门窗的用钢量要比实腹式门窗节省得多。目前，许多厂家已对空腹式铜门窗进行了磷化处理，使其抗腐蚀能力有了很大的提高。

1) 实腹式钢门窗

实腹式钢门窗料用的热轧型钢有 25mm、32mm、40mm 三种系列，肋厚 2.5~4.5mm，适用于风荷载不超过 $0.7kN/m^2$ 的地区。民用建筑中窗料多用 25mm 和 32mm 两种系列，钢门窗料多用 32mm 和 40mm 两种系列，如图 8.21 所示部分实腹式钢窗料的料型与规格。

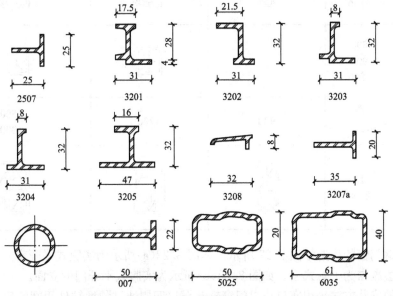

图 8.21 实腹式钢窗料型与规格(单位：mm)

实腹式钢门窗适用于一般工业厂房、生产辅助建筑和洁净的空调车间。在选用合适的情况下，亦可用于民用住宅。

2）空腹式钢门窗

空腹式钢门窗料是采用低碳钢经冷轧、焊接而成的异型管状薄壁钢材，壁厚为1.2~1.5mm。现在已很少采用。

2. 钢门窗构造

1）基本形式的钢门窗

为了适应不同尺寸门窗洞口的需要，便于门窗的组合和运输，钢门窗都以标准化的系列门窗规格作为基本单元。其高度和宽度采用3M(300mm)的模数，常用的钢窗高度和宽度为600mm、900mm、1200mm、1500mm、1800mm、2100mm。钢门的宽度有900mm、1200mm、1500mm、1800mm，高度有2100mm、2400mm、2700mm。大型钢窗就是以这些基本单元进行组合而成的，见表8-5。

表8-5　实腹式钢门窗基本单元　　　　　　　　　单位：mm

高＼宽		600	900 1200	1500 1800
平开窗	600		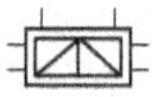 ☐	
	900 1200 1500	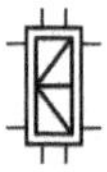 ☐	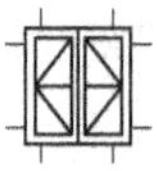 ☐	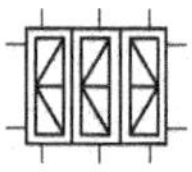 ☐
	1500 1800 2100	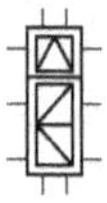 ☐	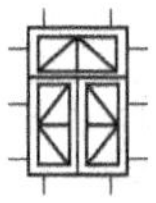 ☐	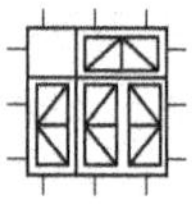 ☐
	600 900 1200		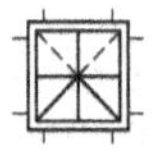 ☐	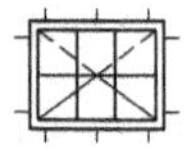 ☐
高＼宽		900	1200	1500 1800
门	2100 2400	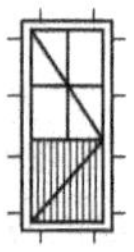 ☐	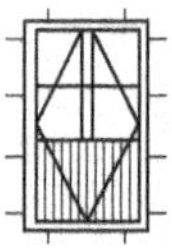 ☐	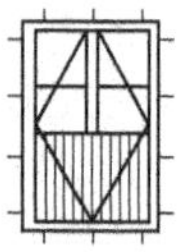 ☐

实腹式钢门窗的构造如图8.22所示。如图8.22(a)所示为实腹式平开窗立面，左边腰窗固定，右边腰窗为上悬式窗。如图8.22(b)所示为实腹式平开门的立面。

钢门窗的安装方法采用塞口法，门窗框与洞口四周通过预埋铁件用螺钉牢固连接。固

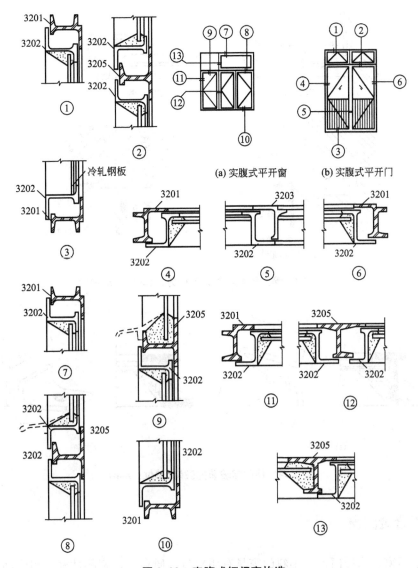

图 8.22 实腹式钢门窗构造

定点的间距为 500~700mm。在砖墙上安装时多预留孔洞，将燕尾形铁脚插入洞口，并用砂浆嵌牢。在钢筋混凝土梁或墙柱上则先预埋铁件，将钢窗的 Z 形铁脚焊接在预埋铁板上，如图 8.23 所示。钢门窗玻璃的安装方法与木门窗不同，一般先用油灰打底，然后用弹簧夹子或钢皮夹子将玻璃嵌固在钢门窗上，最后再用油灰封闭，如图 8.24 所示。

2) 钢门窗的组合与连接

钢门窗洞口尺寸不大时，可采用基本钢门窗，直接安装在洞口上。较大的门窗洞口则需用标准的基本单元和拼料组拼而成，拼料支承着整个门窗，并保证钢门窗的刚度和稳定性。

基本单元的组合方式有三种，即竖向组合、横向组合和横竖向组合。基本钢门窗与拼料间用螺栓牢固连接，并用油灰嵌缝。

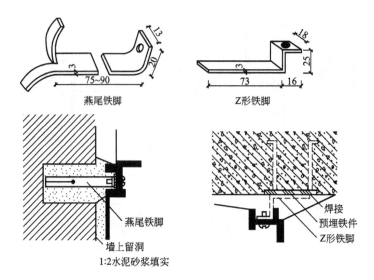

图 8.23 钢门窗框与洞口连接方法(单位：mm)

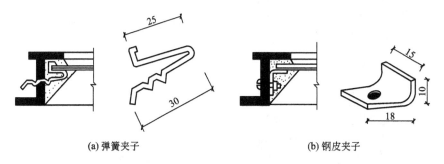

(a) 弹簧夹子　　　　　　　　(b) 钢皮夹子

图 8.24 钢门窗玻璃的安装(单位：mm)

8.5.3 铝合金门窗

铝合金门窗、彩板门窗、塑料门窗具有用料省、质量轻、密闭性好、耐腐蚀、坚固耐用、色泽美观、维修费用低等优势，在工程中被广泛采用。

1. 普通铝合金门窗

1) 铝合金门窗的特点

与传统材料门窗相比，铝合金门窗具有自重轻、强度高、外形美观、色彩多样、密封性能好、耐腐蚀、维修保养方便等众多优点。在有密闭、保温、隔声要求的宾馆、会堂、体育馆、影剧院、图书馆、科研楼、办公楼、计算机房，以及内外装修标准较高的民用住宅等现代化高级建筑中较多使用。

2) 铝合金门窗的安装

铝合金门窗是表面处理过的铝材经下料、打孔、铣槽、攻螺纹等加工制作成门窗框料的构件，然后与连接件、密封件、开闭五金件一起组合装配成的门窗，如图 8.25 所示。

门窗安装时，将门窗框在抹灰前放进洞口内，与墙内预埋件对正，然后用木楔临时固定，门窗调整至横平竖直；再采用焊接、膨胀螺栓或射钉等方法用连接件将铝合金框固定在墙（柱、梁）上，固定牢固后即可拔去木楔。在门窗框与墙体之间的缝隙分层填塞泡沫塑料条、泡沫聚氨酯条、矿棉毡条或玻璃棉毡条等软质保温材料，缝隙外留 5~8mm 深的槽口用密封膏密封，以防止门、窗框四周形成冷热交换区产生结霜，影响防寒、防风、保温、隔热的正常功能和墙体的寿命。同时，避免了门窗框直接与混凝土、水泥砂浆接触，以防止碱对门、窗框的腐蚀。

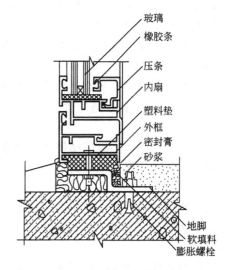

图 8.25 铝合金门窗安装节点

铝合金窗中玻璃的厚度和类别主要根据面积大小、热工要求来确定。一般多选用 3~8mm 厚度的平板玻璃、镀膜玻璃、钢化玻璃或中空玻璃等。在玻璃与铝型材接触的位置设垫块，周边用橡皮条密封固定。安装橡胶密封条时应留有伸缩余量，一般比窗的装配边长 20~30mm，并在转角处斜边断开，然后用胶结剂粘贴牢固，以免出现缝隙。

门窗框与墙体等的连接固定点，每边不得少于两点，且间距不得大于 700mm。在基本风压值大于等于 0.7kPa 的地区，间距不得大于 500mm。边框端部的第一固定点与端部的距离不得大于 200mm。

门窗框与墙体结构之间需留有一定的间隙，以防止热胀冷缩引起变形。不同饰面所留间隙尺寸不同，一般粉刷墙体为 25mm，贴马赛克墙体为 30mm，贴大理石墙体为 40mm。

2. 断桥铝合金门窗

断桥铝合金门窗，又称铝塑复合门窗，是利用 PA66 尼龙将室内外两层铝合金既隔开又紧密连接成一个整体，构成一种新的隔热型的铝型材，具有节能、隔声、防噪、防尘、

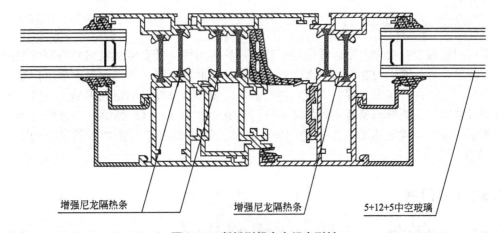

图 8.26 断桥型铝合金门窗型材

防水等功能,是目前节能建筑优先选用的门窗产品,如图 8.26 所示。断桥铝合金门窗的安装与普通铝合金门窗相同。

断桥铝合金门窗的特性主要有以下几方面。

1) 保温隔热性能好

断桥铝合金型材主要是在型材中加断桥隔热条。从而降低传热系数,其热传导系数为 $1.8 \sim 3.5 W/m^2 \cdot K$,比普通门窗热量散失减少一半。

2) 隔声

采用厚度不同的中空玻璃结构和隔热断桥铝型材空腔结构,能够有效降低声波的共振效应,阻止声音的传递,隔声量达 29dB 以上。

3) 防止冷凝

采用隔热型材内外框软性结合,边框采用一胶条,双毛条的三密封结构,实现气、水等压平衡,水密性、气密性等均良好。

4) 美观

采用阳极氧化、粉末喷涂表面处理后可以产生 RAL 色系 200 多款不同颜色的铝型材,经滚压组合后,使断桥铝合金门窗产生室内、室外不同颜色的双色窗户。

5) 应用前景

断桥铝合金门窗节能达到 50%左右,无气体污染,在建筑达到寿命周期后,门窗可以回收利用,具有良好的经济效益和社会效益。断桥铝合金门窗以其优良的性能被确定为"绿色环保"产品,在世界能源紧缺的形势下,得到广泛的应用。

8.5.4 彩板门窗

彩板门窗又称彩色涂层钢板门窗,是彩色涂层钢板加工成型为彩板门窗型材,再经加工组装螺接成的门窗。

1. 彩板门窗的特性

彩板门窗最早是 20 世纪 80 年代中期由意大利引进的先进建筑门窗产品。这种门窗具有质量轻、硬度高、采光面积大、防尘、隔声、密封性好、造型美观、色彩绚丽、耐腐蚀等优良性能。

2. 彩板门窗的类型及安装

彩板门窗目前有两种类型,即带副框和不带副框两种。其安装视室内外粉刷面层的不同而有差异,当外墙面为花岗石、大理石、面砖等贴面材料时,常选用带副框的门窗,先安装副框,待室内外粉刷工程完工后,再将彩板门窗用自攻螺钉固定在副框上,并用密封胶将洞口与副框及副框与窗榫之间的缝隙进行密封,如图 8.27(a)所示。当室内外装修为普通粉刷墙面时,常选用不带副框的门窗,直接用膨胀螺钉将门窗榫子固定在墙上,如图 8.27(b)所示。

8.5.5 塑料门窗

塑料门窗是采用填加各种耐火、耐腐蚀等填加剂的塑料经挤压成形的型材组装制成的

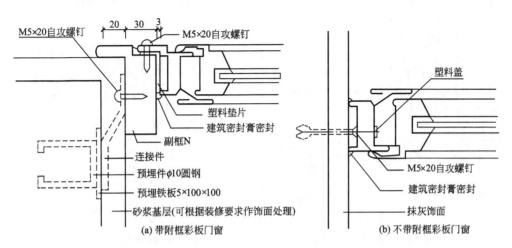

图 8.27 彩板门窗安装节点图(单位：mm)

门窗。其保温隔热性能较钢和铝合金门窗好。现代塑料门窗都是改性混合体系的塑料制品，耐火性好，抗老化能力强，使用寿命可达 30 年以上。

塑料门窗线条清晰，造型美观，表面光洁细腻，具有良好的装饰性。同时，气密性、水密性、耐腐蚀、保温和隔声等性能均较木、钢、铝合金门窗更优。其中，塑料门窗的气密性为木门窗的 3 倍，铝门窗的 1.5 倍；热损耗为金属门窗的 1/1000；隔声效果比铝门窗高 30dB 以上。从节约资源的角度看，塑料门窗的生产能耗低(与铝合金门窗相比为 1∶8)，而且聚氯乙烯材料可以回收多次利用。此外，塑料本身具有耐腐蚀等功能，不用涂涂料，可节约施工时间及费用。

1) 塑料门窗的分类

塑料门窗按材质可分为全塑门窗、组合塑料门窗和硬质塑料包覆门窗(吸塑门窗)。

全塑门窗是以改性硬质聚氯乙烯(UPVC)为主要原料，经挤出成形为各种断面结构的塑料中空异形材，定长切割后组装制成的塑料门窗。

组合塑料门窗是用硬质聚氯乙烯材料塑料同金属或木材组合而成，在组合过程中用聚氯乙烯异型片材组装在金属架上，在门窗骨架上喷覆上塑料，以达到保护和隔热之目的，如塑钢门窗。这种门窗的优点是设计灵活、易于加工、表面无缝、造型美观、使用寿命 5~10 年。其气密性和水密性较差。

2) 塑钢门窗

由于塑料的变形大、刚度差，为了增加型材的抗弯能力，在其内腔衬以型钢或铝等加强型材，用热熔焊接机焊接组装制作成窗框、窗扇等，即塑钢门窗。塑钢门窗具有良好的隔热保温性、隔噪声性、气密性、水密性、耐老化性、抗腐蚀性。

3) 塑料门窗安装

塑料门窗变形较大，不宜用水泥砂浆等刚性材料封填墙与窗框的缝隙。最好先填以矿棉或泡沫塑料等软质材料，再用建筑密封胶封缝，以提高塑料门窗的密封和绝缘性能。塑料门窗玻璃的安装是先在窗扇异型材一侧嵌入密封条，并在玻璃四周安放橡塑垫块，待玻璃安装就位后，再将已镶好密封条的塑料压玻璃条嵌装固定压紧，如图 8.28 所示。

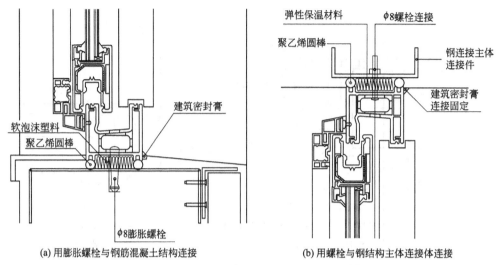

(a) 用膨胀螺栓与钢筋混凝土结构连接　　(b) 用螺栓与钢结构主体连接体连接

图 8.28　塑料门窗安装

8.6　遮　　阳

炎热的夏季，阳光会直接射入室内使室内温度升高，并且产生眩光。室内的过高温度及眩光将直接影响人们的正常工作、学习和生活。遮阳设施就是为了防止阳光直接进入室内而采取的一种建筑措施，如图 8.29 所示。

图 8.29　建筑遮阳

一般房屋建筑，当室内气温在 29℃ 以上，太阳辐射强度大于 $1005 kJ/(m^2 h)$，阳光照射室内时间超过 1h、照射深度超过 0.5m 时，应采取遮阳措施；标准较高的建筑只要具备前两条即可考虑设置遮阳。一般而言，遮阳的效果如下。

（1）遮阳设施遮挡太阳辐射热。当窗口的遮阳形式符合窗口朝向所要求的形式时，遮阳后同没有遮阳之前所透进的太阳辐射热量的百分比，叫做遮阳的太阳辐射透过系数。由实测得知,西向窗口用挡板式遮阳时的太阳辐射透过系数约为17%;西南向用综合式遮阳时,约为26%;南向用水平式遮阳时,约为35%。可见,遮挡太阳辐射热的效果是相当大的。

(2) 遮阳降低室温。在开窗通风而风速较小的情况下,有遮阳的房间的室温,一般比没有遮阳的低1~2℃。

(3) 遮阳对采光和通风的不利影响。

① 遮阳设施会减少进入屋中的光线,阴雨天时影响更大。设置遮阳板后,一般室内照度约降低53%~73%。

② 影响房间的通风,使室内风速约降低22%~47%,这对防热是不利的。

因此,遮阳的设计还要考虑采光,少挡风,最好能导风入室。

8.6.1 遮阳的类型

建筑遮阳的方法很多,如室外绿化、室内窗帘、设置百叶窗等均是有效的方法。但对于太阳辐射强烈的地区,特别是朝向不利的建筑墙面上的门窗等洞口,则应设置专用的遮阳设施。

1. 简易式遮阳

在窗前植树或种植攀缘植物,窗口悬挂窗帘、设置百叶窗、挂苇席帘、支撑遮阳篷布等措施,如图8.30所示。

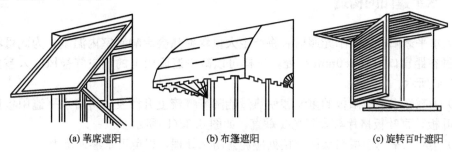

(a) 苇席遮阳　　(b) 布篷遮阳　　(c) 旋转百叶遮阳

图8.30　简易式遮阳

此外,还可利用雨篷、挑檐、阳台、外廊及墙面花格进行遮阳。

2. 构件式遮阳

结合窗过梁等构件,在窗前设置遮阳板进行遮阳,形成构件式遮阳。窗户遮阳根据其形状和位置可分为水平遮阳、垂直遮阳、混合遮阳及挡板遮阳四种基本形式,如图8.31所示。

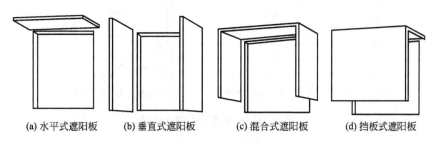

(a) 水平式遮阳板　　(b) 垂直式遮阳板　　(c) 混合式遮阳板　　(d) 挡板式遮阳板

图8.31　遮阳板

1) 水平遮阳

在窗口上方设置一定宽度的水平方向的遮阳板,能够遮挡从窗口上方照射下来的阳光,适用于南向及偏南向的窗口,北回归线以南的低纬度地区的北向及偏北向的窗口。水平遮阳板可做成实心板也可做成网格板或者百叶板。

2) 垂直遮阳

在窗口两侧设置垂直方向的遮阳板,能够遮挡从窗口两侧斜射过来的阳光。根据阳光射来的方向可采取不同的做法,如垂直遮阳板可垂直墙面,也可以与墙面形成一定的垂直夹角,垂直遮阳适用于偏东、偏西的南向或北向窗口。

3) 混合遮阳

混合遮阳是水平遮阳和垂直遮阳的综合形式,能够遮挡从窗口两侧及窗上方射进的阳光,遮阳效果比较均匀,混合遮阳适用于南向、东南向及西南向的窗口。

4) 挡板遮阳

挡板遮阳是在窗口前方离窗口一定距离设置与窗口平行的垂直挡板,垂直挡板可以有效地遮挡高度角较小的正射窗口的阳光,主要适用于西向、东向及其附近的窗口。挡板遮阳遮挡了阳光,但也遮挡了通风和视线,所以遮阳挡板可以做成格栅式或百叶式挡板。

以上四种基本遮阳形式还可以组合成各种各样的遮阳形式,设计时应根据不同的纬度地区,不同的窗口超向、不同的房间使用要求和建筑立面造型来选用不同的遮阳形式。

8.6.2 水平遮阳的构造

(1) 水平遮阳板由于阳光照射后将产生大量辐射热会影响到室内温度,为此可将水平遮阳板做在距窗口上方 180mm 高处,这样可以减少遮阳板上的热空气被风吹入室内,如图 8.32(a) 所示。

(2) 为减轻水平遮阳板的重量和使热量能随着气流上升散发,可将水平遮阳板做成空格式百叶板,百叶板格片与太阳光线垂直,如图 8.32(b) 所示。

(3) 实心水平遮阳板与墙面交接处应注意防水处理,以免雨水渗入墙内。

(4) 当设置多层悬挑式水平遮阳板时,应留出窗扇开启时所占空间,避免影响窗户的开启使用,如图 8.32(c) 所示。

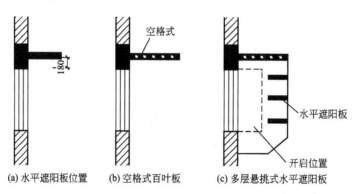

(a) 水平遮阳板位置　(b) 空格式百叶板　(c) 多层悬挑式水平遮阳板

图 8.32　水平遮阳板构造处理

本 章 小 结

门窗的类型	• 门按开启方式分类：平开门、弹簧门、自关门、推拉门、折叠门、旋转门、卷帘门、升降门、伸缩门等 • 按材料分类：木门窗、型材门窗、玻璃门窗、复合门窗等 • 按功能分类：无障碍门窗、防盗门窗、防火门窗、隔声门窗、其他特种门窗等 • 窗按开启方式分类：平开窗、推拉窗、固定窗、悬窗、立转窗、百叶窗等
门窗的尺度	• 门的尺度：一般指门洞的高、宽尺寸，民用建筑的门高一般为 2100～3300mm，宽一般为 700～3300mm • 窗的尺度：主要取决于房间的采光通风、构造做法和建筑造型等要求，并要符合《建筑模数协调统一标准》的规定
门窗的功能	• 交通与疏散（设计依据与建筑的安全性） • 采光与通风（设计依据与建筑的舒适性、健康性） • 围护与密封（门窗的防水、绝热、隔声、安全等） • 节能与经济（节约能源、环保、适应工业化生产要求） • 立面美观
门窗的一般构造	• 门窗是由门窗框、门窗扇及五金构件组成
平开木门构造	• 组成：一般由门框、门扇、亮子、五金零件及其附件 • 门框：由上框、中横框和两根边框组成，门框在墙洞中可在墙的中间或者一边平，安装方式有塞口和立口两种 • 门扇：有镶板门和夹板门等
其他门窗	• 钢门窗：又可分为实腹式钢门窗和空腹式钢门窗 • 铝合金门窗：又可分为普通铝合金门窗和断桥铝合金门窗，断桥铝合金门窗节能达到50%以上，应用前景良好 • 彩板门窗：又可分为带副框和不带副框两种，其安装视室内外粉刷面层的不同而有差异 • 塑料门窗：又可分为全塑门窗、组合塑料门窗等，塑钢门窗具有良好的性能，安装时注意密封处理
遮阳	• 类型：包括简易遮阳和构件遮阳 • 构件遮阳：分为水平遮阳、垂直遮阳、混合遮阳、挡板遮阳，四种形式适宜遮挡阳光的方向不同，遮阳板的设置和构造需满足窗口采光、通风等要求

习 题

一、思考题

1. 简述门窗的分类方式以及类型。
2. 简述门窗的功能和设计要求。

3. 简述平开木门的组成，门框和门扇的组成。
4. 确定窗的尺寸应考虑哪些因素？什么是窗墙面积比？有什么意义？
5. 门框在门洞中的位置怎样确定？并加以比较。门框的固定方法有哪些？
6. 铝合金门窗特点是什么？
7. 确定门的尺寸应考虑哪些因素？
8. 举例（作图）说明门框和门扇的断面形状。
9. 简述门窗节能的基本方法。
10. 遮阳的作用是什么？构造遮阳板的类型有哪些？各自的用途和特点是什么？

二、选择题

1. 以下关于普通木门窗的表述，哪条是不恰当的？（　　）
   A. 平开木窗每扇宽度不应大于 0.60m，高度不应大于 1.20m
   B. 木窗开启扇采用 3mm 厚玻璃时，每块玻璃面积不得大于 0.80m²
   C. 内开窗扇的下冒头应设披水条
   D. 夹板门表面平整美观，可在建筑内门中采用

2. 下列有关钢门窗框固定的方式中，哪条是正确的？（　　）
   A. 门窗框固定在砖墙洞口内，用高强度等级水泥砂浆卡住
   B. 直接用射钉与砖墙固定
   C. 墙上预埋铁件与框料焊接
   D. 墙上预埋铁件与钢门窗框的铁脚焊接

3. 下列有关门的设计规定中，哪条不确切？（　　）
   A. 体育馆内运动员出入的门扇净高不得低于 2.2m
   B. 托幼建筑儿童用门，不得选用弹簧门
   C. 会场、观众厅的疏散门只准向外开启，开足时净宽不应小于 1.4m
   D. 供残疾人通行的门不得采用旋转门，但可采用弹簧门

4. 铝合金门窗外框和墙体的缝隙，一般采用玻璃棉条等材料分层填塞，缝隙外表留 5～8mm 深的槽口，填嵌密封材料。这样做的主要目的是下列哪一项？（　　）
   A. 防火　　　　B. 防虫　　　　C. 防扭转　　　　D. 防热桥

5. 内门一般不设下框，以方便室内地面清扫，通常门扇下边缘距地面为（　　）mm 左右。
   A. 2　　　　　B. 5　　　　　C. 8　　　　　D. 10

三、判断题

1. 门的宽度：单扇门为 700～1000mm，双扇门为 1200～1800mm。宽度在 2100mm 以上时，则多做成三扇、四扇门或双扇带固定扇的门。（　　）
2. 塑料门窗是以聚氯乙烯、改性聚氯乙烯或其他树脂为主要原料，轻质碳酸钙为填料，添加适量助剂和改性剂，经挤压机挤出成各种界面的空腹门窗异形型材，再根据不同的品种规格选用不同界面异型材料组装而成。（　　）
3. 垂直式遮阳板能够遮挡高度角较大的、从窗口上方射来的阳光。（　　）

参 考 文 献

[1] 叶雁冰,刘克难. 房屋建筑学 [M]. 北京:机械工业出版社,2012.
[2] 李必瑜,魏宏杨. 建筑构造(上册) [M]. 4版. 北京:中国建筑工业出版社,2008.
[3] 杨维菊. 建筑构造设计(上册) [M]. 北京:中国建筑工业出版社,2005.
[4] 姜涌. 建筑构造—材料,构法,节点 [M]. 北京:中国建筑工业出版社,2011.
[5] 刘学贤. 建筑技术构造与设计 [M]. 北京:机械工业出版社,2009.
[6] 赵敬辛. 建筑构造 [M]. 北京:科学出版社,2010.
[7] 刘昭如. 建筑构造设计基础 [M]. 北京:科学出版社,2008.
[8] 钱坤,吴歌. 建筑概论 [M]. 北京:北京大学出版社,2010.
[9] 建筑设计资料集编委会. 建筑设计资料集 [M]. 2版. 北京:中国建筑工业出版社,1994.
[10] 裴刚,安艳华. 建筑构造(上册) [M]. 武汉:华中科技大学出版社,2008.
[11] 孙玉红. 建筑构造 [M]. 上海:同济大学出版社,2009.
[12] 同济大学,西安建筑科技大学,东南大学,重庆大学. 房屋建筑学 [M]. 4版. 北京:中国建筑工业出版社,2006.
[13] 金虹. 建筑构造 [M]. 北京:清华大学出版社,2005.
[14] 西安建筑科技大学,等. 建筑材料 [M]. 3版. 北京:中国建筑工业出版社,2004.
[15] 樊振和. 建筑构造原理与设计 [M]. 4版. 天津:天津大学出版社,2011.
[16] 住房和城乡建设部执业资格注册中心网. 建筑材料与构造 [M]. 7版. 北京:中国建筑工业出版社,2011.
[17] 董藜. 房屋建筑学 [M]. 北京:高等教育出版社,2009.
[18] 郝竣弘. 房屋建筑学 [M]. 北京:清华大学出版社,2010.
[19] 董晓峰. 房屋建筑学 [M]. 武汉:武汉理工大学出版社,2009.
[20] 强制性条文咨询委员会. 中华人民共和国工程建设标准强制性条文——房屋建筑部分(2009年版) [M]. 北京:中国建筑工业出版社,2009.
[21] 中国建筑工业出版社. 现行建筑设计规范大全(上、下册)(缩印本) [M]. 北京:中国建筑工业出版社,2009.
[22] 中国建筑西北设计研究院. 建筑施工图示例图集 [M]. 北京:中国建筑工业出版社,2000.
[23] 国家技术监督局,建设部. 高层民用建筑设计防火规范(GB 50045—1995)(2005版) [S]. 北京:中国计划出版社,1995.
[24] 城乡建设环境保护部,国家计划委员会. 建筑模数协调统一标准(GBJ 2—1986) [S]. 北京:中国标准出版社,1987.
[25] 国家质量监督检验检疫总局. 建筑设计防火规范(GB 50016—2006) [S]. 北京:中国计划出版社,2006.
[26] 住房和城乡建设部,国家质量监督检验检疫总局. 建筑制图标准(GB/T 50104—2010) [S]. 北京:中国建筑工业出版社,2011.
[27] 建设部,国家质量监督检验检疫总局. 民用建筑设计通则(GB 50352—2005) [S]. 北京:中国建筑工业出版社,2005.
[28] 住房和城乡建设部. 坡屋面工程技术规范(GB 50693—2011) [S]. 北京:中国计划出版社,2012.
[29] 建设部,国家质量监督检验检疫总局. 屋面工程技术规范(GB 50345—2004) [S]. 北京:中国建筑工业出版社,2009.
[30] 建设部. 种植屋面工程技术规程(JGJ 155—2007) [S]. 北京:中国建筑工业出版社,2007.

[31] 建设部，国家质量监督检验检疫总局. 住宅建筑规范(GB 50368—2005)[S]. 北京：中国建筑工业出版社，2006.

[32] 住房和城乡建设部. 砌体结构设计规范(GB 50003—2011)[S]. 北京：中国计划出版社，2012.

[33] 中国建筑科学研究院. 设置钢筋混凝土构造柱多层砖房抗震技术规程(JGJ/T 13—1994)[S]. 北京：中国建筑工业出版社，1994.

[34] 住房和城乡建设部，国家质量监督检验检疫总局. 建筑抗震设计规范(附条文说明)(GB 50011—2010)[S]. 北京：中国建筑工业出版社，2010.

[35] 住房和城乡建设部. 混凝土结构设计规范(GB 50010—2010)[S]. 北京：中国建筑工业出版社，2011.

[36] 国家技术监督局，建设部. 民用建筑热工设计规范(GB 50176—1993)[S]. 北京：中国建筑科学研究院，1993.

[37] 住房和城乡建设部. 建筑地基基础设计规范(GB 50007—2011)[S]. 北京：中国计划出版社，2012.

[38] 住房和城乡建设部. 房屋建筑制图统一标准(GB/T 50001—2010)[S]. 北京：中国建筑工业出版社，2011.

[39] 住房和城乡建设部，国家质量监督检验检疫总局. 总图制图标准(GB/T 50103—2010)[S]. 北京：中国建筑工业出版社，2011.

[40] 国家计划委员会. 建筑楼梯模数协调标准(GBJ 101—1987)[S]. 北京：中国标准出版社，1987.

[41] 住房和城乡建设部. 无障碍设计规范(GB 50763—2012)[S]. 北京：北京市建筑设计研究院，2012.

北京大学出版社土木建筑系列教材(已出版)

序号	书名	主编	定价	序号	书名	主编	定价
1	*房屋建筑学(第3版)	聂洪达	56.00	53	特殊土地基处理	刘起霞	50.00
2	房屋建筑学	宿晓萍 隋艳娥	43.00	54	地基处理	刘起霞	45.00
3	房屋建筑学(上:民用建筑)(第2版)	钱 坤	40.00	55	*工程地质(第3版)	倪宏革 周建波	40.00
4	房屋建筑学(下:工业建筑)(第2版)	钱 坤	36.00	56	工程地质(第2版)	何培玲 张 婷	26.00
5	土木工程制图(第2版)	张会平	45.00	57	土木工程地质	陈文昭	32.00
6	土木工程制图习题集(第2版)	张会平	28.00	58	*土力学(第2版)	高向阳	45.00
7	土建工程制图(第2版)	张黎骅	38.00	59	土力学(第2版)	肖仁成 俞 晓	25.00
8	土建工程制图习题集(第2版)	张黎骅	34.00	60	土力学	曹卫平	34.00
9	*建筑材料	胡新萍	49.00	61	土力学	杨雪强	40.00
10	土木工程材料	赵志曼	38.00	62	土力学教程(第2版)	孟祥波	34.00
11	土木工程材料(第2版)	王春阳	50.00	63	土力学	贾彩虹	38.00
12	土木工程材料(第2版)	柯国军	45.00	64	土力学(中英双语)	郎煜华	38.00
13	*建筑设备(第3版)	刘源全 张国军	52.00	65	土质学与土力学	刘红军	36.00
14	土木工程测量(第2版)	陈久强 刘文生	40.00	66	土力学试验	孟云梅	32.00
15	土木工程专业英语	霍俊芳 姜丽云	35.00	67	土工试验原理与操作	高向阳	25.00
16	土木工程专业英语	宿晓萍 赵庆明	40.00	68	砌体结构(第2版)	何培玲 尹维新	26.00
17	土木工程基础英语教程	陈 平 王凤池	32.00	69	混凝土结构设计原理(第2版)	邵永健	52.00
18	工程管理专业英语	王竹芳	24.00	70	混凝土结构设计原理习题集	邵永健	32.00
19	建筑工程管理专业英语	杨云会	36.00	71	结构抗震设计(第2版)	祝英杰	37.00
20	*建设工程监理概论(第4版)	巩天真 张泽平	48.00	72	建筑抗震与高层结构设计	周锡武 朴福顺	36.00
21	工程项目管理(第2版)	仲景冰 王红兵	45.00	73	荷载与结构设计方法(第2版)	许成祥 何培玲	30.00
22	工程项目管理	董良峰 张瑞敏	43.00	74	建筑结构优化及应用	朱杰江	30.00
23	工程项目管理	王 华	42.00	75	钢结构设计原理	胡习兵	30.00
24	工程项目管理	邓铁军 杨亚频	48.00	76	钢结构设计	胡习兵 张再华	42.00
25	土木工程项目管理	郑文新	41.00	77	特种结构	孙 克	30.00
26	工程项目投资控制	曲 娜 陈顺良	32.00	78	建筑结构	苏明会 赵 亮	50.00
27	建设项目评估	黄明知 尚华艳	38.00	79	*工程结构	金恩平	49.00
28	建设项目评估(第2版)	王 华	46.00	80	土木工程结构试验	叶成杰	39.00
29	工程经济学(第2版)	冯为民 付晓灵	42.00	81	土木工程试验	王吉民	34.00
30	工程经济学	都沁军	42.00	82	*土木工程系列实验综合教程	周瑞荣	56.00
31	工程经济与项目管理	都沁军	45.00	83	土木工程CAD	王玉岚	42.00
32	工程合同管理	方 俊 胡向真	23.00	84	土木建筑CAD实用教程	王文达	30.00
33	建设工程合同管理	余群舟	36.00	85	建筑结构CAD教程	崔钦淑	36.00
34	*建设法规(第3版)	潘安平 肖 铭	40.00	86	工程设计软件应用	孙香红	39.00
35	建设法规	刘红霞 柳立生	36.00	87	土木工程计算机绘图	袁 果 张渝生	28.00
36	工程招标投标管理(第2版)	刘昌明	30.00	88	有限单元法(第2版)	丁 科 殷水平	30.00
37	建设工程招投标与合同管理实务(第2版)	崔东红	49.00	89	*BIM应用:Revit建筑案例教程	林标锋	58.00
38	工程招投标与合同管理(第2版)	吴 芳 冯 宁	43.00	90	*BIM建模与应用教程	曾浩	39.00
39	土木工程施工	石海均 马 哲	40.00	91	工程事故分析与工程安全(第2版)	谢征勋 罗 章	38.00
40	土木工程施工	邓寿昌 李晓目	42.00	92	建设工程质量检验与评定	杨建明	40.00
41	土木工程施工	陈泽世 凌平平	58.00	93	建筑工程安全管理与技术	高向阳	40.00
42	建筑工程施工	叶 良	55.00	94	大跨桥梁	王解军 周先雁	30.00
43	*土木工程施工与管理	李华锋 徐 芸	65.00	95	桥梁工程(第2版)	周先雁 王解军	37.00
44	高层建筑施工	张厚先 陈德方	32.00	96	交通工程基础	王富	24.00
45	高层与大跨建筑结构施工	王绍君	45.00	97	道路勘测与设计	凌平平 余婵娟	42.00
46	地下工程施工	江学良 杨 慧	54.00	98	道路勘测设计	刘文生	43.00
47	建筑工程施工组织与管理(第2版)	余群舟 宋会莲	31.00	99	建筑节能概论	余晓平	34.00
48	工程施工组织	周国恩	28.00	100	建筑电气	李 云	45.00
49	高层建筑结构设计	张仲生 王海波	23.00	101	空调工程	战乃岩 王建辉	45.00
50	基础工程	王协群 章宝华	32.00	102	*建筑公共安全技术与设计	陈继斌	45.00
51	基础工程	曹 云	43.00	103	水分析化学	宋吉娜	42.00
52	土木工程概论	邓友生	34.00	104	水泵与水泵站	张 伟 周书葵	35.00

序号	书名	主编	定价	序号	书名	主编	定价
105	工程管理概论	郑文新 李献涛	26.00	130	*安装工程计量与计价	冯钢	58.00
106	理论力学(第2版)	张俊彦 赵荣国	40.00	131	室内装饰工程预算	陈祖建	30.00
107	理论力学	欧阳辉	48.00	132	*工程造价控制与管理(第2版)	胡新萍 王芳	42.00
108	材料力学	章宝华	36.00	133	建筑学导论	裘鞠 常悦	32.00
109	结构力学	何春保	45.00	134	建筑美学	邓友生	36.00
110	结构力学	边亚东	42.00	135	建筑美术教程	陈希平	45.00
111	结构力学实用教程	常伏德	47.00	136	色彩景观基础教程	阮正仪	42.00
112	工程力学(第2版)	罗迎社 喻小明	39.00	137	建筑表现技法	冯柯	42.00
113	工程力学	杨云芳	42.00	138	建筑概论	钱坤	28.00
114	工程力学	王明斌 庞永平	37.00	139	建筑构造	宿晓萍 隋艳娥	36.00
115	房地产开发	石海均 王宏	34.00	140	建筑构造原理与设计(上册)	陈玲玲	34.00
116	房地产开发与管理	刘薇	38.00	141	建筑构造原理与设计(下册)	梁晓慧 陈玲玲	38.00
117	房地产策划	王直民	42.00	142	城市与区域规划实用模型	郭志恭	45.00
118	房地产估价	沈良峰	45.00	143	城市详细规划原理与设计方法	姜云	36.00
119	房地产法规	潘安平	36.00	144	中外城市规划与建设史	李合群	58.00
120	房地产测量	魏德宏	28.00	145	中外建筑史	吴薇	36.00
121	工程财务管理	张学英	38.00	146	外国建筑简史	吴薇	38.00
122	工程造价管理	周国恩	42.00	147	城市与区域认知实习教程	邹君	30.00
123	建筑工程施工组织与概预算	钟吉湘	52.00	148	城市生态与城市环境保护	梁彦兰 阎利	36.00
124	建筑工程造价	郑文新	39.00	149	幼儿园建筑设计	龚兆先	37.00
125	工程造价管理	车春鹂 杜春艳	24.00	150	园林与环境景观设计	董智 曾伟	46.00
126	土木工程计量与计价	王翠琴 李春燕	35.00	151	室内设计原理	冯柯	28.00
127	建筑工程计量与计价	张叶田	50.00	152	景观设计	陈玲玲	49.00
128	市政工程计量与计价	赵志曼 张建平	38.00	153	中国传统建筑构造	李合群	35.00
129	园林工程计量与计价	温日琨 舒美英	45.00	154	中国文物建筑保护及修复工程学	郭志恭	45.00

标*号为高等院校土建类专业"互联网+"创新规划教材。

如您需要更多教学资源如电子课件、电子样章、习题答案等，请登录北京大学出版社第六事业部官网 www.pup6.cn 搜索下载。

如您需要浏览更多专业教材，请扫下面的二维码，关注北京大学出版社第六事业部官方微信（微信号：pup6book），随时查询专业教材、浏览教材目录、内容简介等信息，并可在线申请纸质样书用于教学。

感谢您使用我们的教材，欢迎您随时与我们联系，我们将及时做好全方位的服务。联系方式：010-62750667，donglu2004@163.com，pup_6@163.com，lihu80@163.com，欢迎来电来信。客户服务 QQ 号：1292552107，欢迎随时咨询。